面向下一代 Internet 网络数据传输

刘拥民　著

吉林大学出版社
·长春·

图书在版编目（CIP）数据

面向下一代 Internet 网络数据传输 / 刘拥民著. --
长春：吉林大学出版社，2020. 9
ISBN 978-7-5692-7229-1

Ⅰ. ①面… Ⅱ. ①刘… Ⅲ. ①互联网络-数据传输技
术 Ⅳ. ①TP393. 4

中国版本图书馆 CIP 数据核字（2020）第 190982 号

书　　名　面向下一代 Internet 网络数据传输
　　　　　MIANXIANG XIAYIDAI Internet WANGLUO SHUJU CHUANSHU

作　　者　刘拥民　著
策划编辑　黄忠杰
责任编辑　张文涛
责任校对　宋睿文
装帧设计　周香菊
出版发行　吉林大学出版社
社　　址　长春市人民大街 4059 号
邮政编码　130021
发行电话　0431-89580028/29/21
网　　址　http：//www. jlup. com. cn
电子邮箱　jdcbs@ jlu. edu. cn
印　　刷　三美印刷科技（济南）有限公司
开　　本　787mm×1092mm　1/16
印　　张　14. 75
字　　数　370 千字
版　　次　2021 年 3 月　第 1 版
印　　次　2021 年 3 月　第 1 次
书　　号　ISBN 978-7-5692-7229-1
定　　价　68. 00 元

目录

第一部分　拥塞控制策略研究

摘要……………………………………………………………………………… 3

第1章　绪论…………………………………………………………………… 4

1.1　研究背景 ……………………………………………………………… 4

1.2　研究目标 ……………………………………………………………… 6

1.3　研究内容 ……………………………………………………………… 7

1.4　研究的主要工作 ……………………………………………………… 8

1.5　研究的组织结构 ……………………………………………………… 8

第2章　下一代 Internet 性能特征 ………………………………………… 10

2.1　下一代 Internet 流量性能特征 …………………………………… 10

2.2　下一代 Internet 可信性能特征 …………………………………… 12

2.3　下一代 Internet 可信性 …………………………………………… 14

2.4　下一代互联网的网络环境…………………………………………… 16

第3章　有线网络中的拥塞控制方案 ……………………………………… 23

3.1　下一代 Internet 网络拥塞 ………………………………………… 23

3.2　TCP 拥塞控制的工作原理…………………………………………… 25

3.3　下一代 Internet 中有线网络上的拥塞控制策略 ………………… 30

第4章　无线网中拥塞控制策略分析 ……………………………………… 40

4.1　无线网络中的 TCP 拥塞判定 ……………………………………… 40

4.2　TCP Reno 算法性能分析 …………………………………………… 43

4.3　TCP Vegas 算法研究 ……………………………………………… 46

4.4　一种改善 Vegas 公平性的算法(F-Vegas) ……………………… 48

4.5　MANET 网络中拥塞控制 …………………………………………… 52

4.6 一种性能改进的 TFRC 协议(VV-TFRC) …… 55
4.7 性能仿真和讨论…… 57
4.8 本章小结…… 61
第 5 章 总结与展望 …… 62
5.1 研究成果…… 62
5.2 工作展望…… 63

第二部分 多模式集成混合云的区域林业云信息共享与协同服务

摘 要 …… 67
第 1 章 绪论 …… 69
1.1 研究背景…… 69
1.2 国内外研究现状…… 71
1.3 研究内容…… 75
1.4 拟解决的关键问题…… 76
1.5 研究的组织结构…… 77
第 2 章 面向服务的互联网体系结构 …… 80
2.1 面临的科学问题…… 80
2.2 研究工作思路…… 82
2.3 建立 SOIA 的目标 …… 83
2.4 构建面向服务的 SOIA …… 84
第 3 章 高速网格管理与流量控制 …… 89
3.1 高速网格管理与流量控制…… 89
3.2 网格数据模型及关键技术…… 91
3.3 DCCP 拥塞控制算法 …… 98
第 4 章 区域林业信息共享与协同服务平台…… 105
4.1 平台设计原则 …… 106
4.2 信息共享与协同服务平台 …… 108
4.3 数据库的多模式多标准集成 …… 112
4.4 数据库统一时空数据模型 …… 113
4.5 数据库与服务器结构 …… 117
第 5 章 林业资源定位方法研究…… 120
5.1 林业资源定位应用 …… 120
5.2 信息共享与协同服务特性 …… 121
5.3 林业资源定位方式 …… 122

5.4 森林火灾监测和定位系统应用 …… 125
5.5 实验测试和结果分析 …… 128
第6章 总结与展望 …… 130
6.1 研究成果 …… 130
6.2 工作展望 …… 131

第三部分 5G关键技术及未来技术展望

摘要 …… 135
第1章 绪论 …… 137
1.1 研究背景 …… 137
1.2 研究现状 …… 139
1.3 研究内容 …… 140
1.4 研究的组织结构 …… 141
第2章 5G可重构的网络体系 …… 144
2.1 面临的科学问题 …… 144
2.2 可重构网络的解决思路 …… 145
2.3 可重构信息通信基础网络理论 …… 146
2.4 网络重构的关键机制及结构形态 …… 147
第3章 搭建可重构的网络体系 …… 149
3.1 新型基础网络体系 …… 149
3.2 网络重构的理论基础 …… 150
3.3 实施网络重构策略 …… 153
3.4 小结 …… 163
第4章 高移动性宽带无线通信网络 …… 164
4.1 基本理论 …… 165
4.2 基本理论之间的相互关系 …… 167
4.3 基于信息论的性能评估 …… 169
第5章 能效与资源优化的超蜂窝移动通信系统 …… 178
5.1 影响频谱与能效因素 …… 178
5.2 超蜂窝网络的体系架构 …… 179
5.3 柔性覆盖与弹性资源 …… 181
5.4 网络能效与超蜂窝体系结构 …… 184
5.5 小结 …… 194
第6章 面向公共安全的海量数据处理 …… 196
6.1 海量信息可用性 …… 196

6.2 海量信息的特性分析 …………………………………………………… 197
6.3 不同层面的策略 …………………………………………………………… 203
第7章 总结与展望……………………………………………………………… 209
7.1 总结 ………………………………………………………………………… 209
7.2 展望 ………………………………………………………………………… 210
参考文献一………………………………………………………………………… 211
参考文献二………………………………………………………………………… 218
作者发表的相关论文和参与的科研项目………………………………………… 228

第一部分　拥塞控制策略研究

摘 要

随着 Internet 的飞速发展，用户数量的急剧增加，新的网络应用不断涌现，虽然网络带宽以摩尔定律的速率增长，但仍无法满足人们对带宽资源的需求。拥塞控制问题在新的网络运营环境下继续成为研究热点。同时，针对层出不穷的不良行为甚至恶意行为流造成的网络拥塞，TCP 拥塞控制机制显得力不从心，迫切需要研究新的拥塞控制理论与方法。拥塞控制的目标就是高效、公平地利用网络资源，提高网络的综合性能和服务质量。所以有效地解决拥塞问题是改善网络系统性能、提高网络通信服务质量的主要手段；并且网络拥塞控制也是当前计算机网络和控制理论交叉领域研究的一个热点课题，不仅具有重要的理论研究背景和意义，同时具有广泛的应用价值。

本研究的主要工作如下：

（1）在 TCP 拥塞控制理论上采用流体模型，建立了新的 Reno 拥塞控制算法延迟微分方程的动态模型，并对该 Reno 算法模型控制器的局部稳定性进行分析，结果发现 Reno 协议的一个自身稳定性缺陷：在网络延迟猛增或者是链路带宽很大时 Reno 将变得不稳定。这使得 Reno 不适合下一代 Internet 工作环境，然后通过基于包模型的网络仿真实验平台验证了理论推导结果。

（2）基于 TCP 源端算法在稳定状态下的循环模型，详细分析了 Vegas 在公平性能方面的不足，设计了 F-Vegas（Fairness-Vegas）算法。所设计的算法可以有效地解决 Vegas 连接在网络路由改变造成的吞吐量持续下降问题，同时有效地改善 Vegas 与 Reno 之间竞争的公平性，通过仿真验证了 F-Vegas 的高效性和公平性。

（3）针对 Vegas 在非对称链路上出现反向通路拥塞导致的 TCP 连接吞吐量劣化问题，提出了改进算法 E-Vegas。E-Vegas 利用新的时延测量方法来估计前向通路的可用带宽，有效地提高了传统 Vegas 连接的吞吐量，同时也有效地降低了算法执行的复杂度。

（4）从协议工作性能的角度对 TFRC 协议进行分析，得出了 TFRC 不适合 MANET 网络环境的结论。针对此问题提出了 Vegas Virtual TFRC 协议。与 TFRC 协议不同，Vegas Virtual TFRC 采用 Vegas 隐式检测策略判断拥塞，并通过虚丢包指示（VLPN）报告拥塞。这两种技术很好地克服了 TFRC 自身的设计缺陷，很大程度上屏蔽了非拥塞丢包对连接吞吐率的影响，改善了 TFRC 在 MANET 网络中的数据传输性能。

关键词 下一代 Internet，TCP，拥塞控制，公平性，稳定性

第1章　绪　　论

1.1　研究背景

20世纪60年代中期，正值冷战高峰，美国国防部希望有一个命令和控制网络能够在核战争中幸免于难，而传统电路交换的电话网络则过于脆弱。国防部指定其下属高级研究计划局（ARPA）来解决这个问题，于是在1969年诞生了第一个分组交换网ARPANET。当ARPANET与美国国家科学基金会（NSF）建成的NSFNET互联后，开始与加拿大、欧洲和太平洋地区的网络连接，其用户数量以指数级增长；经过不断的改进与发展，到了80年代中期，已经由最初的军事、教育科研的专用网络演变为全球范围所有通信网络互连的Internet。

近年来发展起来的新型技术和网络应用不仅增加了网络流量，而且改变了数据流量的性质，也从根本上改变了人们的工作、学习和生活方式。使得人们有可能在任何时间、任何地点以任何方式自由地使用Internet。根据网络的连接方式，可以将下一代Interne分为两大部分：有线网络和无线网络。

对于有线网络而言，随着Internet网络用户数量的急剧增加，网络规模不断增大，网络服务日益丰富，网络流量更是呈现爆炸性增长。虽然计算机的处理能力按摩尔定律在增长，网络带宽容量按超摩尔定律的光纤定理发展，但需要通过网络传输的数据却也几乎以与网络发展速度相同的速度增加，甚至超过网络发展的速度。目前，网络带宽到桌面已经达到100Mbps、1000Mbps，甚至更高，但是在骨干网的瓶颈链路即使是100Gbps，Tbps级也难以满足网络流量的需求，这就使得带宽与网络速度依然是一个瓶颈问题。网络拥塞已经不是简单地通过升级网络设备、增加网络带宽所能解决的问题，应当采用适当的拥塞控制策略使得网络用户能够充分利用现有的网络资源。网络拥塞控制问题一直以来就是网络研究中最为重要的领域，由于应用种类的不断增多，传统Internet采用的“尽力而为”（Best-Effort）对带宽、延迟、延迟抖动等有特殊要求的服务来说是不合理的，现在Internet上的应用也不再仅仅局限于数据文件的传输，像IP电话、网络视频及多媒体通信日益成为人们关注的焦点。这就使得曾经一度解决的拥塞崩溃问题又以新的形式出现，拥塞控制问题在新的网络运营环境下继续成为研究热点。

由于无线网络终端具有很好的移动性，可以方便快捷地连接Internet等特点，因而广受人们欢迎。无线网络通信技术因此迅速发展起来，成为Internet的重要组成部分。无线网络主要包括蜂窝网络、卫星通信网、移动自组网 MANET（Mobile Ad Hoc Networks），传感器网络（Sensor Networks）等类型，[1-3]尤其是各种基于 IP 网络的移动通信设备可以提供各种信息服务，因此无线网络具有广阔的发展前景和市场空间，无线网络和有线网络相互融合已经成为下一代 Internet 发展的必然趋势。图 1-1 显示了下一代 Internet 中网络互连和共享资源的可能模式。

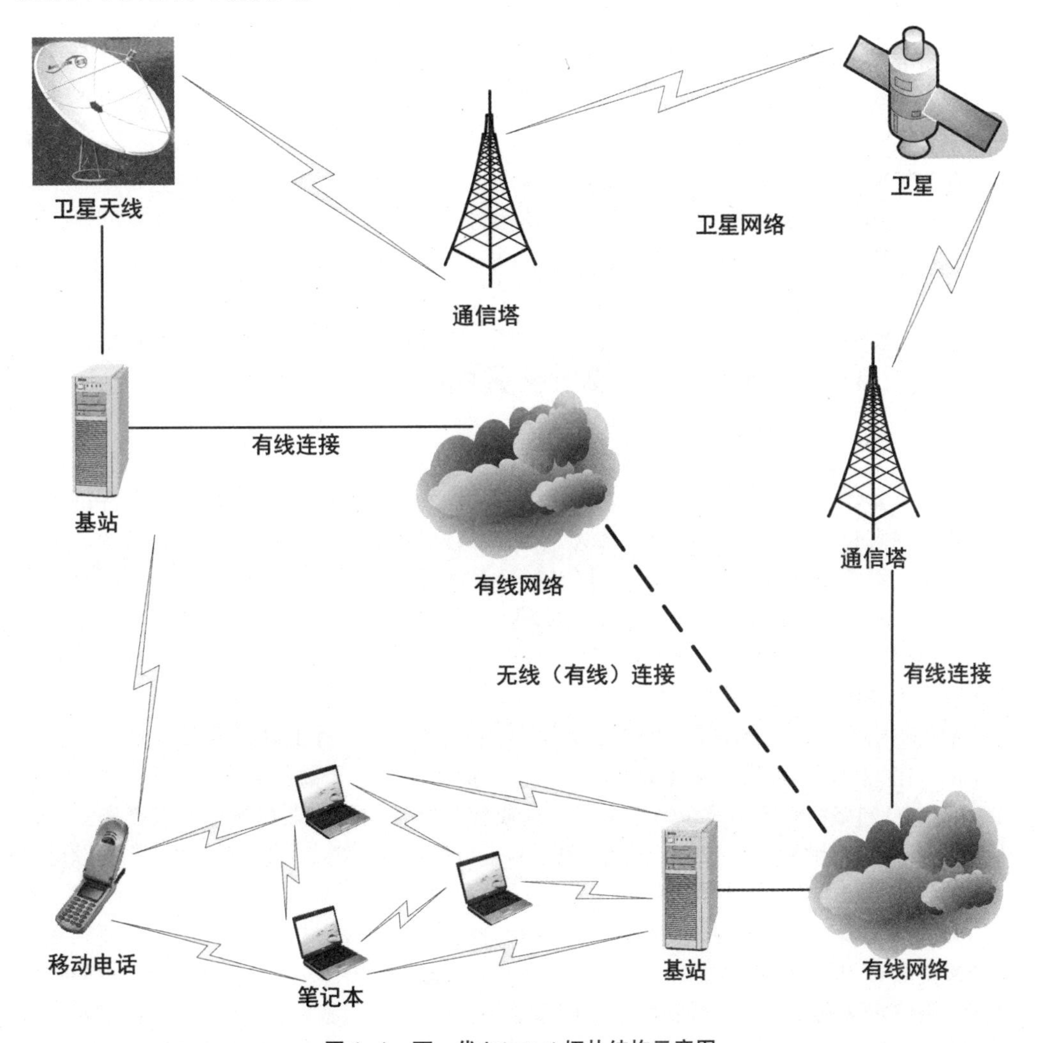

图 1-1 下一代 Internet 拓扑结构示意图

在研究早期，人们一度认为成熟的基于 TCP/IP 协议的有线网络拥塞控制方案可以保证无线网络中数据的可靠传输，但深入的研究表明：无线网络与有线网络存在着显著的技术差异。[4]对于传统网络，拥塞控制的研究与应用已取得许多成果。[5-7]但是由于无线网络固有的特点，如无线网络链路易受环境影响、随机比特出错率高、网络延迟长、双向带宽不平衡、终端主机移动等，使得众多传统固定网络的研究成果一般不能直接应用于无线网络，这就为无线网络路由协议的拥塞控制方案设计提出了新的问题和挑战。

高速发展的 Internet 已成为人类进入信息社会的一个主要标志。但随着其复杂性的不断增加，以及有线和无线网络的相互融合，使得 Internet 能否持续稳定地发展成为一个令人关注的问题。作为下一代 Internet 应用的一个关键性支撑技术，拥塞控制技术策略由于其算法的分布性，网络结构的复杂性和数据流、缓存管理等网络资源分配的多样性，使得拥塞控制算法的设计具有很高的难度，为了更好地进行移动计算、普适（ubiquitous）计算，同时为下一代 Internet 提供高效可靠的服务质量（QoS），成功实施下一代 Internet 的互联。世界上的各大公司和研究机构进行了相关的研究，并取得了一系列的研究成果，主要表现在无线网络链路层改进[8-14]、端到端解决方案[15-18]和多层混合解决方案[19-25]。基于此，本研究主要结合下一代 Internet 的主要发展特征来研究如何在未来 Internet 中实施拥塞控制策略，以提高下一代 Internet 的网络服务性能。本研究的研究工作主要致力于解决下一代 Internet 中有线网络内部、无线网络内部、无线和有线之间的拥塞控制问题，提高网络的利用率，改善网络性能。

1.2 研究目标

由于下一代 Internet 的高度“自动化”要求，尤其是面向服务的突现性、多样性、可扩展性、动态自适应性、体系的自主性、故障的自恢复性、主动性和安全可靠性等需求的不断涌现，带来了许多关键性问题，其中一个问题是随着传感器、嵌入式设备、消费电子等设施的大量接入，网络的规模仍在继续膨胀。尽管互联网从根本上改善了人类社会的生活方式，但同时也带来了“网络信任危机”。这主要表现为下一代 Internet 的可信性，如恶意攻击、垃圾邮件、计算机病毒、不健康资讯等充斥着网络的各个角落，从而导致人们对网络的不信任；另一个问题是 Internet 的社会用户和业务量正以指数级方式增长，使 Internet 的性能和资源利用率下降，主要表现为网络时延和数据包丢失率增大。由于 Internet 本身网络资源的不足、网络拓扑结构或传输路径的不合理和不良的控制算法，使得它极容易发生网络拥塞现象，也正是网络的不可信加剧了拥塞。网络拥塞控制问题已经成为制约 Internet 进一步发展的重要因素之一。

拥塞控制算法的分布性、网络的复杂性和对拥塞控制算法的性能要求又使拥塞控制算法的设计具有很高的难度。拥塞不一定会随着网络处理能力的提高而消除。网络中的拥塞来源于网络资源和网络流量分布的不均衡性。到目前为止，拥塞问题还没有得到很好的解决；既然网络拥塞是无法避免的，就必须采取积极主动的策略控制和避免拥塞，把拥塞发生的可能性降到最低，即使在发生拥塞后也能及时地恢复到正常运行状态；同时拥塞控制也必须保证网络效率。

本研究拟从下一代 Internet 的主要发展特性入手，尝试在有线、无线网络中 TCP、非 TCP 流以及数据流到音频、视频等多媒体的数据传输应用上，为不同的网络结构、不同的数据类型探索出适合各自流量类型的并且可信的拥塞控制策略。基本方法如下：通过借鉴有线网络拥塞控制的理论与实践成果，结合无线网络的实际特点，对下一代 Internet 网络拥塞控制进行研究分析，掌握有线网络拥塞控制技术，精确获得往返时延、端到端可用带宽和端到端瓶颈链路队列长度的思想，并依据无线网络拥塞判定条件与网络状态的关系，设计并实现一种易于在下一代 Internet 网络环境中广泛配置端到端的拥塞控制解决方案，同时通过数学分析和实验仿真对吞吐量、带宽利用率、公平性、友好性、鲁棒性等网络性能进行验证和评价，设计一种基于无线网络拥塞判断的 TCP 友好和 QoS 折中的速率控制算法。

1.3 研究内容

在研究工作期间，作者在可信的网络环境当中建立起适合下一代 Internet 发展的网络体系结构，并在此基础上进行网络拥塞控制策略的研究，并对 Internet 中数据传输的公平性等问题进行了深入的研究。基于上述目标，从 Internet 网络拥塞控制的理论模型出发，确定本研究的主要研究工作包括以下几个方面：

（1）对互联网端到端拥塞控制进行了分析和综述

作者在研究工作中，总结了目前主要的拥塞控制算法，分析了拥塞控制研究中的主要研究问题，探讨了未来拥塞控制研究的方向。

（2）对有线网络拥塞控制 Reno 算法进行性能分析

由于 TCP 流是目前 Internet 上的主导流类型，可以预计这种情况在未来一段时期仍将继续，而且 TCP 拥塞控制协议也是目前 Internet 上的主要拥塞控制，因此，采用流体流近似理论对 Reno 建立了一种泛函微分方程模型，分析了其控制器的局部稳定性，发现在网络延迟猛增或者是链路带宽很大时 Reno 将变得不稳定，并且这种不稳定现象是 Reno 协议自身性质造成的，这使得 Reno 不适合未来高速大容量 Internet，仿真验证了理论推导结果。

（3）以 TCP Vegas 为例研究改善 Vegas 吞吐量的方案

基于 TCP 源端算法在稳定状态下的循环模型，详细分析了 Vegas 在公平性能方面的不足，设计了 F-Vegas（Fairness-Vegas）算法。所设计的算法可以有效地解决 Vegas 连接在网络路由改变造成的吞吐量持续下降问题，同时有效地改善 Vegas 与 Reno 之间竞争的公平性，通过仿真验证了 F-Vegas 的高效性和公平性。

针对 Vegas 在非对称链路上出现反向通路拥塞导致的 TCP 连接吞吐量劣化问题，提出了改进算法 E-Vegas，E-Vegas 利用新的时延测量方法来估计前向通路的可用带宽，有效地改善了传统 Vegas 连接的吞吐量，实现简单，并有效降低了算法执行的复杂度。

（4）针对现在无线网络中多媒体流式业务的应用不断增加的现状，考虑这类业务流对于 TCP 流的友好性问题以及流媒体业务本身 QoS 问题，通过区分网络拥塞丢包和无线链路比特错误丢包，同时深入探讨接收端缓存区队列长度和数据流入、流出速率之间的关系。

以 TFRC 为例作为无线网络拥塞控制的研究对象，针对 TFRC 协议在 MANET 网络中存在的问题，研究改善 TFRC 在 MANET 网络中的性能。为了解 TFRC 协议在 MANET 网络中的性能，以便更好地在网络中部署 TFRC 协议，本研究从协议工作性能的角度对 TFRC

协议进行分析，得出了 TFRC 协议并不适合 MANET 网络环境的结论，这将限制 TFRC 协议在实际网络中的应用。针对 TFRC 协议在 MANET 网络中存在的问题，本研究提出 Vegas Virtual TFRC 协议。与 TFRC 协议不同，Vegas Virtual TFRC 采用 Vegas 隐式检测策略判断拥塞，并通过虚丢包指示（VLPN）报告拥塞。这两种技术很好地克服了 TFRC 的设计缺陷，很大程度上屏蔽了非拥塞丢包对连接吞吐率的影响，改善了 TFRC 在 MANET 网络中的性能。

1.4 研究的主要工作

本研究的主要工作和创新点有以下几个方面：

（1）对下一代 Internet 的发展性能特征进行了深入细致的研究，探讨了为确保下一代 Internet 的稳定持续发展的条件，提出：要使用户能够得到可信的服务质量 QoS，必须实施高效可靠的拥塞控制的观点，并为进一步研究下一代 Internet 的可信性提供了理论基础。

（2）分析了 Internet 中拥塞的形成原因，讨论了实施拥塞控制的理论和技术上的难点。对于现在占用绝对统治地位的、将来还可能继续保持大流量的 TCP 数据流的数据传输性能特征进行了分析，探讨了未来 TCP 流研究的发展趋势。

（3）以有线网络采用现在使用最为广泛的 Reno 为例，分析了其在未来高速、大容量的下一代 Internet 数据传输性能特征，发现了其本身的稳定性缺陷。

（4）Vegas 是一种新颖的 TCP 拥塞控制算法，本研究以 Vegas 为基础进行性能改进，设计了 F-Vegas 算法，提高了标准 Vegas 的公平性；另外，修正了标准 Vegas 在非对称通路的性能缺失，设计了改良算法 E-Vegas，改善了 Vegas 算法的数据传输效率。

（5）以无线网络采用现在使用最为广泛的 MANET 网络为例，分析了 TFRC 算法在 MANET 网络当中进行 TCP 数据流传输时的性能特征，找到了 TFRC 协议不能适应 MANET 网络的根本原因。由此，采用 Vegas 隐式检测策略判断拥塞，并通过虚丢包指示（VLPN）报告拥塞的机制，设计了 V-V-TFRC，很大程度上屏蔽了非拥塞丢包对连接吞吐率的影响，改善了 TFRC 在 MANET 网络中的数据传输性能。

1.5 研究的组织结构

第一部分共分为 6 章，各章节安排如下：

第 1 章为绪论；首先简要介绍了相关的背景，论述了本研究的研究内容和目标，最后对本研究拟解决的问题和组织结构进行了概述。

第 2 章为下一代 Internet 性能特征；主要阐述了下一代 Internet 的发展性能特征。

第 3 章为有线网络中的拥塞控制方案；主要阐述了下一代 Internet 拥塞控制的研究现

状。首先对下一代 Internet 网络拥塞的基本概念进行了介绍，然后分析了网络产生拥塞的原因、业界对传输协议的评价标准，接着全面综述下一代 Internet 中有线网络上使用的各种拥塞控制技术和算法。

第4章首先是为端节点拥塞控制算法的性能分析与改进；说明了 TCP 拥塞控制机制需要改进的必要性，从标准 TCP 发送速率模型出发，修改了原模型的参数控制条件，全面考虑了 TCP 的工作状态，改变了模型参数设置方法。考虑在拥塞避免时的发送速率，推得最后的模型。发现了 Reno 算法本身的稳定性缺陷，设计了 F-Vegas 算法和改良算法 E-Vegas；

然后，为无线网络中 TCP 算法的性能分析与改进；由于无线网络当中流媒体数据与 TCP 流竞争带宽资源时占有优势，易导致 TCP 流“饿死”，表现出对 TCP 流的不友好。针对 TFRC 协议在 MANET 网络中存在的问题，通过区分拥塞丢包和链路误码丢包，并结合虚丢包指示（VLPN）报告拥塞的机制，最后提出 Vegas Virtual TFRC 协议。随后，本研究采用静态网络拓扑结构以及动态网络拓扑结构分别进行了仿真实验，其各项结果最终都证实了 V-V-TFRC 算法的有效性。

第5章为总结与展望。对本研究的研究工作进行了总结，展望了未来的发展方向，并分析了今后有待继续深入研究的问题。

第 2 章　下一代 Internet 性能特征

互联网是一个全球范围内广泛的信息交流和资源共享平台。它的前身 ARPANET 是冷战时期美国国防部（Department of Defence）指定其下属高级研究计划局（ARPA）为验证分散指挥系统的构想并资助建立的实验网，随后其核心技术被美国国家科学基金会（NSF）利用，搭建了服务于学术研究的 NSFNET。互联网是随着现代计算机技术和现代通信技术的不断发展与融合，而形成的一个国际性的计算机通信网络集合体。

2.1　下一代 Internet 流量性能特征

Internet 的网络规模、用户数量及业务量在过去 20 多年来呈现出爆炸式的增长，这主要应归功于支撑 Internet 运行的 TCP/IP 协议在设计上的灵活性与合理性。特别是采用无连接端到端数据包交换，提供尽力而为（best-effort）服务。这种机制的最大优势是设计简单，可扩展性强。[37,49] 然而随着 Internet 用户数量的急剧膨胀，正是这种机制使得网络拥塞问题越来越严重。例如，由于本地缓存溢出，Internet 网关会丢弃约 10%的数据包。多媒体应用近年来以更加迅猛的速度发展，从 VOIP（IP 电话）到各种实时应用，如多媒体会议系统、远程医疗、电子商务等，都为终端用户带来了全新的体验。[59] 和传统数据不同，多媒体数据具有实时特性，因此，数据之间必须满足一定的时间要求。目前基于 best-effort 的 Internet 已经不能满足多媒体应用和各种用户对网络传输质量的要求。

由于无线网络终端具有很好的移动性，可以方便快捷地连接 Internet 等特点，因而广受人们欢迎。但是由于无线网络固有的特点，使得众多传统固定网络的这些研究成果一般不能直接应用于无线网络，[31,32] 这就为无线网络路由协议的拥塞控制方案设计提出了新的问题和挑战。

伴随着各种各样网络应用的出现，商业机构开始介入，功能各异、形式多样的应用系统对数字信息进行综合采集、存储、传输、处理和利用，互联网的用户不再是局限于具有专业知识的学者和研究人员。早期的互联网仅仅是科研人员之间使用的一种研究工具，由于用户单一、目标一致，用户之间完全可以因为默契而互相信赖。但在商业化的进程中和利益的驱动下，用户的技术水平和道德素质参差不齐，互联网的可信性受到了越来越多的关注，恶意攻击时常发生，垃圾邮件、不健康资讯弥漫于网络的各个角落。[29,35] 因此，下一代互联网的可信性成为人们关注和研究的焦点。可信性是影响网络拥塞的重要因素。

2.1.1　互联网的网络模型

拥塞现象的发生和互联网的设计机制有着密切的联系。互联网的网络模型可以用以下几点来概括：[26]

（1）报文交换（packet-switched）网络。和传统电路交换（circuit-switched）相比，报文交换通过基于统计复用（statistical multiplexing）的共享方式提高了资源利用率，但这种共享方式难以保证用户的 QoS，并且容易出现数据包的“乱序”现象，[27] 对乱序报文的处理增加了端系统的复杂性。

（2）无连接（connectionless）网络。互联网的节点之间在发送数据之前不需要建立连接。无连接模型简化了网络的设计，在网络的中间节点上不需要保存和连接有关的状态信息。但无连接模型很难引入“接纳控制”（admission control）算法，在用户需求大于网络资源时难以保证 QoS；此外由于对数据发送源的追踪能力很差，给网络安全带来了隐患；无连接也是网络中出现报文乱序的一个主要原因。

（3）best-effort 的服务模型。best-effort 即网络不对数据传输的 QoS 提供保证。在这种服务模型下，所有业务流公平地竞争网络资源，路由器对所有的数据包都采用先处理 FCFS（first come first service，先来向服务）的工作方式，尽最大努力将数据包送达目的地。但对数据包传递的可靠性、延迟等不能提供任何保证。这个选择和早期网络中的应用有关。[28] 传统的网络应用主要是 FTP、Telnet、SMTP 等，它们对网络性能（带宽、延迟、丢失率等）的变化不敏感，best-effort 模型完全可以满足需要。但 best-effort 模型不能很好地满足新出现的多媒体应用的要求，这些应用对延迟、速率等性能的变化比较敏感，这要求网络在原有服务模型的基础上进行扩充。

2.1.2　流量控制

TCP 中的流量控制是通过一个大小可变的滑动窗口来完成的。窗口大小域指定了从被确认的字节算起发送方还可以连续发送多少字节数。流量控制限制了在收到从目的端发来的确认之前源端可以发送的数据量，以使目的站不致因数据来得过快而瘫痪。在极端的情况下，传输层协议可以只发送一个报文段，然后在发送下一个报文段之前等待确认，传输过程极慢。另一种极端情况是传输层协议能够发送它的全部数据，而不管确认信息，这就加速了发送过程，但可能会使接收端来不及接收。此外，若有一部分数据丢失、重复、失序或受到损伤，发送端就无法知道，一直要等到接收端将全部数据都检查完毕后才行。

TCP 采用一种折中的方法，使用一种滑动窗口机制。[29] 在这种方案中，传输数据的每个字节都被认为有一个序号。TCP 实体发送一个报文段时，报文段的数据字段就包含第一个字节的序号。TCP 实体确认报文段的报文形式是：序列号为 i，窗口大小为 j，其具体含义如下：

（1）序号为（i-1）以及之前的所有报文段均已得到确认；下一个期望收到的报文段序号是 i。

（2）允许对方再发送一个窗口共 j 个字节的数据；这 j 个字节的序号为 i 到（i+j-1）。

为了完成流量控制，TCP 使用滑动窗口协议。使用这种方法，两个主机为每一个连接各使用一个窗口。窗口覆盖了缓存的一部分，使主机可以按窗口大小发送数据而不必考虑从另一个主机发来的确认，这个窗口就是滑动窗口。当发送端收到来自接收端的确认信息时，这个窗口能够滑动。

滑动窗口机制①在收到接收端发来的任何确认之前，发送端可以发送滑动窗口内序号为 1 至 10 的报文段。若发送端收到了前 3 个报文段的确认，则窗口向右滑动 3 个单位。这就表示，发送端现在可以发送滑动窗口内序号为 4 至 13 的报文段而不需要考虑确认信息。

滑动窗口在滑动的同时可增大也可减小，其大小不仅取决于接收端，而且取决于网络的拥塞状况。接收端根据其可用缓存大小及当时的处理能力，在得到包含通告窗口大小域信息的 ACK 报文后，动态的调整滑动窗口大小。具体策略[29]是：为每个连接设置两个参数，CWnd 和 ssthresh。发送方可发送的最大窗口为拥塞窗口（CWnd）和通告窗口（AWnd）之间的最小值。

在大小可变的滑动窗口流量控制机制中发送窗口 win 在 TCP 连接建立时由源端和接收端协商决定，在通信的过程中由窗口调节算法根据网络的拥塞/空闲状态动态调节。另外，网络拥塞状况是决定发送窗口大小的另一重要因素。关于网络拥塞如何影响发送窗口大小，详见后续章节中的 TCP 相关拥塞控制方案。

在实际拥塞控制中，人们往往通过控制流量的方法，预防网络处于严重超负荷状态，从而减少网络拥塞发生的可能性。可见拥塞控制与流量控制关系紧密。人们常用的流量控制算法有漏桶算法、基于窗口的流控、基于速率的流控、基于信用卡的流控等。[30,31]

拥塞控制与流量控制密切相关。拥塞控制会抑制源方发送数据，起到流量控制的作用；相反，好的流量控制可以避免或推迟拥塞的发送。但是，拥塞控制与流量控制又存在一定的差异。前者是一个关系网络全局的问题，它意在解决路由器等中间链路设备的瓶颈问题，它的规则具有“社会性”，要求做到“公平合理”。后者只涉及源方到目的方端到端的传播，是为了确保源方发送数据时不超过目的方的接收能力，解决目的方的瓶颈问题，这是二者的“个体”行为，不存在公平性问题。所以它们之间必须相互协调、互相约束，这样才能做到既保证网络效率又不会发生过度拥塞。

2.2 下一代 Internet 可信性能特征

2.2.1 互联网的信任危机

自 20 世纪 60 年代以来，Internet 在规模和应用领域上呈现出爆炸式的发展趋势，功能日益得到拓展，成为迄今为止最大的人造信息系统，并随着传感器、嵌入式设备、消费电子等设施的大量接入，网络的规模仍在继续膨胀。尽管互联网从根本上改善了人类社会

① 滑动窗口机制：不同的滑动窗口协议窗口大小一般不同；发送窗口和接收窗口的序号的上下界不一定要一样，甚至大小也可以不同。

的生活方式，但同时带来了“网络信任危机”。[77,50]如恶意攻击、垃圾邮件、计算机病毒、不健康资讯等充斥着网络的各个角落，从而导致人们对网络的不信任。

互联网的脆弱性是指网络存在可以被渗透的安全漏洞（security hole），这就是导致网络易遭受攻击和破坏行为的最主要、最根本原因。调查表明：截至 2006 年 12 月 31 日中国大陆上网计算机数为 5 940 万台。[30]2006 年新出现病毒为 23.4 万个，几乎是历年病毒数量的总和。用户计算机病毒的感染率为 89.29%，比 2004 年增加 2.1%，感染率最高的计算机病毒是网络蠕虫病毒和针对浏览器的病毒或者恶意代码，如“熊猫烧香”“威金蠕虫”“灰鸽子后门”“QQ 通行证”等；被调查单位发生网络安全事件比例为 59%，计算机病毒（如蠕虫和木马程序）造成的安全事件占发生安全事件单位总数的 80%，拒绝服务、端口扫描和篡改网页等网络攻击事件占 44%，大规模垃圾邮件传播造成的安全事件将近 2/5。[33]另外，金山公司在《中国互联网 2006 年度信息安全报告》中指出：2006 年全国感染各类网银木马及其变种的计算机数量为 3.7 万台，相当于 2005 年和 2004 年统计的 33.64%和 616.7%。[34]且呈继续增长的趋势。网络资源的滥用、关键服务属性的丧失、重要数据的泄漏等，严重降低了网络基础设施的应用价值。

2.2.2　互联网的脆弱性

正是由于互联网中普遍存在的脆弱性导致它是不可被完全信任的。形成互联网的脆弱性①的原因是多方面的，表现在设计、实现、运行管理等各个环节中。

在设计过程当中，长期以来网络体系结构的研究主要考虑如何提高数据传输的效率，很少考虑安全问题，特别是早期的网络协议。例如：在存储转发“尽力而为”的设计思想的指导下，网络中间节点对传输数据包的来源是不验证、不审计的，由此导致的地址假冒、垃圾信息泛滥、大量的入侵和攻击行为根本无法跟踪。

从运行管理过程来看，Internet 近年来在爆炸性发展，为了保障网络的安全运行，客观上需要大批训练有素、经验丰富的网络管理工程人员，然而现实并没有得到满足，造成大量的人为操作失误，安全机制和管理政策间的不一致性也时常出现。Internet 在实现过程中，由于网络的开放性，加上 Internet 在拓扑和新生技术等方面都是动态发展的，使得实施网络攻击的代价是很小的，可以迅速地、容易地实现，并且难于检测和追踪，甚至是出了问题后也无法追查肇事者等。

现有的以防火墙、入侵检测和病毒防范等组成的网络安全系统，在设计上基本不涉及体系结构的核心内容，基本只能对抗已知攻击，缺少对网络系统故障和人为操作失误等因素的考虑，多采用“堵漏洞、作高墙、防外攻”的被动附加模式。以共享信息资源为中心在外围对非法用户和越权访问进行封堵，以达到防止外部攻击的目的。这些“打补丁”等极其单一的防御方式，没有从根源上解决脆弱性的问题，无法应对具有多样、随机、隐蔽和传播等特点的攻击和破坏行为。

尽管信息网络的安全研究已经持续多年，但对网络攻击和破坏行为的对抗效果并不理想，面临着严峻的挑战。从理论上讲，根本上消除脆弱性、企图设计并实现一个绝对安全

① 网络脆弱性指的是网络中任何能够被用来作为攻击前提的特性。网络是由主机、通信子网、各种协议和应用软件等组成的复杂系统，那么网络脆弱性必然来自这些网络组件的安全缺陷和不正确配置。

的互联网络是不切实际的。[35]因为下一代互联网的系统规模和用户数量巨大且在飞速增长，异构异质的网络融合不断发展；网络协议体系庞杂，垂直方向上呈现出多样化的层次结构，而水平方向上又以地域和功能为标准进一步形成分布且多级的架构；在业务性质上表现为多种业务的集成与综合，突发性日渐明显，且不同业务要求不同的服务质量保证；使网络行为呈现出相当的复杂性并且难以预测。

2.3 下一代 Internet 可信性

2.3.1 互联网的可信性特征

下一代互联网的可信性（trustworthiness）比安全性具有更加广泛的技术内涵。因为存在许多不同的度量来描述可信性，如故障检测、容错技术、用户身份鉴别、信息安全与保密、高速网络和协议的可信性等指标。但是没有哪个度量能在局部和全局意义上完全满足可信评判要求，因此人们对可信性并无严格定义，甚至对可信性的定义都无法完全统一。这里给出一个近年来我们在信息安全研究领域研究之后认为合理的定义。

可信性是指下一代互联网在复杂异构的环境下，能够为用户提供一致的、安全的、可以信任的网络服务，系统能够避免出现不能接受的严重服务失效。[36]主要涉及信息保密、网络对象识别和网络攻击防范等范畴。可信性本身是一个可以衡量和验证的性能。[37]

可信性具有如下特性：（1）系统和信息的保密性（confidentiality）、完整性（integrity）、可用性（availability），这和传统意义上的安全性是同一概念；（2）真实性（authenticity），即用户身份、信息来源、信息内容的真实性；（3）可审计性（accountability），即网络实体发起的任何行为都可追踪到实体本身；（4）私密性（privacy），即用户的隐私是受到保护的，某些应用是可匿名的；（5）抗毁性（survivability），在系统故障、恶意攻击的环境中，能够提供有效的服务；（6）可预测性，一个可信的组件、操作或过程的行为在任意操作条件下是可预测的。

需要指出的是，可信性是围绕网络组件间信任的维护和行为控制而形成的一个有机整体。就系统安全需求而言，上面这些特性是相互关联的，[38]从用户的角度来看，需要保障 QoS 的安全一致性。理想可信系统的行为状态是可监测的，行为结果是可评估的，异常行为是可控制的。为了全面提升下一代互联网对恶意攻击和各种破坏行为的对抗能力，在采取对抗方式时必须综合考虑上面各种特性的相互关系。

2.3.2 互联网的可信性处理方案

美国工程院院士 Patterson 教授认为：过去的研究以追求高效行为为目标，而今天计算机系统需要建立高可信的网络服务。[39]因此，研究可信性的主要目标之一就是要从体系结构的设计上保障网络服务的安全具有持续性，并确保下一代互联网能够为网络内部系统提供安全可靠的服务。

近年来，人们开始全面关注可信性研究工作，建立了如图 2-1 所示的网络信息的可信性处理方案模型，该模型把信息的可信性处理过程分成三个部分：采集、处理、输出。信息的采集的具体方式如下：集中式安全检测，即通过在网络中设置专门的服务器，对某个范围内的网络节点进行脆弱性评估。其特点是网络结构简单，但是其可扩展性不是很好。分布式节点自检，即将部分监测功能交由网络节点中的代理完成，网络只负责接收检测结果，其特点是工作效率高，但是控制机制较为复杂。脆弱性评估主要解决两类问题，一是检验系统是否存在已有的渗透变迁，二是发现新的未曾报告过的渗透变迁或者变迁序列。对于第一类问题，解决办法通常是使用规则匹配。对于第二类问题，则使用模型分析的方法。第三方通告，即由于不能直接对被测节点进行检测等原因，因此只能间接地获得有关信息。

信息经过分析、决策后，通过信任等级和策略输出进而采取行为控制。[40]典型的行为控制方式有：访问控制，即开放或禁止网络节点对被防护网络资源的全部或部分访问权限，从而能够对抗那些具有传播性的网络攻击，主要是针对防护区域外具有攻击和破坏性的节点及行为进行被动性防御；攻击预警，即向被监控对象通知其潜在的易于被攻击和破坏的脆弱性，并在网络上发布可信性评估结果，报告正在遭受破坏的节点或服务；免疫隔离，即根据被保护对象可信性的分析结果，提供网络不同级别的接纳服务，在攻击和破坏行为出现前主动对防护区域内的设施进行处理。[41,77]

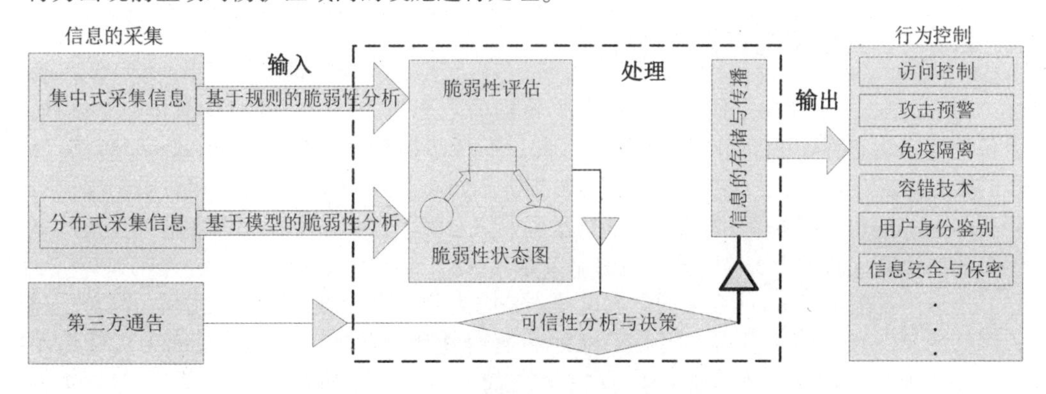

图 2-1 网络信息的可信性处理方案模型

2.3.3 网络与用户行为的可信性模型

为了更好地对下一代互联网进行可信性评估，研究者希望根据网络的脆弱性和用户攻击行为能够建立一个抽象而准确的描述系统可信性的数学模型，通过这个不涉及具体实现细节的数学模型来实施可信性需求分析，以此确定系统在安全上的漏洞，进而采取相应的对抗攻击策略。

基于规则的脆弱性分析方法是从已知的案例中抽取特征，归纳成规则表达，将目标系统与已有的规则一一匹配。但是对于攻击次数频繁、方式多变的状况是无法应付的；同时规则的生成，对于 Internet 这样一个典型的非线性复杂大系统从工程上来看根本不可能实现。

基于模型的脆弱性方法是利用模型分析工具产生测试实例，对系统整体的可信性进行评估，为整个系统建立模型，通过模型可获得系统所有可能的行为和状态。模型的建立比规则的抽取简单，而且能够发现未知的攻击模式和系统脆弱性；但是，这里存在一个问题：如果模型太简单，不能清晰描述系统可能的行为，会导致评估结果不全面；相反如果模型太复杂，则可能导致评估十分困难。[51]

由于互联网的节点间的协议交互和用户间的合作与竞争关系相当复杂，网络内部的攻击和破坏行为具有多样、随机、隐蔽等特点，所以目前对于 Internet 的可信性分析还没有一种完全合理的定量评估模型。[42]尽管组合方法、马尔可夫回报模型、离散事件仿真等模型评估方案能够较好地对系统的可靠性进行评估，但是这些基于模型的分析方法是否适用于下一代互联网的安全评估，还有待进一步研究。

为了建立一个相对可信的网络环境，下一代互联网需要从体系结构、协议标准、机制算法等方面付出必要的代价。

2.4　下一代互联网的网络环境

2.4.1　互联网的可信性环境

在 Internet 发展初期主要是以提高数据传输的效率为目标，研究的是网络的互通性、设备的异构性和管理的分布性等课题。因此，在“边缘论（end-to-end argument）”思想的指导下，[43]确定了无连接的分组交换结构（dumb network），采用存储转发的路由机制和 best-effort 服务模式，高层的功能被置于网络边缘。也就是由于“边缘论”使得互联网中的路由系统从来不去验证数据包的来源是否可信。

边缘论带来了 Internet 今天的巨大成功，是因为这种设计思想有许多优点：降低了核心网络的复杂性，便于升级；提高了网络的通用性和灵活性等。也正是因为边缘论给 Internet 带来了脆弱性，才形成了今天这个核心简单、边缘复杂的 Internet 系统。这样方便了新业务的部署，但同时也造成核心网络对业务过于透明，导致难以检测到应用业务层面出现的问题，难以将攻击行为和新业务区分开来。[44]

对于未来网络体系结构的设计，边缘论仍然会给下一代互联网带来灵活性和开放性。因为边缘论认为：网络是不可靠的，最终检查功能是否正确执行只在传输终端的应用层完成，而网络核心部分只进行最通用的数据传输而不实现特殊应用。在互联网中，用户急剧猛增且互不了解，应用环境已经基本改变，Internet 变成了没有信用的世界，有必要在网络的核心部分增加认证、授权等控制机制使网络更加可信。在网络中间节点上维护相应的状态信息以增加可信性，而不是实现独立的应用功能。

在攻击方式多样、多变的今天，网络攻击手段呈现出智能化、系统化、综合化趋势，使得当前安全规则膨胀、安全系统臃肿、误报率增多，破坏了系统设计开放性、简单性的原则；同时造成安全投入不断增加，维护与管理复杂甚至难以实施，严重降低了网络性能；另外，安全系统自身在设计、实施和管理各个环节上的脆弱性也进一步加剧了网络的不可信。最后需要指出的是：即便是网络体系结构设计得很完美，设备软、硬件在实现过程中的脆弱性也是不可能完全避免的。

2.4.2　下一代互联网的体系结构

网络体系结构实质上是从网络系统的逻辑结构和功能分配定义，[46] 即描述实现不同计算机系统之间互连和通信的方法和结构，也就是层和协议的集合的功能划分。

为了适应未来网络的持续发展，在屏蔽底层网络通信基础设施异构性的条件下，NGI（Next Generation Internet，下一代互联网）体系结构必须满足多样的服务模型和复杂的应用需求。网络体系结构①（Network Architecture，NA）实质上是对网络系统的逻辑结构和功能分配定义，即描述实现不同计算机系统之间互连和通信的方法和结构，也就是层和协议集合的功能划分。经过分析并结合我们对 NA 的研究实践以及对 NGI 的认识和看法，本研究提出了一种结构分层、功能分面、基于交互、面向服务的下一代互联网三维体系结构，并建立了其可能的形式化模型（FM）。[44,128]

结构分层：OSI/RM 分层模型和 TCP/IP 分层模型是单纯基于通信功能来进行层次划分的，层次功能固定且扩展性差，因此，不能完全适用以向用户提供复杂多样的网络服务为核心目标的 NGI。而多种网络系统相互渗透和融合是 NGI 发展的必然趋势，其目标是实现各种开放、异构网络系统间的结构互联、优势互补、信息互通和服务互融。所以，为了直观地描述极其复杂的网络逻辑结构，在宏观上必须采用分层结构。并且要允许每一层内部具有灵活的层内结构，以适应不同的网络类型和不同的协议技术。分层的思想体现了对网络结点内部层次间交互结构的垂直分解。

功能分面：在 OSI/RM 分层模型和 TCP/IP 分层模型中，对网络层次进行了详尽的描述，可是没有将网络中各层相对独立的功能进行分离和解耦。这也是导致传统网络体系结构（Network Architecture，NA）可控性差、缺乏 QoS 保证的根本原因之一。从控制论的观点来看，采用适宜的技术、方法和机制来分隔与特定求解目标无关的问题，可以更好地解决问题。NGI 是一个典型非线性的、持续膨胀的、开放的、巨大的复杂人造信息系统，同时其拓扑结构具有尺度无关（scale-free）的特性。[25,26] 为了达到理想的控制效果，必须对网络系统进行解耦，即从逻辑上把不同扭斗类型分离开来进行处理。对 NGI 体系结构设计，要全面地实现最优化控制是不太现实的，但是，这种进行分离的尝试和努力却可以缓解扭斗。[50] 分面的思想则体现了对网络节点间交互功能的水平分解。

基于交互：NGI 是以服务为中心、以社会为环境的信息基础设施，由于不同网络用户具有不同的利益而导致的扭斗必然长期存在。为满足不同组网技术、不同应用需求和不同运营环境的需要，在尽量保持网络核心技术通用性的前提下，NGI 三维体系结构具有功能可扩展性和开放性。这样“交互”就分成了两个层次：第一，用户可以根据自己的喜好对服务类型和服务方式进行选择；第二，在尽可能保持服务功能不变的情况下，网络本身也可以根据实际情况对具体实现技术进行选择。这就有利于服务提供和承载网络的相互分离，同时也可以刺激技术革新和鼓励第三方服务供应商参与竞争。

---

①　网络体系结构是指通信系统的整体设计，它为网络硬件、软件、协议、存取控制和拓扑提供标准。

面向服务：从服务者的角度来看，具有生命力网络体系结构（Network Architecture，NA）的未来发展方向应该是为了满足用户各种合理的网络应用需求，可以给 Internet 提供必要的机制算法和技术支持。现在叠加网络（overlay）[51,52]、网格（grid）[53] 以及 Web Service[54] 等研究方向就是这一观点的体现。这类研究的最大好处就是不必改造现有的网络基础设施，服务成本低，并且有利于缓解互联网中的扭斗。NGI 三维体系结构也支持这种服务的思想。

在宏观上采用分层结构，可以有效地分解网络系统的复杂性，并且有利于研究者对 NA 的理解、实现和标准化工作。按照对现有的和未来网络体系结构发展的认识，本研究将 NGI 的数据传输协议平面分成 5 个层次，自上而下包括：用户应用层（User Application Layer），应用服务层（Application Services），分布式计算层（Distributed Computation），传输服务层（Transport Services）；通信服务层（Communication Services）。NGI 的沙漏 FM 和 OSI/RM 分层模型、TCP/IP 分层模型以及通信协议的分层大致对应关系如图 2-2 所示。

七层 OSI 模型是国际标准化组织 ISO 的一个分委员会在 1977 年提出的开放系统互连（Open System Interconnection）参考模型，它定义连接异种计算机标准的主体结构，OSI 解决了原有协议在广域网和高通信负载方面存在的问题。OSI 模型对计算机网络理论研究相当有用，但其协议却不流行，因为会话层在大多数应用中几乎没什么用，表示层几乎是空的；所以，尽管 OSI 参考模型得到了全世界的认同，但是互联网历史上和技术上的开发标准都是采用 TCP/IP 模型，互联网强化了 TCP/IP 胜过 OSI 的地位。目前还没有实际网络是建立在 OSI 参考模型基础上的，OSI 仅仅作为理论的参考模型被广泛使用。

四层 TCP/IP 模型是由美国国防部创建的，是至今为止发展最成功的通信协议，它被用于构筑目前最大的、开放的互联网络系统 Internet。“开放”表示能使任何两个遵守参考模型和有关标准的系统进行连接。“互连”是指将不同的系统互相连接起来，以达到相互交换信息、共享资源、分布应用和分布处理的目的。TCP 负责和远程主机的连接，IP 负责寻址，使报文被送到其该去的地方，如图 2-2 所示。[44,128]

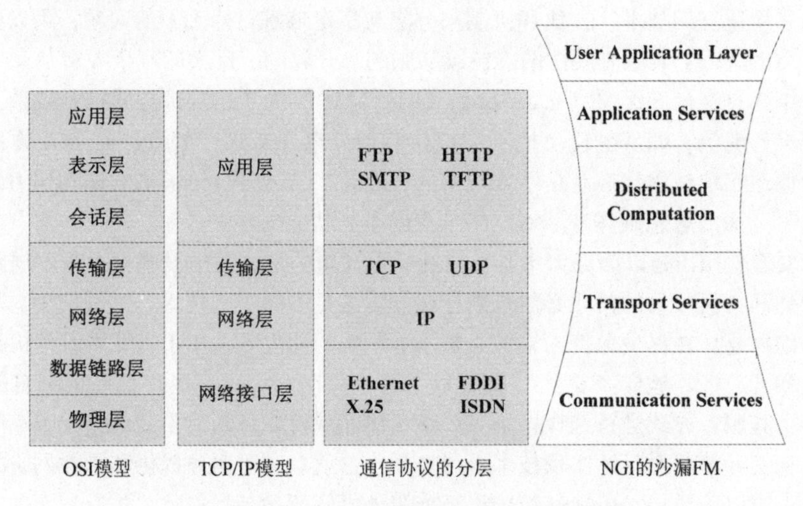

图 2-2　下一代互联网数据传输协议的沙漏模型

基于统一的网络通信协议标准是互联网开放性的体现。早期的网络体系通信协议都是由各大公司自己独立设计、制定，由于建立互联网进行自由网络通信的需要，这种局势早已经不复存在，TCP/IP 协议现在已经是一统天下了。

事实上，在 NGI 的沙漏模型和 OSI/RM 分层模型、TCP/IP 分层模型这三者间，甚至是这三种模型中的任意两者间，并不存在一一对应的映射关系。本研究中 NGI 的沙漏模型所关注的重点是各种网络类型的相互融合和网络服务的提供。基于传统的 IP 网络技术，逐渐融合包括计算机网络、电信网络和有线电视网络等多种网络技术是其未来的发展方向。采用"沙漏"结构可以保证它具备良好的可扩展性能：能够兼容各种物理网络类型，适应底层物理通信技术的变革，合理承载不同的应用业务，真正地实现 Everything over IP over Everything。另外，从 Internet 的成功经验和对开放数据网 ODN（Open Data Network）[31] 的研究结果来看，网络体系结构（Network Architecture，NA）中间层次只需提供少数几种标准服务就足以支持大量的网络应用。同时传输服务层和分布式计算层在"沙漏"中所处的位置表明：它们是 NGI 发展的瓶颈，NGI 一方面要研究新的高效网络传输服务，另一方面要研究开放的、标准的、易于大规模异构网络融合的分布式处理服务。

NGI 的沙漏模型的各层功能分析：

第一层：通信服务层（Communication Services）是 NGI 通信的物理基础，主要功能是适配各种类型的承载网络，并为其上层提供各种基本的数据通信服务实体构件。通信服务层负责提供不同物理位置间的数据传输服务，网络连接方式包括有线、无线和卫星等；通信方式包括模拟、数字、光等；交换方式包括电路交换、分组交换、虚电路交换等。通信服务层大致相当于 OSI/RM 模型中的数据链路层（Data Link）和物理层（Physical）；也类似于 TCP/IP 模型中的网络接口层（Physical Layer）。从市场角度来看，这是线路营运商关心的业务范围，相应的供应商负责各种（光纤、无线和卫星）传输网的建设和维护。

现在无线通信、传感器网络、光网络等技术已成为 NGI 研究热点。本研究定义了以下几类数据通信服务实体构件：无确认的无连接类（适于在误码率较低的信道上提供数据通信服务，或为实时应用提供快速数据通信服务）、有确认的无连接类（适于在无线信道这种误码率较高的信道上提供数据通信服务）、有确认的面向连接类（能够为上层应用提供可靠的数据通信服务）等。

第二层：传输服务层（Transport Services）主要负责提供各种不同传输 QoS 端到端传输服务实体构件，包括跨越不同传输网的交换，构成虚拟专用网，以及支持单播、多播和广播通信模式的互联网等。通过在这一层提供一些开放的、标准的、工业已被广泛采用和认可的端到端传输服务实体构件，可以为多种网络的互连、互通和互融提供技术支持。传输服务层大致对应 OSI/RM 模型或 TCP/IP 模型中的传输层（Transport/Transport Layer）和网络层（Network/Network Layer）。现在 TCP/IP 和 UDP 协议已经成为该层次事实上的工业协议标准。从市场角度来看，这是电信运营商关心的逻辑层次，相应的供应商负责通信接入、交换和网络互联。

由于分组交换技术是 NGI 的主要特征之一，[6,17] 因此，本研究在 NGI 的沙漏模型中采用分组交换技术作为传输服务层的基础，并定义了以下几类端到端传输服务实体构件：无连接类（包括 IP、UDP 等）；面向连接类（包括 TCP、ATM AAL1、ATM AAL2 等）；增强型（包括 MPLS、RSVP 等）。各种传输服务实体构件的定义促进了数据、话音、视频等信息的进一步相互融合，有利于提高 NGI 的服务质量。

第三层：分布式计算层（Distributed Computation）主要负责提供端到端服务进程之间的分布式计算服务，涉及端到端间数据可靠传输、数据同步和异构数据格式转换等内容。为此，定义了以下三类分布式处理服务实体构件：核心服务实体构件（包括 CORBA，DCOM 等）；通用服务实体构件（包括文件共享、目录管理、对象浏览、数据传递、格式转换、连接管理、会话控制等）；增强型服务实体构件（包括多媒体流、分布式存储、协同计算、实时和容错支持、Overlay 多播、移动计算、负载平衡等）。分布式计算层对应 OSI/RM 模型中的表示层（Presentation）和会话层（Session），或者是 TCP/IP 模型中的应用层（Application Layer），但其内容更广泛、功能更强大；从市场角度来看，这是和网络中间件供应商业务相关的逻辑层次，相应的供应商负责设计、实现和提供开发网络服务所需的构件和平台。

分布式计算层通过向应用服务层提供一系列标准的分布式处理服务实体构件和各种数据传递，从而能够为上层应用服务实体构件的设计者屏蔽下层传输网络的细节，并且可以方便地构成一个面向网络服务开发的网络分布式计算平台。这将有助于 NGI 真正发展成为开放集成的、可控制的信息基础设施。

第四层：应用服务层（Application Services）主要负责提供各种面向应用的服务实体构件，服务实体构件包括电子邮件、Web 浏览、文件传输、电子商务、实时流媒体、远程终端服务等。在应用服务层中主要存在两类实体构件：用户实体构件、服务实体构件。用户实体构件通过定制该层中的服务实体构件来构造各种用户应用系统。应用服务层相当于 OSI/RM 模型中的应用层（application）；与此同时大致相当于 TCP/IP 模型中的应用层（application layer）；从市场角度来看，这是与网络第三方服务供应商业务相关的工作范围，相应的供应商负责设计、实现和提供网络服务。

应用服务层需要解决的典型问题就是：满足信息社会中不同消费群体日益增长的多样化应用需求。因此，在 NGI 的沙漏模型中要求所有的服务实体构件应尽量采用开放的、标准化的协议来实现服务，这样可以鼓励投资和刺激竞争，从而确保 Internet 的可扩展性。

第五层：用户应用层（User Application Layer）中负责提供面向用户的应用有：用户服务定制、面向用户的管理（包括用户标识、权限设置、身份验证、服务授权和计费等）。NGI 通过该层向网络高级用户提供各种应用服务。用户应用层从 NA 出发为解决当前网络三大难题[56]中的用户管理和服务定制两大难题提供了可能的解决方案。为建成一个方便用户、健壮可信的信息网络服务平台，必须在 NGI 的沙漏模型中增加直接面向用户的层次。而在 OSI/RM 模型和 TCP/IP 模型中都没有与之对应的层次，这也是传统网络难以有效管理用户和灵活定制服务的原因之一。从市场角度来看，用户应用层是高级网络服务供应商业务相关的逻辑层次，相应的供应商负责部署和经营网络服务。

通过对地址与用户标识的研究表明[57,58]：（1）从 IPv4 向 IPv6 的过渡，可以彻底解决地址空间的不足，并为 NGI 的可扩展性提供了技术条件。（2）在传统的固定网络的 NA 中，IP 地址既标识了主机又标识了拓扑位置。为了解决在主机移动时，主机与拓扑位置之间的矛盾，在 NGI 的沙漏模型中的用户应用层采用地址与用户标识分开的方案，这就有望支持 NGI 所要求的通用移动性，[59]即用户只需使用同一个标识便可在不同的位置、不同的终端上方便地使用该环境下所提供的各种应用服务。

2.4.3　协议标准和机制算法

下一代互联网络将采用 IPv6 为基本网络层协议，从而彻底解决目前的互联网地址空间严重缺乏的问题，为下一代互联网络的进一步大规模发展奠定基础。可是，现有的 OSI 开放式系统互联参考模型中仅仅只是对安全体系结构有一个概念性的框架描述。[60] 同时，目前广泛使用的 TCP/IP 协议也缺乏完整的安全参考模型，不能完全确保系统的可信性。随着光通信技术和网格计算等革命性应用的发展，以及无线网络研究领域的层间联合设计思想出现，[46,47] 导致协议模型出现立体化倾向。[48] 由于 OSI 的 7 层模型和 TCP/IP 的 4 层模型都是采用平面型协议模型，它们是否能够符合下一代互联网的通信协议模式还是一个未知数。

Internet 实际上是一个由大量的、异构自治系统 AS（Autonomous System）互连而形成的网络。Internet 本身具有一定的层次结构和自组织能力以及动态的特性。由于新的网络节点不断增加，一个网页链接到其他 K 个网页上的概率呈幂律分布 $P(k) \sim k^{r}$，[49] 而使 Internet 的拓扑结构表现出常见随机网络所罕见的尺度无关（scale-free）特性。[50,51] 从工程角度来看，Internet 属于典型的开放非线性复杂大系统，各网络节点上的 AS 运行外部网关协议互相交换可达信息。Internet 自出现之日起，各 AS 之间的关系、AS 的数量不断地发展、变化，外部网关协议相应地也在不断修改以适应这些拓扑的改变。现在人们正在考虑要无缝地把正在兴起的自组网和传感器网络[52,53] 融合到互联网中来，但是 MANET 网络[54] 和移动 IPv6 的可信性[55] 还是一个问题。

现实的互联网涵盖了不同类型的传输技术，如有线和无线等，存在着不同属性的业务，如数据、图像、语音和视频。这些差异可能会形成对网络可信性威胁因素的不同关注，然而来自用户的安全 QoS 要求却是明确的，并不会因某个业务需要跨越几个无线和有线的传输路径而改变，当然更加不会关心提供安全服务的具体技术细节。因此，本研究试图建立一种可行的下一代互联网的体系结构模型。[77]

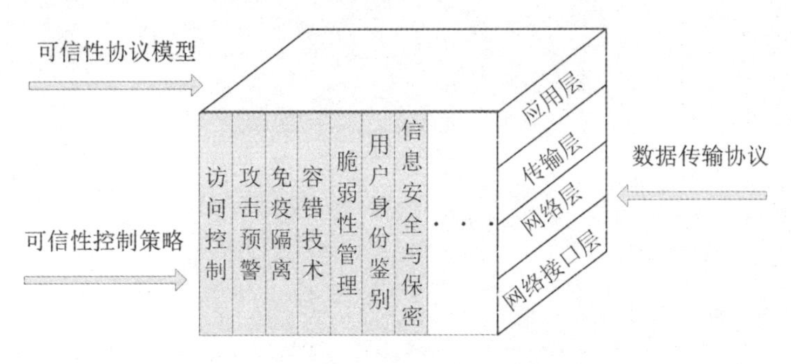

图 2-3　可信性协议模型可能的系统框架

图 2-3 中描述了将来可能采用的 NGI Internet 的可信性体系结构模型①。数据传输平面负责承载业务，并保障协议的可信性。可信控制平面则提供完备一致的控制服务，实现

---

① 可信性网络架构不是一个具体的安全产品或一套有针对性的安全解决体系，而是一个有机的网络安全全方位的架构体系化解决方案，强调实现各厂商的安全产品横向关联和纵向管理。

对用户和网络运行信息的采集、传播和处理，支持信任信息在可信用户间的共享，并驱动和协调具体的行为控制方式。数据平面接受可信控制平面的监管，可信控制平面则向数据平面开放某些访问接口，从而使得业务能够获知网络运行是否可信，网络也可以根据用户要求为业务定制某种模式的运行方式，授予更高的信任级别，从而得到更安全、更高的可信服务质量。[89]

通过对下一代互联网的研究发现，基于传统的 IP 网络技术，逐渐融合包括计算机网络、电信网络和有线电视网络等的多种网络技术是其未来的发展方向。最终形成无处不在的网络平台，它将以不可抗拒之势影响和冲击人类社会政治、经济、军事、日常工作和生活的方方面面。

现在 Internet 在业务种类、用户数量以及复杂度上正在日益急剧膨胀；事实上，这正是边缘论带来了 Internet 今天的巨大成功，使得功能各异、形式多样的应用系统对数字信息的综合采集、存储、传输、处理和利用在 Internet 上变得极其容易和非常方便，最终形成了今天这个典型的核心简单边缘复杂的、开放式非线性复杂的 Internet 巨系统。

同样的道理，由于边缘论给 Internet 带来了脆弱性，正是由于互联网中普遍存在的脆弱性导致它是不可完全被信任的，使得网络数据传输变得不可靠，最终检查功能是否正确执行只在传输终端的应用层完成，而网络核心部分只进行最通用的数据传输而不实现特殊应用。这就使得网络资源的滥用、关键服务属性的丧失、重要数据的泄漏等严重降低了网络基础设施的应用价值，从而加剧了下一代 Internet 网络的拥塞状况。因此，如何在下一代网络复杂异构的环境下，提供安全 QoS 的一致性，实施有效的拥塞控制方案并减少系统的脆弱性将是下一代互联网拥塞控制研究的主要课题，本研究的主要研究工作就是在这种网络环境的背景下由此展开。

第3章　有线网络中的拥塞控制方案

首先对下一代 Internet 性能特征和 IP 网络拥塞的基本概念进行了介绍，然后分析了网络产生拥塞的原因、业界对传输协议的评价标准，接着全面综述下一代 Internet 中有线网络上使用的各种拥塞控制技术，包括 TCP 协议工作原理、协议缺陷以及 TCP 协议改进算法等。

3.1　下一代 Internet 网络拥塞

以下这些事件都是和网络拥塞紧密相连的典型实例：

1986 年 10 月，Van Jacobson 在美国 LBL 到 UC Berkeley 的数据链路上观测到了拥塞崩溃现象；[67]其间吞吐量从 32Kbps 跌落到 40bps，且网络和协议都处于忙碌状态。通过截取网络分组，发现由于网络负载陡然增大，造成数据在网络中继或端节点的缓存溢出，丢失的分组导致数据重新发送，进一步恶化网络拥塞，从而形成“丢失—重发”的恶性循环。

2001 年 2 月 9 日，跨太平洋的中美海底光缆在上海崇明岛段受损中断，当时我国临时利用卫星线路进行网络通信，由于访问量大而卫星线路的带宽远小于原来的海底光缆，造成访问北美国家的速度下降，有时甚至无法访问，到同年 3 月 22 日维修完成，这些问题才得以解决。

2006 年 12 月 26 日，台湾地震造成中国大陆至台湾、美国、欧洲等方向的四条海底光缆断裂，通信线路大量中断，剩余两条光缆和卫星线路承载着当时的国际互联网业务，结果是 49.08%的网友无法正常使用国际互联网业务，这种状况直到 2007 年 1 月 26 日由于海底光缆的基本修复，才得到根本缓解。

3.1.1　网络拥塞定义

随着 Internet 本身规模的迅速扩大、用户数的剧增以及网络应用类型的快速增加，网络正经历越来越多的包丢失和其他性能恶化的问题，这种现象就称为网络拥塞（network congestion）。拥塞是指当网络负载大于网络资源的处理能力和容量时，即向网络中注入数据包的数量超过了网络容量，从而导致网络服务质量（QoS）的下降，[68]表现为分组丢失率增加、端到端延迟增大、网络吞吐量（goodput）减小。

当负载较小时，吞吐量与负载之间呈线性关系，延迟缓慢增加；当负载超过膝（Knee）后，网络吞吐量增长缓慢，延迟增长迅速；当负载到达崖点 Cliff 后，就可能导致拥塞崩溃（congestion collapse），此时吞吐量急剧下降，甚至是接近零，延迟急剧上升。可以看出负载在膝点（Knee）附近时延迟较短，网络的使用效率最高，性能达到最佳。

拥塞控制①就是通过一定的控制机制决定网络合适的负载，使不同用户对网络 QoS 满意度得到一定的权衡。拥塞控制就是网络节点采取措施来避免拥塞的发生或者解除已经发生的网络拥塞。[69] 和流控制相比，拥塞控制主要考虑端节点之间的网络环境，目的是使负载不超过网络的传送能力，并保证数据可靠地从源节点传送到终端节点；而流控制主要考虑接收端，目的是使发送端的发送速率不超过接收端的接收能力。

3.1.2 网络拥塞形成原因

Internet 拥塞是 Best-Effort 服务模型的一个固有属性。用户间无法相互协作共享资源，多个用户对同一网络资源提出请求时，就可能发生拥塞。Floyd[67] 总结了几种典型的拥塞崩溃类型。

（1）传统的拥塞崩溃。拥塞崩溃最初出现于 20 世纪 80 年代，它的产生大多是由于 TCP 连接不必要的一些分组，而这些分组是正在传输过程中或是已到达接受方。Jacobson 提出的拥塞避免机制已经解决了这种拥塞崩溃。

（2）未投递分组造成的拥塞崩溃。它与前一种有所不同，不是一种稳定状态，这种拥塞崩溃可能是今天的 Internet 所未能解决的最危险的拥塞崩溃。

（3）用于拥塞控制的附加信息流带来的拥塞崩溃，这种拥塞崩溃到目前为止还不是问题。但是，由于网络负荷的增加使得控制分组或分组头在网络流量中所占比例随之增加，所以这种拥塞崩溃是一个潜在的危险。

拥塞发生的原因是“供不应求”，网络中有限的资源由多个用户共享。由于既没有“接纳控制”算法，又缺乏中央控制，网络无法根据资源的情况限制或者是控制用户的数量；目前 Internet 上用户和应用的数量都在迅速增长，如果不使用某种机制协调资源的使用，必然会导致网络拥塞。通过以上分析，可以看出，拥塞产生的直接原因有以下几种。[70]

（1）存储空间不足。多个分组同时到达路由器，并期望经同一个输出端口转发时，等待处理服务的分组序列自动进入中间节点上的缓存等待接受处理。如果这种情况持续发生，当缓存空间被耗尽时，路由器只有丢弃分组。从表面上看，增大缓存可以防止由拥塞引起的分组丢弃，但如果缓存太大，端到端的时延也会增大。因为分组的持续时间（lifetime）是有限的，超时的分组同样需要重传，反而会加剧网络拥塞。

（2）带宽容量不足。通信链路的容量是一定的，当数据流的传输速率超过网络的容量，将会导致拥塞发生。要求所有信源发送的速率 R 必须小于或等于信道容量 C。如果 R 大于 C，则在网络低速链路处就会形成带宽瓶颈，一旦当其满足不了所有需要通过它的源端带宽需求时，网络就会发生拥塞。

（3）处理器间处理能力和速度不一致也可能造成拥塞。[59] 当路由器的 CPU 在执行排队缓存、更新路由表等功能时，处理速度跟不上高速链路，就会产生拥塞。同样，低速链

① 拥塞现象是指到达通信子网中某一部分的分组数量过多，使得该部分网络来不及处理，以致引起这部分乃至整个网络性能下降的现象，严重时甚至会导致网络通信业务陷入停顿，即出现死锁现象。

路对高速 CPU 也会产生拥塞。

网络产生拥塞的根本原因在于用户（即端系统）提供给网络的负载（load）大于网络资源容量和处理能力（overload）;[8]拥塞是一种持续的网络超负荷状态。其典型表现就是：数据包时延增加、丢弃概率增大、上层应用系统性能显著下降等。拥塞总是发生在网络中资源“相对”短缺的位置。拥塞发生位置的不均衡反映了 Internet 的不均衡性。首先是资源分布的不均衡。[57]中带宽的分布是不均衡的，当以 1Mb/s 的速率从 S 向 D 发送数据时，在网关 R 会发生拥塞。其次是流量分布的不均衡。[29]中带宽的分布是均衡的，当 A 和 B 同时以 1Mb/s 的速率向 C 发送数据时，在网关 R 也会发生拥塞。互联网中资源和流量分布的不均衡都是广泛存在的，由此导致的拥塞不能使用增加资源的方法来解决。

造成网络拥塞的原因有很多，除了上面三个主要原因，还有就是：TCP/IP 协议拥塞控制机制中的缺陷[72]，用户的恶意攻击造成的网络拥塞[73]，以及网络系统的混沌、分叉等现象都会导致网络通信的崩溃。[74]也正是由于网络环境的这种不可信性加剧了网络拥塞的状况。

Internet 要求各部分协调地运行，需要有合适的分布式的拥塞控制算法，拥塞往往也是系统各部分不匹配的结果，例如：提高链路速率而不改变处理器，只会转移网络瓶颈，而不能避免拥塞。虽然拥塞源于资源短缺，但增加资源并不能避免拥塞的发生，有时甚至会加重拥塞程度[75]。例如：增加网关缓冲会增大报文通过网关的延迟，如果总延迟超过端系统重传时钟值，就会导致报文重传，反而加重了拥塞；另外，研究表明：网络容量的持续扩张会使得网络拥塞控制系统的稳定性下降，当网络容量增大到一定极限时，现有的拥塞控制系统将不再稳定。[77]

3.2 TCP 拥塞控制的工作原理

TCP 拥塞控制过程当中造成网络拥塞的重要因素是系统存在的瓶颈和源端无限制的数据发送。前者是由网络系统结构决定的，并随网络结构的发展而不断完善。然而网络的物理资源相对用户需求总是不足的，因而要解决拥塞问题必须在共享资源管理的基础上控制源端的数据发送率。合理使用瓶颈处的资源，避免网络发生拥塞或将网络从拥塞状态恢复正常工作状态，就是网络拥塞控制的基本思想。

在最初的 TCP 协议[78]中只有流控制（flow control）而没有拥塞控制，接收端利用 TCP 报头将接收能力通知发送端。这样的控制机制只考虑了接收端的接收能力，而没有考虑网络的传输能力，导致网络崩溃（congestion collapse）的发生。TCP 拥塞控制是一种自适应、分布式的控制系统，能对网络拥塞做出处理。拥塞控制算法包含拥塞避免（congestion avoidance）和拥塞控制（congestion control）这两种不同的机制。拥塞控制是“恢复”机制，它用于把网络从拥塞状态中恢复出来；拥塞避免是“预防”机制，它的目标是避免网络进入拥塞状态，使网络运行在高吞吐量、低延迟的状态下。

3.2.1 拥塞控制算法的性能评价标准

一个理想的拥塞控制机制应具备以下几种特性：[79]

（1）稳定性（stability）。存在且仅有一个平衡点，一定时期扰动消失后，在拥塞控制机制的作用下，整个系统应能收敛于该平衡点。实际上，很难让一个信息流正好工作在这样一个最佳的点上，一个具有合理长度的队列大小的工作点应该被认为是可接受。

（2）高效性（efficiency）。拥塞控制的效率包含两方面含义：一方面是拥塞控制算法必须保证网络效率，使网络既不欠载也不过载；另一方面是拥塞控制应快速收敛于平衡点。

（3）公平性（fairness）。为了防止一些网络连接过度占用网络资源，而导致另一些网络连接不能公平地使用网络资源。对 TCP（网络中主流传输协议）拥塞控制而言，主要考虑不同连接之间的公平性（Intra-Protocol Fairness，即协议内公平），对非 TCP 拥塞控制而言，则要考虑两种公平性，一是协议内公平，一是协议之间公平，即 TCP 友好（TCP Friendly）。鲁棒性是指：拥塞控制应能抵御恶意用户（即不遵守拥塞控制）的行为，即能隔离恶意用户，防止降低其他用户的满意度。公平性有时也被称为鲁棒性（robustness）。

（4）可扩展性（scalability）。对单播（unicast）而言，拥塞控制的可扩展性体现在对不同规模网络、不同链路状况、不同端用户能力等均有效。对组播（multicast）而言，除上述功能外，还应能处理大量异构接收者的情况。

需要指出的是，上述四种属性是拥塞控制的理想境界，大多数拥塞控制只能达到其中几种要求。如当具有不同传输时延的 TCP 连接竞争网络资源时，TCP 拥塞控制对具有较大传输时延的连接具有不公平性。尽管研究证明当竞争带宽的各连接的传输时延按比例减小时，小传输时延的连接对大传输时延连接的抑制性相对减弱，这种不公平性也减弱，但 TCP 拥塞控制的不公平性依然存在。

在具体设计和比较拥塞控制算法性能时，需要一定的评价指标。用户关心的是：端系统的吞吐率、丢失率和延迟等和效率相关的指标；系统注重的是：资源分配的公平性。

1. 资源分配的效率

资源分配的效率可以用 Power 函数[26]来评价。Power 函数定义为：

$$\text{Power}=\text{Throughput}^{\alpha}/\text{Response Time} \tag{3-1}$$

在上式中，一般取 $\alpha=1$。如果评价偏重吞吐量，则取 $\alpha>1$；如果评价偏重反应时间，则取 $\alpha<1$。图 3-1 示意当负载位于 Knee 时 Power 取最大值。使用 Power 函数有一定的局限性。[27]它主要基于 M/M/1 队列的网络，并假设队列的长度为无穷。Power 函数一般在单资源、单用户的情况下使用。

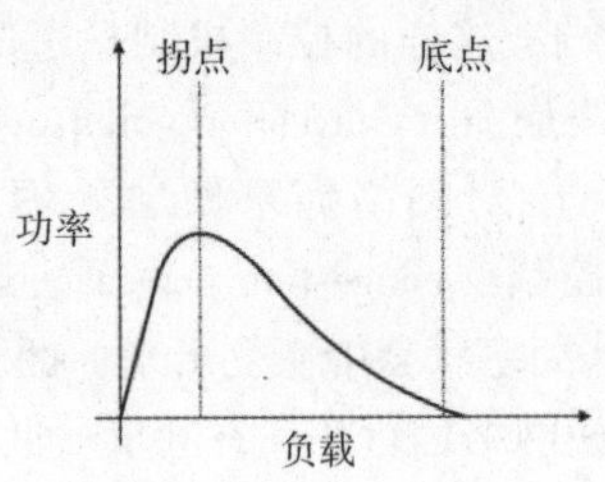

图 3-1 Power 函数

2. 资源分配的公平性

多用户情况下需要考虑资源分配的公平性。公平性评价的主要方法包括 max-min fairness[22,24]、fairness index 和 proportional fairness[63,67]等，其中 max-min fairness 被普遍接受。max-min fairness 是指多种数据流在共享单一瓶颈时最大化流的最小吞吐量。即每个用户的吞吐量至少和其他共享相同瓶颈的用户的吞吐量相同。这是一种理想的状况，但是它不能给出公平的程度。

由于公平性是针对资源分配而言的，所以在评价前首先要确定“资源”的含义。目前大多数研究在评价公平性时都只针对吞吐量，这是站在用户的角度考虑的，并不完全适合网络中的资源状况。网络中的资源包括链路带宽、网关的缓冲区大小和数据处理能力等，在考察公平性时应当将这些因素综合考虑。

3.2.2 拥塞控制算法设计的困难

拥塞控制算法的设计困难体现在以下方面：[80]

（1）算法的分布性。拥塞控制算法的实现分布在多个网络节点中，必须使用不完整的信息完成控制，并使各节点协调工作，还必须考虑某些节点工作不正常的情况。

（2）网络环境的复杂性。互联网中各处的网络性能有很大的差异，算法必须具有很好的适应性；另外由于互联网对报文的正确传输不提供保证，算法必须处理报文丢失、乱序到达等情况。

（3）算法的性能要求。拥塞控制算法对性能有很高的要求，包括算法的公平性、效率、稳定性和收敛性等。某些性能目标之间存在矛盾，在算法设计时需要进行权衡。

（4）算法的开销。拥塞控制算法必须尽量减少附加的网络流量，特别是在拥塞发生时。在使用反馈式的控制机制时，这个要求增加了算法设计的困难。算法还必须尽量降低在网络节点（特别是网关）上的计算复杂性。目前的策略是将大部分计算放在端节点完成，在网关上只进行少量的操作，这符合互联网的基本设计思想。[31]

从控制理论在网络拥塞控制中应用的角度来看，Internet 拥塞控制的复杂性在于：

（1）Internet 本身是一个极其复杂的巨系统，网络结构复杂，规模巨大，应用种类繁多且在不断演化，网络用户数随时变化且不时发生各种随机性故障等，这便使得 Internet 建模极其困难。

（2）在 Internet 上不可能采用集中控制，而必须使用分散反馈控制机制。

（3）反馈信号的传输必然存在传输时延，而且随着路径及环境的不同，时延也将不断发生变化。

（4）由于应用及环境的不同，需要采用不同的拥塞控制策略，例如，实时多媒体数据流就不宜采用 TCP 拥塞控制。这使得分析各种控制策略的相互影响以及它们对整个网络稳定性的影响变得更为困难。

尽管如此，最近几年中，人们还是在利用控制与优化理论分析现有拥塞控制的稳态与动态性能以及设计新的拥塞控制算法方面做了大量的工作，取得了良好的开端。[81]

3.2.3 TCP 拥塞控制的四个主要过程

TCP 被设计用于可靠数据传输，但也被发展用于拥塞控制。TCP 拥塞控制协议采用闭环控制，通过探测网络来发现是否发生拥塞。协议用丢包作为隐式拥塞信号。通过包的序列号及接收端的确认（ACK）可以发现丢包。没有丢包，发送者就增加其发送速率。当源端发现丢包，就认为网络发生拥塞，随即减少发送速率。增减规则不同形成了不同的拥塞控制协议。通过增减规则的设计使得流的平均发送速率近似于公平带宽份额。TCP 拥塞控制主要包括慢启动（slow start）、拥塞避免（congestion avoidance）、快速重传（fast retransmit）和快速恢复（fast recovery）四个相关联的控制阶段。

1. 慢启动（slow start）

早期的 TCP 在启动一个 TCP 连接时，源端向网络发送多个数据包直到达到接收方声明的最大窗口为止。当两台主机在同一个局域网时，这种方式是完全可行的。但是，如果发送方和接收方之间存在路由器和低速链路时，中间节点必须将数据包保留于缓存之中，这样就可能耗尽存储空间，从而引起数据包丢失，传输超时，导致网络吞吐量急剧下降。用来避免出现这种情况的算法称为慢启动机制。

算法原理是：慢启动机制①不断探测当前网络可提供的容量，是一种发送速率由小到大逐步探测的过程，使要发送到网络的新数据包的发送速率等于从接收方返回的确认消息的速率；这样可实现连接的平滑接入，避免由于发送大量突发数据导致网络拥塞。当重传超时或连接启动时进入慢启动阶段，此时 cwnd 就将随 RTT 呈指数级（exponential）：1 个、2 个、4 个 cwnd 增长。因此源端向网络中发送的数据量将急剧增加，直到发生超时或直到 cwnd 达到 ssthresh，就进入拥塞避免阶段。[82-84]

2. 拥塞避免（congestion avoidance）

拥塞避免是一种用来处理丢包的方法。该算法假设由于损坏而丢包的概率非常小。因此，当出现包丢失时，就表明源端和接收端间网络的某个地方可能出现了拥塞。包的丢失有两种指示：定时器超时和接收到重复 ACK。在拥塞避免阶段，cwnd 不再是指数级增长，而是线性的（linear）。

"慢启动""拥塞避免"两个过程的算法描述如下（C++语言）：

```
Initial () {
    Win=min (Cwnd, Awin)      Cwnd=1     //  IW 为 cwnd 的初始值
}
Switch (cwnd
{
    Case cwnd<ssthresh:      cwnd=cwnd+1                //执行 Slow  Start
    Case cwnd>=ssthresh:     cwnd=cwnd+1/cwnd      //执行 Congestion  Avoidance
}
```

① 慢启动机制：是 TCP 传输控制协议的拥塞控制机制，每次 TCP 接收窗口收到确认后都会按照指数级方式增长，增加的大小就是已确认段的数目。

拥塞避免算法的作用是通过减缓 cwnd 值的增加速率来推迟网络拥塞的发生，这样使发送端能在较长一段时间内保持较高的数据传输率，具有较高的网络利用率。

3. 快速重传（fast retransmission）

无论是慢启动还是拥塞避免，cwnd 总是增长，使得负载逐渐增大并最终导致网络拥塞。源端在接收到重复 ACK 时并不能确定是由于分组丢失还是分组乱序造成的，如果假定是分组乱序，在目的端处理之前源端只可能收到一个或两个 Dup ACK；所以若源端连续收到三个以上的 ACK（acknowledgement），则认为网络已发生拥塞，该数据包已丢失。此时发送方不必等重传定时器超时就重新传送那个可能丢失的数据包，同时 TCP 将 ssthresh 值设为当前 cwnd 值的一半，这就是快速重传。TCP 源端就是利用快速重传算法检测和恢复数据包丢失。

4. 快速恢复（fast recovery）

基于“管道”模型的“数据包守恒”原则，快速恢复算法可使较大窗口下发生中度拥塞时网络仍具有很高的吞吐量，此算法也可减少快速重发造成的 cwnd 急剧振荡。

快速恢复和快速重传算法描述如下（C++语言）：

```
step 1：if（dupacks==3）{
        ssthresh=max（2，cwnd/2）          cwnd=ssthresh+3*segsize;
}
step 2：重传丢失的分组
step 3：此后每收到一个重复的 ACK 确认时，cwnd=cwnd+1
step 4：当收到对新发送数据的 ACK 确认时，cwnd=ssthresh
```

快速重发和快速恢复算法通常是结合实现的，快速重发算法第一次出现在 4.3BSD Tahoe 版本里。快速恢复算法首先出现在 4.3BSD Reno 版本里。从以上算法中可以总结出 TCP 拥塞控制过程的几个特点：

（1）以上四个基本过程互相关联，成为目前 Internet 上主要使用基于窗口的端到端 TCP 拥塞控制机制，这种机制通过对发送窗口的调节，实现对源端发送速率的控制，保证数据的可靠传输，这就是加性增加/乘性减少 AIMD（additive increase multiplicative decrease）算法。

（2）整个过程也可以将拥塞控制“分成”慢启动和拥塞避免两个阶段。慢启动使用指数增长方式用于探测网络的带宽，拥塞避免使用 AIMD[85] 方式试图避免拥塞的发生。

（3）假设报文的丢失由网络拥塞引起。TCP 算法用报文丢失判断拥塞的发生。“快速重传”可以检测报文的丢失，但当这些机制失效时，“重传时钟”超时是发现报文丢失的最终机制。

（4）从解决一个发送窗口内单个报文丢失到解决多个报文的丢失。

3.3 下一代 Internet 中有线网络上的拥塞控制策略

拥塞控制可以在 TCP/IP 协议栈中的网络层、传输层和应用层上进行，目前，数据传输的拥塞控制主要集中在传输层和网络层。传输层上的拥塞控制方法包括基于窗口的拥塞控制机制和基于速率的调节机制。网络层拥塞控制算法包括主动队列管理方法、显式拥塞通告机制以及公平分组调度算法等。

1. 基于窗口与基于速率的拥塞控制协议

拥塞控制协议通过决定源节点在一个 RTT 内可发送的最大流量来控制源节点的发送速率或是发送窗口上限。

- 基于速率的拥塞控制协议，也称基于方程（模型）的拥塞控制算法，源节点使用一个定时器来控制可发送的流量，其优点是通过将流量在 RTT 上均匀分布而具有平滑性。通过对 TCP 窗口控制机制进行建模，[86-87] 得到 TCP 连接吞吐量与网络参数间的解析式，用来指导源端发送速率的大小，多用于流媒体的传输控制，重点指标为 TCP 的友好性。TCP 的发送速率 T 主要和这些参数有关，t_{RTT} 为端到端的往返时间，t_{TRO} 为超时重传计时器的值，P 为分组丢包率，S 为分组大小。

$$T = S/\left[t_{TRO}(3\sqrt{3P/8})P(1+32P^2)+t_{RTT}\sqrt{2P/3}\right] \tag{3-2}$$

- 基于窗口的拥塞控制协议，源节点通过控制拥塞窗口的大小来限制一个流的发送速率，其优势在于收到确认包后，新包即被发送，这种[82]自时钟（self-clocking）特性增加了协议在高丢包率（轻度拥塞）下的健壮性。拥塞发生时，包开始在路由器上积累形成排队队列，排队时间增加了 RTT。这使得在没有拥塞控制协议直接控制源节点速率的情况下，自动减小了流的发送速率。

Internet 传输层上有两个主要协议：一个是端对端面向连接的传输控制协议 TCP（Transmission Control Protocol），TCP 能为传统应用型数据流提供可靠的传输服务，在保障网络通信性能方面起着非常重要的作用；另外一个是无连接的传输协议 UDP（User Datagram Protocol），UDP 主要为流媒体，如网络视频流、语音信号等提供传输服务，UDP 协议比较简单，没有拥塞控制功能，因此必须在应用层中实施拥塞控制，以保证它能在 Internet 中广泛地应用。

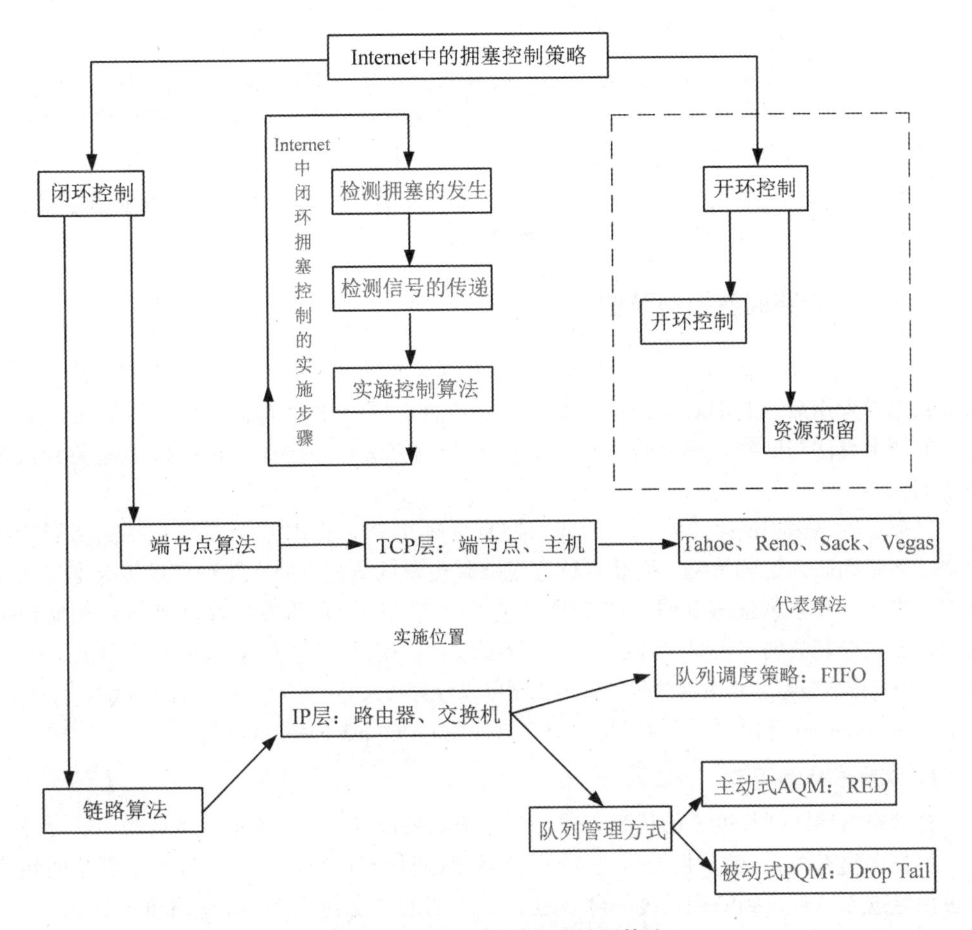

图 3-2　Internet 中的拥塞控制策略

从控制理论的角度看，拥塞控制算法可以分为开环控制（或前动式/预防）和闭环控制（或被动式）两大类。[89]当流量特征可以准确规定、性能要求可以事先获得时，适于使用开环控制，如接入控制（admission control）对网络资源的使用量不超过提供量，从而可避免拥塞发生；当流量特征不能准确描述或者当系统不提供资源预留（resource reservation）时，适于使用闭环控制。Internet 中主要采用闭环控制方式，这就只涉及网络数据包调度策略、缓冲管理、反馈信息以及端系统速率调整等问题。

闭环的拥塞控制可以动态适应网络的变化，但它的一个缺陷是算法性能受到反馈延迟的严重影响。当拥塞发生点和控制点之间的延迟很大时，算法性能会严重下降。闭环的拥塞控制分为三个阶段：(1) 检测网络中拥塞的发生；(2) 将拥塞信息报告到拥塞控制点；(3) 拥塞控制点根据拥塞信息进行调整以消除拥塞现象。

根据算法的实现位置，可以将拥塞控制算法分为两大类：链路算法（link algorithm）和端节点/源算法（source algorithm）。[90]链路算法在网络设备（如路由器和交换机）中执行，作用是检测网络拥塞的发生，产生拥塞反馈信息；源算法在主机和网络边缘设备中执行，作用是根据反馈信息调整发送速率。拥塞控制算法设计的关键问题是如何生成反馈信息和如何对反馈信息进行响应。

从推断网络状态的反馈信息的类型上，可以分为显式拥塞控制（explicit）和隐式拥塞控制（implicit）。[21][43]前者网络具有独立的拥塞控制过程，系统使用显式信号向执行流量控制的端点通告其状态（有效带宽、缓存容量等），可再细分为定性和定量两种控制方式；后者是通过对数据传输的观察以获取当前网络状态，如控制端使用流量测量或者通过诸如超时、重复 ACK 等隐含信号来推断网络状态。

3.3.1 链路拥塞控制算法

为持续有效地控制 Internet 拥塞，一方面要继续改进已有的 TCP 拥塞控制算法，并要求所有用户采用兼容的端对端拥塞控制；另一方面，网络中间节点（路由器）也应采用适当的调度算法与队列管理策略，与 TCP 拥塞控制算法相互协作以便有效地避免和控制网络拥塞。

目前，网络采用的基于路由器的拥塞控制策略通常位于 IP 层，主要包括路由器的队列调度算法和队列管理策略，而队列管理策略是主要的研究方向。队列调度策略通过数据流如何排队（单队列或多队列）决定哪些包可以传输来分配带宽：而队列管理策略根据队列长度来控制数据包丢弃率或标记率来分配缓存。尾部丢弃（drop tail）是目前 Internet 通常采用的排队策略。路由器的队列管理机制可以分为两大类：被动式队列管理 PQM（passive queue management）和主动式队列管理 AQM（active queue management）。[88,101]

1. 被动式队列管理

管理路由器队列长度 L 的传统方式是对每个队列设置一个最大值 B（通常与实际缓冲区的容量大小有关），然后接受包进入队列直到队列长度达到最大值，接下来到达的包就要被拒绝进入队列直到队列长度下降。这就是所谓的“队尾丢弃”(drop tail）算法，[92-93] drop tail 中算法反馈回发送端的丢包信号 P 只能是 0 或 1。

除了“去尾”机制，另外两种在队列满时进行队列管理的机制是“随机丢弃”(random drop）和“前部丢弃”（drop front）机制。当队列满时，前者从队列中随机找出一个包丢弃以让新来的包进入队列；后者从队列头部丢包，以便让新包进入队列。这两种方法虽然都解决了“死锁”问题，但仍然没有解决“满队列”问题。由于这几种方法都是在队列满了之后被迫丢包，因此得名为“被动式队列管理”。

由于通信量本身的突发性，因此需要为路由器配备相当大的缓存以缓解这种突发性并且维持高的带宽利用率。在 IETF 提出采用 RED[94]之前，基于 FIFO（first-in-first-out）机制是网络中的唯一队列管理机制。对 FIFO 算法的改进包括公平排队算法（FQ）、加权排队算法（WFQ）和基于类的排队算法（CBQ）等。尽管它简单易于实现，但却有三个缺陷：死锁、满队列、全局同步问题。

一是死锁（lock out），在某些情况下，drop tail 算法会让某个流或者少数几个流独占队列空间，阻止其他流的包进入队列。这种“死锁”现象通常是由于同步或其他定时作用的结果。

二是满队列（full queues）。由于 drop tail 算法只有在队列满时才会发出拥塞信号，因此会使得队列倾向于在相当长时间内处于充满（或较为充满）的状态，并且链路设备端口的缓存容量越大，影响越坏。

三是全局同步（global synchronization）。由于网络中数据的突发本质和尾部丢弃策略对突发流存在偏见的缘故。队列在缓冲资源被完全占用时，将会在短时间内连续大量地丢包。由于TCP流具有自适应特性，受此影响，大量TCP数据几乎同时降低自己的发送速率，在短期内造成网络负载过轻，随后所有TCP源又将同时逐步增加自己的发送速率，导致下一轮拥塞的出现，就这样周而复始地进行，严重降低了网络资源利用率，这就是"TCP全局同步"。

为了解决这些矛盾，B. Brden等提出了主动队列管理机制。1993年由S. Floyd和V. Jacobson提出的随机早期检测RED（random early detection）[94]是著名的AQM算法，它已经成为IETF（internet engineering task force）RFC2309推荐的AQM唯一候选策略。

2. 主动队列管理AQM算法

AQM的目标是控制平均排队长度，减少数据包丢弃数，提高网络吞吐量，避免网络拥塞等。[89,96]即在队列满之前即按一定概率丢弃或标记少量数据包，从而使得缓存溢出之前端点就能对拥塞做出响应。

目前链路算法的研究集中在主动队列管理AQM[54]算法方面。AQM的典型代表就是随机早期检测RED（random early detection）。RED算法的基本思想：是通过监控路由器输出端口队列的平均长度来预测可能到来的网络拥塞，并采用随机选择的策略对包进行标注（或丢弃），以线性方式将拥塞信息反馈给发送端，使他们在队列溢出导致丢包之前减小拥塞窗口，降低发送数据速度，从而缓解网络拥塞。由于RED是基于FIFO队列调度策略的，并且只是丢弃正进入路由器的数据包，使得路由器能够控制在什么时候丢多少包，以配合端到端的拥塞控制。因此其实施起来也较为简单。此外由于RED算法随机标注到达的包，使不同TCP流的拥塞响应异步化，从而解决了TCP流的全局同步问题。

RED算法不提供区分服务，采用完全共享策略和单队列结构对到达的包进行排队。包到达时，RED采用按平均队列长度丢包的策略，尽可能地吸收部分短暂的突发流量。为了减小"瞬时抖动"对于反馈计算的影响，RED在平均队列长度的计算采用低通滤波器，用指数加权滑动平均EWMA（exponential weighted moving average）方法来定义动态的平均队列长度，其中W是计算的权重。具体公式如下：

$$q_{avg} = W \times q_{avg} + (1 - W) \times q \tag{3-3}$$

其中$0<W<1$，q为一个到达包看到的瞬时队列长度。

RED可以看成是"Proportional控制器+低通滤波器"的方法来计算反馈，具体丢包概率计算如下：

$$P_i = \begin{cases} 0, & if\ q_{avg} \leqslant \min \\ (q_{avg} - \min) \times P_{max}/(\max - \min), & if\ \min < q_{avg} < \max \\ 1, & if\ q_{avg} > \max \end{cases} \tag{3-4}$$

其中，min与max为给定的参数，P_{max}为最大丢包概率。当平均队列长度低于Min时，说明拥塞没有发生，不处理转发的数据包；当平均队列长度大于Max时，说明网络拥塞已经发生，无条件地丢弃所有转发的数据包，此时RED退化成Drop Tail；当队列长度大于Min且小于Max的时候，则以与队列长度相应的一个概率丢弃每一个转发的数据包。

参数配置是 RED 一直没有得到彻底解决的问题，Floyd S. 和 Jacobson V. 在 1993 年时仅仅只讨论了参数配置对网络性能的影响，并对参数的设置提出了合理的建议。随后，经过许多参数优化的研究，将 W 从 0.001 增加到 0.002，以便及时探测拥塞程度；又将 P_{max} 从 0.02 调整为 0.1，以迫使多个 TCP 流减小各自的窗口，改善 TCP 流间的同步现象。

RED 以一定概率丢失或标记报文通知端系统网络的拥塞情况。其目标之一是防止突发丢包。通过早期丢包，RED 将丢包分布在更长的时间段上，提供更平滑的拥塞控制行为。此外，RED 在队列溢出之前向源端发送早期拥塞信号，使其降低发送速率，因为固定的 W 不能适应不同速率的网络链路，这有助于在路由器上维持一个较短的平均排队长度。Proportional 控制器的优点是实现简单、反应速度快，缺点是控制存在“稳态误差”(steady state error)，这是平均队列随网络流量增长的主要原因。

3. AQM 的性能特征和研究进展

和传统的 drop tail[89] 相比，AQM 在网络设备的缓冲溢出之前就主动丢弃或标记报文。[46] AQM 的主要优点是：

(1) 减少网关（路由器）的报文丢失。使用 AQM 可以保持较小的平均队列长度(average queue size)，从而增强网关容纳突发流量的能力。

(2) 减小报文通过网关的延迟。减小平均队列长度可以有效地减小报文在网络设备中的排队延迟，这对需要持续交换大量数据的服务非常重要。

(3) 避免 lock out 行为[98] 的发生。因为 AQM 保持较小的平均队列长度，就会使得大多数到来的数据包都有可用的队列空间。

主动队列方案主要有两种检测拥塞的途径：一种是基于队列的，它通过测量队列长度来检测拥塞，其缺点是拥塞控制机制易大量积压数据包，这会引起不必要的延迟和抖动。另一种是基于数据流的，它通过测量包的到达速率来判断是否存在拥塞。研究表明 RED 比 drop tail 具有更好的性能，但是它存在两个主要缺陷。[1,38]

(1) 随着网络中“流”数目的增加，网关的平均队列长度会逐渐增加。为此一些研究者提出了解决方案，如 ARED[75]、SRED[76]、BLUE[78] 和 Yellow 等。这些算法的主要思路是根据网络负载的情况对标记/丢失概率进行动态调整。

ARED 基于 RED 算法，其主要思想是根据网络负载的情况调整 P_{max}。当平均队列小于 min_{th}，就减小 P_{max}；当平均队列大于 max_{th}，就增大 P_{max}。ARED 中需要使用“单流信息”(per-flow information)。SRED 的主要思想是通过估计网络中流的个数来调整报文标记/丢失概率。在 SRED 中流的个数通过概率统计的方法获得，所以也不需要使用“单流信息”。Feng 等在 1999 年提出的 BLUE 算法，其主要思想是根据链路空闲和缓冲溢出的状况来动态调整报文标记/丢失概率。如果缓冲溢出，就增大概率；如果线路空闲，就减小概率。BLUE 的最大贡献在于使用较小的缓存区，即可实现拥塞控制。但一旦发生丢包后 BLUE 会相对大地增加丢包概率，从而产生连续丢包，导致 TCP 陷入超时，严重时降低链路利用率。

在 2001 年，Athuraliya 等提出的 REM（random exponential marking）算法[79] 利用网络流量优化理论中链路影子价格的概念探测和控制网络的拥塞状态；Hollot 等提出的 PI (Proportional Integral) 算法[103] 应用控制理论非线性模型在链路中设置比例积分控制器以增加系统的稳定性与适应能力。Kunniyur 等提出的 AVQ（adaptive virtual queue）[104]算法利用简单微分方程调节虚拟队列容量，借助调整利用率因子和阻尼因子在高利用率和小队列长度之间实现适当的平衡。实际上，REM 和 PI、AVQE[80]等方案一样，都是采用在 AQM 算法中使用 PI 控制器的策略，本质上也是一种早期分组丢弃技术。[136]

目前路由器中使用最广泛的是：先进先出 FIFO（first-in-first-out）包调度算法结合 drop tail 队列管理策略，即当路由器缓存已满时，丢弃后续到达的数据包。另外，RED 还利用队列长度的指数权滑动平均（EWMA：exponentially weighted moving average）值度量拥塞的程度，不仅可以检测即将产生的拥塞，同时可消除突发流造成的影响。其余比较有代表性的 AQM 算法包括：GREEN[82]、Choke[83]、RIO[84]、CBT[85]。

Wydrowski 等于 2002 年提出的 GREEN 算法：此算法是一个反馈控制机制，根据测量的数据到达速率调整拥塞通知的速率。Ao Tang 等于 2003 年提出的 CHOKe 算法：此算法的主要目的是保护适应流，惩罚非适应流。基本思想是当一个分组到达路由器时，从缓存区随机抽取一个分组与之比较，若这两个分组属于同一流则两个分组均被抛弃，若两个分组不属于同一流，则所到分组按一定概率丢弃，此概率由当前队列长度（类似 RED）决定。CHOKe 基本上继承了 RED 的优点，只是少量增加了一些额外开销。

尽管近年来国内外研究人员提出很多主动队列管理算法，但很多算法本身存在缺陷，设计和实现都面临众多的折中，不可能有一种算法在所有环境中都性能最佳。因此，国内外对 AQM 的研究工作包括对现有算法的改进、提出新的算法、分析 AQM 算法等。

（2）RED 的参数是静态配置的，而互联网是基于带宽统计复用的，一条链路上往往有很多活跃流，并且流量变化很大，RED 算法不能适应这种变化导致其在很多情况下性能会大大下降；同时由于 RED 的性能对算法的参数设置十分敏感，参数的改变对性能影响特别大，到目前为止，这些参数还没有明确的设定方法。所以 RED 至今没有在 Internet 中得到广泛使用。[89,113]

近期，研究人员提出很多 RED 的改进方案，[112-114]也有很多新的主动队列管理算法问世。[115-120]国内外很多研究人员利用控制理论引入主动队列管理的研究中，取得了一些成果；[121-123]还有一些学者尝试将神经网络控制[124]、预测控制[125]、自适应控制、模糊控制[126]、人工智能[127]等方法运用于主动队列管理算法的设计和分析中。但这些算法大多数是从直觉的角度研究拥塞控制问题，缺少理论依据。部分算法虽然是从控制的角度提出的，但算法的有效性、稳定性、鲁棒性等还有待进一步分析和验证。因此，需要研究人员设计有理论依据的主动队列管理算法并对其进行详细的分析，并通过仿真验证其性能。

4. 在 AQM 引入 TCP 拥塞控制

TCP/AQM 算法：RED 系列算法在队列未满的情况下就按照一定的概率开始主动丢包，虽然有效地管理了平均队列长度，但也浪费了网络资源，并且对有一定时延要求的多媒体应用不理想。因此除了使用丢包作为隐式拥塞通知方式外，新的 AQM 方案考虑到使用显式信息，端系统通过报文中网关设定的标志位检测拥塞，而不完全依赖报文丢失来判断拥塞的发生。IETF 提出了显式拥塞指示 ECN（explicit congestion notification）。[98]

ECN 的最大优点是发送端不用重传被标记拥塞的报文段，这对小的 TCP 流更为有利，缩短了传输时间。并且试验结果显示“标记”比“丢弃”具有更好的性能。在无线网络环境中，ECN 的使用有利于将报文损坏（packet corruption）和拥塞导致的报文丢失区分开。ECN 最大的问题是需要得到路由器与端系统的支持，并且端系统的 TCP 栈须做相应的修改。

3.3.2 端节点拥塞控制算法

TCP 协议是目前互联网中使用最广泛的传输协议，据 MCI 的统计，Internet 上总字节数的 95%及总数据包数的 90%均使用 TCP 协议传输。[59] 源算法中使用最广泛的、最具代表性的就是 TCP 协议的拥塞控制算法。TCP 协议根据网络状态对窗口采用 AIMD 方式调节，实施慢启动、拥塞避免、快速重传和快速恢复对发送窗口进行调节，因此基于窗口的 TCP 端到端拥塞控制机制已经成为保证 Internet 鲁棒性①（robustness）和扩展性的重要因素。

在 TCP 拥塞控制端节点算法当中使用“管子”模型来抽象两个端节点之间的网络。“管子”的性能（包括带宽、延迟、丢失率等）在一定时间范围内是相对稳定的，这样端系统可以使用历史信息来估计未来的情况。“管子”的一个重要特性是“报文守恒”(packet conservation)[130]，控制的目标是使网络中报文的个数保持恒定；在报文离开网络前，不向网络中加入新的报文。使用“管子”模型要求端节点之间的网络性能是相对稳定的。一些文献[131,132]指出端系统之间的网络性能在分钟量级上是相对稳定的。另一个因素是路由的稳定性。V. Paxson[133]指出端节点之间的路由是相对稳定的，测试数据中保持 10min 以上的路由超过 95%，其中 68%的路由保持 1 天以上。这说明使用“管子”模型是合适的。

对于任何一个实际运用的算法，都是标准控制阶段组成部分的变形或改进而来的；或者说 TCP 协议拥塞控制的核心就是前面四个状态的有效组合，确保了数据的可靠传输和网络的稳定运行。现在 TCP 拥塞控制中的主要研究成果有：Tahoe、Reno[16]、NewReno、SACK[20] 和 Vegas[129,135]。

1. 端节点拥塞控制算法的典型代表

(1) TCP Tahoe

Tahoe 算法是 Van Jacobson 和 Karels 在 1988 年提出的早期 TCP 版本，它包括三个最基本的拥塞控制过程：“慢启动”“拥塞避免”和“快速重传”。其是探测网络的可用带宽，在拥塞时急剧地降低数据发送速率。Tahoe 具备 RTT 估计和差错恢复的功能。此算法极大地提高了网络控制拥塞的能力，并成为 Internet 标准之一。但是目前 Tahoe 在 Internet 上的应用已不多。

(2) TCP Reno

在 1990 年 Jacobson 修改 Tahoc 算法的快速重传为 Fast Recovery 机制变成了 Reno 算法。[14,149] Reno 算法的理想情况是在一个窗口中单包丢弃时，发送方在每个 RTT 中最多重传一个包，但有多个分组从同一数据窗口丢失时，依旧存在性能问题。Reno 的基本思想是在收到三个和以上相同的 ACK 时进入快速重传和快速恢复，在超时的时候进入慢启动。

---

① 鲁棒是 robust 的音译，即健壮和强壮，它是指在异常和危险情况下网络数据传输系统的生存能力。

Reno 算法描述如下（C++语言）：

```
1. 当收到一个 ACK（非重复）：
If (cwnd<ssthresh)        cwnd=cwnd+MSS;                //Slow  Start
Else                      cwnd=cwnd+MSS * MSS/cwnd;     //Congestion  Avoidance
2. 当收到 3 个 ACK（重复）：
ssthresh=cwnd/2;                      重传 dup ACK 所指示的数据包；
//如果继续收到重复的 ACK//            Then      cwnd=cwnd+MSS;
//如果收到新的 ACK//                  Then      cwnd=ssthresh;
3. Relay timeout:
ssthresh=cwnd/2                       cwnd=1;       //Slow  Start
```

（3）TCP NewReno

1996 年 Fall 和 Floy 对 Reno 的快速恢复进行了修正后提出了 New Reno。它考虑了一个发送窗口内多个数据包丢失时的 TCP 性能有所提高。在 Reno 版中，发送端收到一个新的 ACK 后就退出快速重传，当存在多个分组丢失时，这一算法很难将它们全部恢复，而在 NewReno 版中，只有当所有的数据包都被确认后才退出快速恢复。

（4）SACK

1996 年 Mathis 和 Floy 等还提出了 Reno 的另一变形：SACK 采用选择性确认，而不是 GO BACK N 机制，进一步提高 TCP 在拥塞较严重且一个窗口中有多个分组丢失时的性能。[9] SACK 的基本思想是接受方 TCP 发送 SACK 分组来通知源端接受数据的情况，这样源端只重传丢失的分组，因此减少了时延，提高了网络吞吐量。当一个窗丢失多个包时，SACK、Reno 和 Tahoe 中 SACK 的表现最佳[118]，它能最快地从数据的丢失中恢复过来。SACK 能够避免多数的超时和慢启动，其总的性能优于 Tahoe 和 Reno，但 SACK 的最大缺点在于要修改 TCP 协议。

以上方法中的 RTT 与重传计时器 RTO 时间（retransmission timout）可以比较判断分组报文的丢失，作为网络是否拥塞的依据，进而采用 AIMD 的速率控制策略，对网络利用率有一定的影响。

（5）TCP-Vegas

1994 年，L. S. Brakmo 等提出了一种新的拥塞控制策略：TCP Vegas[25]。Vegas 通过观察 TCP 连接中 RTT 值改变来感知网络是否发生拥塞，从而控制拥塞窗口大小。其最大优点在于拥塞机制的触发只与 RTT 的改变有关，而与包的具体传输时延、包的丢失无关；因此能更精确地预测网络的可利用带宽，其公平性、效率都较好。Vegas 在 Internet 上是不大可能被广泛使用的，因为这里有一个致命的问题没有解决：在竞争带宽时，使用 Vegas 的数据流在带宽竞争能力方面极差，远不及未使用 Vegas 的数据流，因此会导致网络资源分配的严重不公平性。

还有其他系列改进算法如 High-Speed TCP[104]、STCP、FAST TCP[105]、BIC TCP、XCP、RCP 等，针对网络传输一些特定的环境和性能指标进行改进，有些正在成为 IETF 的草案标准和正式标准。总之基于 TCP 的拥塞控制吸引了无数研究者的兴趣，将随着网络发展而不断深入。

2. 有线网络中 TCP 协议缺陷分析

尽管 TCP 协议是互联网中应用最为广泛的协议之一，但是由于网络的分散性以及 TCP 协议固有的属性使得 TCP 协议在应用方面仍存在许多缺陷，具体表现如下。

（1）周期性振荡，性能低下。TCP 协议的 AIMD 的拥塞窗口控制机制将导致 TCP 流的周期性抖动，从而对 TCP 的性能和网络稳定性产生影响，大量的研究试图获得一种理想的拥塞控制算法消除 TCP 的固有振荡，主要有 Vegas、Tri-S[133] 以及 CCA in TCP Santa Cruz[142]，不过这些算法在实际应用中还存在一些问题，[143] Reno 依旧保持着互联网中的统治地位。

（2）控制滞后易导致误操作。TCP 本质上是一种基于端到端的分布式控制算法，采用基于 RTT 的隐式拥塞控制策略。由于网络结构复杂，TCP 协议往往很难准确获得网络状态，同时网络又是一个多用户协作的巨系统，资源和用户都处于动态变化之中，流控制对于网络事件相对滞后，从而造成对流控制产生一些误操作，导致网络性能降低。[144] 因此，实时精确地监测网络的状态，采用相应的调节策略对于改善和提高 TCP 的性能具有重要的意义。

（3）对网络突发流量不适应。网络流量具有突发性的特点，很多研究表明[148] 因特网流量具有自相似特征，[56,71,108] 而 TCP 协议是一种针对离散事件的确定性控制方法，无法用传统的系统控制理论和方法来实施准确的控制，Poisson 模型或 Markov 模型具有无记忆性和短时相关性，分析得到的结果往往都是过于优化的结果，严重地低估了 TCP 传输在广泛时间级别上的突发性。不过对于交互的 TELNET 数据传输，可很好地由泊松分布模型给出。对 WWW 流量以及仿真分析也相继发现具有自相似性质，同时自相似特性也是互联网中普遍存在的现象。[145] 传统传输控制协议无法避免由于流量自相似性所带来的性能的降低，因此，利用网络测量准确获取网络状态进行传输控制协议的设计和性能优化具有重要意义。

同时，TCP 协议采取自时钟方式实现同步，突发性的流量容易导致一个窗口中多个数据包的丢失，从而使 TCP 失去自时钟，TCP 需进入慢启动实现自时钟，该过程会使网络性能急剧降低。

（4）无法控制网络不良行为的用户。[146] TCP 作为一种广泛使用的传输控制协议，成了一种事实上的标准，Internet 要维持稳定、可靠、高效地运行，要求用户都遵循该协议标准。TCP 同时又是建立在发送端和接收端相互合作的基础之上，但是，如果 TCP 发送端/接收端不遵守 TCP 拥塞控制的规则，那么这种网络不良行为者可以约定采用比 TCP 协议更有效、更贪婪的拥塞控制算法侵占网络带宽资源从而获得比遵守正常拥塞控制算法的连接有更好的效能，对那些正常遵循 TCP 拥塞控制的连接造成负面影响，TCP 协议对此无能为力，只有借助 IP 层的拥塞控制算法对此类网络行为进行限制。

（5）基于经验的协议设计，缺乏有效的理论基础。[146] 到目前为止，网络拥塞控制协议和算法的设计基本上是基于经验，由于 Internet 规模超大、结构复杂，一直没有一个好的模型能完全适用 Internet 的 TCP 协议，使得 TCP 协议缺乏理论上的基础。尤其，当今网络结构上由多种异构网络互连，网络规模、带宽和应用服务都呈爆炸式增长，新的高效协议的设计都遇到了前所未有的挑战。

3. 端节点拥塞控制算法的研究热点

目前拥塞控制源算法的研究热点包括：[147]

(1) 扩大“慢启动”的初始阈值：为了更好地传输短数据流（如 HTTP 流）。文献[37]直接将初始拥塞窗口的值设置为 4MSS（maximum segment size），而不是标准值 1MSS，逐步减小窗口增长的速度，能够实现从“慢启动”到“拥塞避免”的平稳过渡。相关的研究性算法有 SPAND 和“TCP Fast Start”，它们是根据网络当前的拥塞状况来确定“慢启动”的初始阈值，而不是标准值 1MSS。

(2) TCP-Friendly 的拥塞控制。[148] TCP-Friendly 可以认为是某种非 TCP 数据流在长时间的吞吐量不超过相同条件下 TCP 连接的吞吐量。为了适应不断出现的新业务应用需求（如多媒体数据传输），研究者提出基于 TCP-Friendly 的拥塞控制算法，这种算法是建立在 TCP 吞吐量模型[40,56]上的基于速率的控制策略。典型算法有 Floyd 等人提出的 TFRC[61]，TFRC 的工作原理是将速率的控制设为分组丢失率和 RTT 的函数，TFRC 只是响应固定间隔时间上测得的分组丢失率，而不同于标准拥塞控制方案中的对每一个分组丢失事件都产生响应。

(3) 基于速率的控制策略。[139] TCP 使用的窗口控制策略有一些缺陷：容易导致报文的突发；速率受到窗口大小的限制；一个窗口内多个报文的丢失不容易恢复等。为此一些研究者提出 RBP（rate-based pacing），将窗口控制和速率控制结合起来以克服以上缺陷。但文献[141]对 RBP 的效果提出了质疑，指出拥塞发生时 RBP 会导致多个连接同时丢失报文，从而出现全局同步现象，严重降低网络的吞吐量。另外 RBP 的实现需要大量高精度的时钟，消耗资源较多。

(4) ACK 过滤（ACK filter）。它的目的是保持 TCP 的“自时钟”（self clocking）机制。[82] 自时钟机制可减轻突发报文对网络的冲击，而“ACK 压缩”（ACK compression）[114] 破坏了自时钟机制。J. Borber 等人建议在网络中增加 PEP（performance enhance proxy）来确保 ACK 报文之间的间隔。[51]

本章主要探讨了有线网络中的各种拥塞控制方案。从网络拥塞现象出发，分析了网络拥塞的形成原因，然后对 TCP 拥塞控制的工作原理进行了论述，建立了拥塞控制算法的性能评价标准，研究了拥塞控制算法设计的困难，比较了下一代 Internet 中有线网络上的四个基本拥塞控制策略的工作性能特征，最后全面综述了下一代 Internet 中有线网络上使用的各种拥塞控制算法。

第 4 章　无线网中拥塞控制策略分析

4.1　无线网络中的 TCP 拥塞判定

TCP 拥塞判定技术可分为两类：直接拥塞判定和间接拥塞判定。直接拥塞判定是指 TCP 发送端直接根据显式拥塞指示进行拥塞判定；间接拥塞判定则是指终端利用某些参数的变化隐式进行的拥塞判定。

4.1.1　直接拥塞判定方式

TCP 直接拥塞判定主要基于由 IETF 提出的面向有线网络的显式拥塞通知 ECN[122] explicit congestion notification）技术。通过对 ECN 的改进，本研究可以得到快速 TCP 直接拥塞判定机制。

1. 基于 ECN 的 TCP 直接拥塞判定

ECN 是一种主要服务于有线网络的显式拥塞通知技术。其基本思想是：当路由器发生早期拥塞时，不是丢弃分组，而是尽量对分组进行标记，以便将此拥塞信息告之 TCP 发送端。

为了能够在网络发生早期拥塞时，对到来的分组进行标记，在 IP 分组头中设置 ECN 域：TOS 字段的 6、7 两位分别用作 ECN 域的 ECT（ECN-Capable Transport）位和 CE（Congestion Experienced）位。TCP 发送端通过对所发送的数据设置 ECT 位来支持对 ECN 的实现；路由器设置 CE 位将网络早期拥塞告之终端。路由器因早期拥塞在决定丢弃一个分组之前，先检查分组的 ECT 位，如果设置了 ECT 位，则在 IP 分组头中设置 CE 位，否则丢弃分组。当路由器收到了一个已经被设置了 CE 位的分组时，对 CE 位不做修改，按通常情况对分组进行转发。当然，如果路由器缓冲溢出，路由器会无条件地丢弃到来的任何分组。于是要求在路由器中引入积极队列管理，如果引入随机早期检测 RED，则当路由器队列长度小于最小门限或大于最大门限时，不会对分组进行标记，而当队列长度处于最小门限与最大门限之间，并以一定的概率选中了到来的某一分组来予以丢弃时，若 IP 分组设置了 ECT 位，则在此分组头中设置 CE 位，否则丢弃分组。

对 TCP 而言，为支持 ECN 引入了三个新的机制：①初始化阶段的协商。用以决定端系统对 ECN 的支持。②标志位 ECN-Echo。当 TCP 接收端收到一个 CE 分组之后，用此标志位来告知数据的发送端。③标志位 CWR（Congestion Window Reduced）。TCP 发送端用此标志位通知接收端拥塞窗口已被减小。借用 TCP 报文段头中预留域的 8、9 两位分别用作标志位 ECN-Echo 和 CWR。

（1）TCP 初始化。TCP 连接初始化时，若发送端支持 ECN，则在发送的 TCP 同步报文段头中设置 ECN-Echo 位和 CWR 位。接收端收到此报文段后，发回一个 TCP 同步应答报文段，并在此报文段中设置 ECN-Echo 位以示其对 ECN 的支持。最后发送端再向接收端发送一个应答报文段，从而完成了 TCP 连接的二次握手。

（2）TCP 发送端。对于使用了 ECN 的 TCP 连接，发送端在所要发送数据的 IP 头中设置 ECT 位（即设置 ECT 位为“1”）。如果发送端收到了设置有 ECN-Echo 位的应答报文段，则发送端被告之网络中从发送端到接收端的路径上产生了拥塞。TCP 发送端也会在减小拥塞窗口 cwnd 后所发送的第一个 TCP 数据报文段头中设置 CWR 为“1”。

（3）TCP 接收端。TCP 接收端每收到一个 CE 分组之后，均将随后所要发送的 TCP 应答报文段头的 ECN-Echo 位设置为+1，直到收到了被发送端设置了 CWR 位的 TCP 报文段为止。如果接收端采用的是积累应答，则会出现在发送积累应答前收到的分组中有设置了 CE 位的，也有未设置 CE 位的，在这种情况下，只要有 CE 分组，就在所要发送的应答中设置 ECN-Echo 位。如果 TCP 不支持 ECN，则忽略 CE 位。另外对于纯应答分组（即不含任何用户数据的分组），通常不考虑应答路径上的拥塞，将 IP 头中的 ECT 位设置为“0”。

这样，基于 ECN 的 TCP 拥塞判定为：TCP 连接的发送端收到来自接收端设置有 ECN-Echo 位的 TCP 应答报文段时，判定网络发生了拥塞。

2. 快速 TCP 直接拥塞判定

上面所讨论的 TCP 直接拥塞判定遵循如下过程：TCP 连接的发送端将所要发送数据的 IP 头中的 ECT 位设置为“1”，路由器发生拥塞时，对到来的 IP 分组设置 CE 位；TCP 连接的接收端在收到设置有 CE 位的分组时，产生 TCP 应答报文段，在报文段的 TCP 头中设置 ECN-Echo 位；发送端收到了设置有 ECN-Echo 的 TCP 应答报文段时判定网络产生了拥塞。

显然，由于拥塞指示总是在 TCP 的接收端产生之后，才将其传送给接收端，致使发送端不能快速地对网络拥塞做出判定。为缓解这一问题，可使用快速 TCP 直接拥塞判定技术。

快速 TCP 直接拥塞判定的基本思想是：路由器一旦发生拥塞，在路由器处立即产生一个快速 ECN 拥塞指示，并将其发回给 TCP 连接的发送端，从而使发送端对网络拥塞的判定时间大为缩短。这样，不再在 TCP 报文段头的预留域中借用标志位，对接收端的 TCP 行为不做任何修改，而只需借用 IP 头中的 ECN 域来用作快速 ECN 域（为了区别于 ECN，也可在 IP 头中另借用两位来用作快速 ECN 域），可将 ECN 域中的 ECT 位与 CE 位分别映射为快速 ECN 域中的 CWR 位与 FECN 位。具体实现过程如下：

（1）当路由器发生拥塞，且又有分组到来时，路由器寄存到来分组的源 IP 地址，立即产生快速 ECN 分组（称之为“F-ECN 分组”），其目的地址为寄存下来的 IP 地址，源地址为该路由器 IP 地址，设置 FECN 为“1”，并将此 FECN 分组发回给发送端，直到此路由器收到了设置有 CWR 位的分组为止。

(2) 在一个数据窗口中或一次往返时间内，当 TCP 发送端首次收到设置有 FECN 位的 F-ECN 分组时，将此信息告之 TCP 层，寄存 F-ECN 分组中的源 IP 地址（也即为发生拥塞的路由器的 IP 地址），丢弃此分组。在所要发送的第一个 IP 分组头中设置 CWR 位，根据所寄存的路由器的 IP 地址，以源路由方式将分组发送出去，以使该 IP 分组能够经过发生了拥塞的路由器。

除此之外，路由器也可以选择产生 ICMP 源站抑制报文，通知 TCP 发送端网络出现了拥塞。这样可将快速 TCP 直接拥塞判定描述为：TCP 连接的发送端收到来自路由器的 F-ECN 分组或 ICMP 源站抑制报文时，均判定网络发生了拥塞。

4.1.2 间接拥塞判定方式

由于网络拥塞与链路错误具有本质的区别，致使它们在终端的表现形式存在差异，间接拥塞判定技术也正是利用了这种差异性。

1. 基于拥塞预测器的 TCP 间接拥塞判定

为便于讨论，先引入一些符号和术语：

P：发送端所监视的第 i 个报文段。在任何时候，发送端都要对其所发送的报文段进行监视。如果发送端在等待所监视报文段的应答的过程中出现了超时，则此报文段不列入分析讨论之列。除了出现超时的报文段之外，对被监视的报文段从 1 按顺序编号。

W_i：从 P_i 的发送到收到其应答的过程中发送端已经发送的报文段数。

RTT_i：P_i 的往返时间，即从发送 P_i 开始到收到其应答所经历的时间。

T_i：发送端在 RTT 期间的吞吐量，即 T_i：$=W_i/\mathrm{RTT}_i$。

设置两个门限 α，β（$\alpha<\beta$）。在收到所监视的第 i 个报文段的应答时，按上式计算 Vegas。如果 Vegas$>\beta$，则 TCP 判定网络拥塞；若 Vegas$<\alpha$，则网络不拥塞；而当 $\alpha<$Vegas$<\beta$ 时，认为网络介于拥塞与非拥塞之间。[97,142]

2. 基于平均报文段时间间隔的 TCP 间接拥塞判定

基于平均报文段时间间隔的 TCP 间接拥塞判定技术是在 TCP 连接的接收端进行拥塞判断。如网络出现拥塞，再将此拥塞指示以及建议的数据发送速率通过应答报文告之发送端，应答报文的发送频率由发送端建议。为便于讨论，先介绍如下术语和符号：

T_{current}：接收端收到 T_{current} 当前报文段（数据包）的时间；

$\mathrm{T}_{\mathrm{pre}}$：接收端收到前一个报文段的时间；

current_ pktsep：接收端当前收到的数据包与最近一次收到包的时间间隔；

send_ pktsep：发送端所发送报文段间的时间间隔。

如果 per_ pktsep 不在接收端收到所测量的报文段间的平均时间间隔内（即 per_ pktsep 不在范围［average-$K*$deviatioa，average+$K*$deviation］内，其中 averag 表示接收端所测量的报文段间的平均时间间隔，deviation 为偏差，K 为常数），则判定网络出现了拥塞，并将此拥塞指示告之发送端；如果 per_ pktsep 在接收端收到所测量的报文段间的平均时间间隔内，则认为是误码丢失。

3. 基于 TCP 控制解耦的间接拥塞判定

TCP 控制解耦技术的出发点在于报文段的长度越小，报文段出错的概率也就越小。

于是此技术采用了一种长度很小的控制报文段 control packet，因其出错概率较小，可认为控制报文段的丢失仅由网络拥塞引起，从而可单独用它来进行拥塞控制，只对数据报文段（记为 user packet）进行差错控制。

控制报文段有两种：（1）头报文段 header packet，只含 TCP/IP 头，不带任何数据，使用与数据报文段相同的源 IP 地址和目的 IP 地址，配置一个虚拟参数 VMSS（virtual maximum segment size）；（2）发送端对所发送的 header packet 的应答报文段。

在要发送数据报文段之前，先查看 header packet 的发送速率，如果可以发送 header packet，则发送 user packets，其大小为 VMSS（可以为一个 user packet，也可以是多个 user packet），然后发送 header packet，随后发送总计大小为 VMSS 的 user packets，再接着发送 header packet，如此下去，每发送一个 header packet，紧接着并发送大小为 VMSS 的 user packets，header packet 的发送速率受 TCP 拥塞控制。这样，user packet 的发送速率就正比于 header packet 的发送速率，通过对 header packet 发送速率的控制，也就控制了 user packet 的发送速率。

基于 TCP 控制解耦的间接拥塞判定可简单描述为：TCP 连接的发送端在 header packet 重传定时器超时或收到来自接收端同一 header packet 的三个 dup ACK 时，就判定网络出现了拥塞。

值得注意的是：上面所讨论的各种拥塞判定技术也可用来检测丢包，即如果网络当中已经发生了数据丢包，并且经过相应的 TCP 拥塞判定技术判定此时的数据丢包不是由于发生了网络拥塞，那么此时就可以认定网络数据的丢失是由链路错误（误码丢包）引起的。

4.2　TCP Reno 算法性能分析

下面介绍本研究基于流体模型[①]提出的一个 Reno 拥塞控制算法的延迟微分方程模型以及基于该模型的 Reno 拥塞控制协议的理论分析。

4.2.1　构建模型

一般地，可将拥塞网络抽象为一个具有多个源端通过路由器连接到相应的多个接收端的网络拓扑结构（见示意图 4-1），图中 N 个源端 S_1，S_2，…，S_N 分别与 N 个目的端 D_1，D_2，…，D_N 建立 TCP 单播连接，共享路由器 $Router_1$ 与 $Router_2$ 间的单一链路。假设网络中 N 个源使用相同的 Reno 拥塞控制算法。

① 流体模型是一种简化的力学模型，在本研究中指数据能够在网络中顺畅的流动。

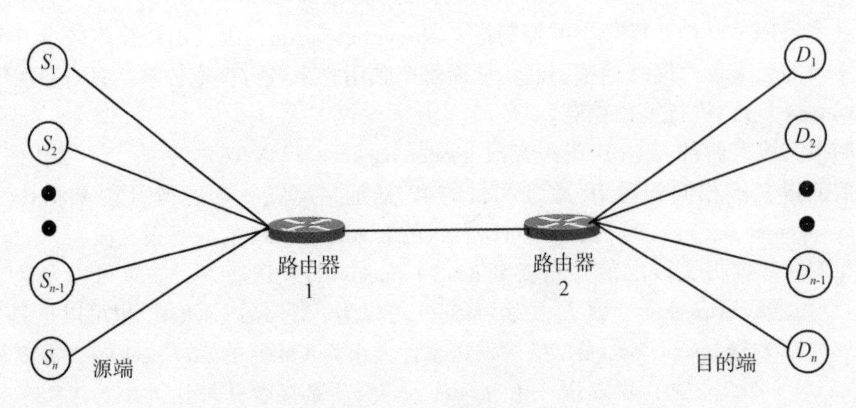

图 4-1　网络拓扑

在网络系统当中，如果 RTT 比较小时或者是当网络容量不是很大的情况下，存在且仅一个平衡点，经过一定时期的扰动后，在 Reno 拥塞控制机制的作用下，整个网络系统能够收敛某一个平衡点。

通过以上分析可知，TCP 慢启动阶段持续时间较短，加上快速重传后的恢复阶段对网络连接吞吐量的影响不明显，因此，建立模型可主要考虑平衡点附近拥塞避免阶段。本研究的模型就是在不考虑通告窗口的影响下，对 Reno 拥塞避免阶段的 AIMD 算法进行建模，AIMD 算法可描述如下：

$$W_{i(t)} = \begin{cases} W_{i(t)} + 1/W_{i(t)}, & \text{if no loss} \\ W_{i(t)}/2, & \text{otherwise} \end{cases} \quad (4-1)$$

在周期 T 中，源以 $X_{i(t)}$ 速率发送数据包并以近似相同的速率接收反馈来的肯定或否定确认，假设每个包都被确认。这样平均来说，源 i 单位时间收到 $X_{i(t)(1-\varepsilon i(t))}$ 个肯定确认，每个确认增加窗口 $1/W_{i(t)}$；收到 $X_{i(t)\varepsilon i(t)}$ 个否定确认（即丢包），每个确认减少窗口 $W_{i(t)}/2$，则 Reno 拥塞避免阶段的模型为：

$$\dot{W}_{i(t)} = \left\{ 2X_{i(t-T)[1-\varepsilon(t-T)]} - W_{i(t)}{}^{2} \times X_{i(t-T)} \times \varepsilon_{(t-T)} \right\} / 2W_{i(t)} \quad (4-2)$$

4.2.2　稳定性（stability）

拥塞控制方案必须做的一个重要决定就是在瓶颈处应维持的最佳负载。当流量较小时，吞吐量就随着负载的增长而增加。当网络发生轻微拥塞时，数据包会在瓶颈处的缓冲区聚集；如果负载进一步增长，队列延迟会急剧增加。直至缓冲区发生溢出现象，缓冲区开始丢弃分组，网络有效吞吐量开始递减，此时网络进入严重拥塞状态。

Keshav 建议一种最优化的定义：如果在每一个时间间隔［t_1，t_2］内瓶颈处没有缓冲溢出和带宽损失，这样一个信息流量是最优的。这种定义可允许更宽范围内的负载。[39] 即存在且仅一个平衡点，一定时期扰动消失后，在拥塞控制机制的作用下，整个系统应能收敛于该平衡点。实际上，很难让一个信息流正好工作在这样一个最佳的点上，一个具有合理长度的队列大小的工作点应该被认为是可接受。

为了确定式（4-2）给出的拥塞控制器的稳定性，本研究首先将它在平衡点附近线性化。由（4-2）式，令 $\dot{X}_{i(t)}=0$，可求出 $X_{i(t)}$ 在平衡点的值：

$$\bar{X}_i=\sqrt{2(1-\varepsilon_0)/\varepsilon_0}/R_0 \tag{4-3}$$

这里 R_0 和 ε_0 分别是平衡时的 RTT 和丢包率。定义 $\delta X_i=X_i-\bar{X}_i$，$\delta\varepsilon=\varepsilon-\varepsilon_0$，则式（4-3）的拥塞控制算法的线性化形式为：

$$2R_0^2(\delta\dot{X}_i+\varepsilon_0\times\bar{X}_i\times\delta X_i)+(2+R_0{}^2\times\bar{X}_i{}^2)\times\delta\varepsilon=0 \tag{4-4}$$

在平衡点，可设各连接的速率为 $\bar{X}_i=C/N$，利用平衡时式（4-1）的关系与（4-3）式，可将（4-4）式整理为：

$$\delta\dot{X}_i+K_1\times\delta X_i+K_2\times\delta X_i\times(t-R_0)=0 \tag{4-5}$$

其中：$K_1=\varepsilon_0\times\bar{X}_i$；$K_2=(2+R_0{}^2\times\bar{X}_i{}^2)/R_0{}^2\times\bar{X}_i$

由 Hayes 定理[87]，如果下列条件之一满足，则描述 Reno 动态性的线性化泛函微分方程稳定：

条件（1）：
$$K_1\geqslant K_2 \tag{4-6}$$

条件（2）：　$K_1<K_2$ 且 $K_2R_0\sqrt{1-(K_1/K_2)^2}<\arccos(-K_1/K_2)$

分析如下：如果要满足条件（1），则有 $\bar{X}_i(2\varepsilon_0-1)R_0{}^2/2\geqslant 1$，必须 $\varepsilon_0\geqslant 1/2$。这就意味着至少要丢弃一半的包在路由器上，非常明显这种工作方式连基本的数据传输功能都无法保证，更加不会具备网络拥塞控制功能，显然是不具备任何现实意义的。

对于式（4-6）中的条件（2），可以设 C/N 为常数，并增加 RTT，显然 ε_0 必定减小。这样对大的 RTT，可近似地令 $\varepsilon_0=0$，从而由条件（2）可得到下列稳定条件，这个条件在 RTT 增大或 C/N 增大时将不成立。这就说明：当 Reno 协议在系统瓶颈链路容量变大到一定程度后，或者是链路带宽增加到一定容量时，整个网络系统中通过的队列将会发生大幅剧烈振荡，这种振荡状态会一直处于持续状态，这就导致系统的不稳定，整个系统不可能会收敛于某一个平衡点。

经过上面的分析可得出结论 Reno 拥塞控制协议的稳定性差，即 Reno 算法在用户的 RTT 增大或当网络容量增大时将变得不稳定，这种不稳定性可以分成两种情形来发生，而且是一定会发生网络系统传输数据的不稳定。第一种情况是：数据无法正常传输；第二种情况是：RTT 剧增时或者是当网络容量很大时，链路瓶颈系统当中通过的队列将会发生大幅剧烈振荡，无法找到某一个平衡点。因此 Reno 不适合下一代高速大容量 Internet。

4.2.3　Reno 算法仿真

本研究采用 NS-2 仿真 Reno 算法，研究不同网络状况下协议的动态行为。本研究采用的仿真网络拓扑，其中，N 个源（N=1，2，…，100），S_1，S_2，…，S_n 分别与 N 个接收者 D_1，D_2，…，D_n 建立 TCP 双向单播连接，使用相同的 Reno 拥塞控制协议，包大小恒定为 2048 字节，流量源采用持续的 FTP 源，N 个 TCP 单播共享路由器 Router_1，Router_2 间的单一瓶颈链路，路由器缓冲队列管理采用 FIFO/drop-tail 方式，缓冲大小为 120 个包。

本节研究了 IP 网络上拥塞控制机制，对当前 Internet 上广泛采用的 Reno 算法进行建模，并基于该模型对 Reno 的稳定性进行了分析，上面的这些仿真结果与本研究理论模型分析结果相当吻合，从而说明本研究建立的 Reno 拥塞控制机制理论模型的有效性。同时进一步证明本研究的分析结果：即 Reno 协议在用户的 RTT 猛增或者是网络容量非常大时，Reno 工作性能很差，这种工作性能的不稳定是由 Reno 算法自身工作特性决定的。由此，得出结论：Reno 算法不能适应未来大容量、高速的下一代 Internet 拥塞控制需求。

4.3　TCP Vegas 算法研究

4.3.1　Vegas 算法概述

传统的 TCP 拥塞控制算法（如 Reno）主要是根据包丢失信息探测可用带宽，是一种被动算法。Vegas 则不同，它基于 RTT 估计通路的可用带宽，并根据测量结果提前调整源端的发送速率，是一种主动算法。Vegas[119-124] 算法采用期望速率与实际速率之间的差值去估算可用的网络带宽。当网络尚未拥塞时，实际速率与期望速率会基本一致；否则，实际速率会低于期望速率。Vegas 算法正是运用了这个差异去估计网络的拥塞程度，并调整自己的窗口与之相适应，它使用式（4-7）把期望速率与实际速率之间的差异转化为一个拥塞窗口大小的数据流滞留在拥塞路由器缓冲区中包的数目。

$$\mathrm{Diff}=\left(\frac{\mathrm{Cwndcur}}{\mathrm{BaseRTT}}-\frac{\mathrm{Cwndcur}}{\mathrm{RTT}}\right)=\mathrm{Expected}-\mathrm{Actual}$$

$$\mathrm{Expected}=\frac{\mathrm{Cwndcur}}{\mathrm{BaseRTT}};\ \mathrm{Actual}=\frac{\mathrm{Cwndcur}}{\mathrm{RTT}} \tag{4-7}$$

其中，Diff 即期望（Expected）速率与实际速率（Actual）的差值，BaseRTT 表示所有已测量 RTT 的最小值，Cwndcur 是指当前拥塞窗口的大小值。

Vegas 对 Reno 进行了以下三项重要的技术改进。

（1）采用新的重传触发机制，即用一个 Dup ACK（而非 Reno 中的三个）来判断拥塞和启动重传，这样可以更加及时地检测到拥塞的发生。具体工作方式：Vegas 每发送一个分组就读取并记录系统时钟，当相应的 ACK 到达时，Vegas 重新读取系统时钟，并且计算 RTT，然后 Vegas 再用这个更精确的 RTT 进行估计，决定是否重传。

（2）在慢启动阶段 Vegas 对 Reno 进行了改进，它把做了少量修改的拥塞避免阶段的拥塞探测机制加入了慢启动中，并且要求经过两个 RTT 指数才增加一次窗口。这样窗口大小的增加方式更加谨慎，并且减少了不必要的包丢失。

（3）改进了拥塞避免阶段窗口的调整算法，这是 Vegas 对 Reno 最核心的改进之处。通常 Reno 是通过“创造”拥塞来得到可用带宽的信息，而 Vegas 则通过不断比较期望发送速率与实际发送速率的差值来发现拥塞情况。

Vegas 通过观测 TCP 连接中 RTT 时间的变化调节拥塞窗口。如果 RTT 值超过一定的界限，T_{MAX}则认为网络发生拥塞，就相应的减小拥塞窗口 Cwnd；如果 RTT 变小，且低于一定的界限 T_{MIN}，则认为拥塞已经解除，并增大拥塞窗口；如果 RTT 的变化介于 T_{MAX}和T_{MIN}之间，则不改变拥塞窗口大小。Vegas 算法根据下式调整窗口大小（式中 Cwndnex 表示和下一个 RTT 中的拥塞窗口大小；$0<\alpha<\beta$是两个门限，经验值分别为 1 和 3)：

$$
\text{Cwndnext}=\begin{cases}\text{Cwndcur}+1 & \text{Diff}\times\text{BaseRTT}<\alpha \\ \text{Cwndcur} & \alpha<\text{Diff}\times\text{BaseRTT}<\beta \\ \text{Cwndcur}-1 & \beta<\text{Diff}\times\text{BaseRTT}\end{cases} \tag{4-8}
$$

Vegas 算法要达到的目标是保持一个窗口的数据中有 α 到 β 个分配在拥塞路由器的缓冲区内，这就是 Vegas 算法能够测估网络带宽，最大限度利用网络资源而不导致拥塞的根本原因。

4.3.2　Vegas 算法存在的问题

1. 公平性问题

Reno 是以包丢失作为拥塞发生的信号，而 Vegas 是通过计算期望的吞吐量与实际吞吐量之间的差值来估计网络的拥塞情况，所以 Vegas 能较好地预测网络带宽使用情况，能更有效地利用带宽，其公平性和效率都较好。由于 Vegas 和 Reno 在竞争带宽方面存在明显的不公平性，使得在目前的 Ineternet 中还不大可能普遍采用 Vegas 算法。因为 Reno 会持续增加自己的窗口，直到网络过载产生频繁丢包来保证有效利用网络资源。这样的网络带宽测估机制下，必然产生周期性的窗口振荡和缓存区的满队列特性，因此，当 Vegas 尽力去维持较低的队列长度的同时，Reno 必然占有更多的缓存空间，从而得到更高的带宽，造成竞争的严重不公平。

2. 传输路径改变造成的 Vegas 吞吐量持续下降问题[126]

在 Vegas 算法中，当连接的传输路径发生变化时，BaseRTT 也会发生变化。此时会出现两种情况：(1) 新传输路径的传播延迟更小，这不会对 Vegas 连接产生明显的影响，因为传输的数据包将经历更小的往返延迟，同时将更新 BaseRTT；(2) 当新的传输路径的传播延迟变大，由于没有路由器的显式通告，源端 Vegas 连接不能推断出 RTT 的变大是因为路由转变还是网络拥塞造成的，而是统一认为发生了网络拥塞，从而使源端减小窗口，降低自己的发送速率。这一决定与源端实际上需要采取的策略刚好相反。

3. 造成持续和永久拥塞以及对于旧连接不公平

Vegas 以 BaseRTT 作为路由的传播时延，所以 BaseRTT 值的精确直接影响 Vegas 算法的性能。假设一个新连接在网络发生拥塞时建立，此时，由于存在其他连接在网络中的包积累量（backlog)，这些包累积量将造成较大的排队延迟，使新连接将经历比实际期望 BaseRTT 大很多的 RTT，也就是估计的 BaseRTT 远远大于实际 BaseRTT，这样新 Vegas 连接将设置较大的 Cwnd 以保持连接在路由器缓存中的占有量处于［α，β］之间。这样的情景将在每个新连接重复，这样很有可能导致整个系统的持续和永久拥塞。这与设计期望相违背。同时这也就解释了 Vegas 对于 Old Vegas 连接不公平的原因。Low[158-160]提出以路由端主动队列管理算法 REM 来解决这个问题。

4.3.3 Vegas 的公平性研究进展

自从 Brakmo 在文献［139］中提出 Vegas 比 Reno 能多获得 37%～71%的吞吐量、减少 20%～50%的丢包率，并认为 Vegas 的公平性至少不比 Reno 差。从此关于 Vegas 的研究越来越多。J. S. Ahn[143,144]通过仿真也认为 Vegas 各方面的性能明显优于 Reno。1999 年 Raghavendra[145]首次研究了当使用 RED 队列管理算法时对 Vegas 性能的影响，并认为当采用 RED 算法后 Vegas 性能有一定地改进。Bonald[147]通过建立流量模型分析认为 Reno 算法对延迟很敏感，而 Vegas 的性能不随着延迟的变化而变化，不同延迟之间的公平性也很好。文献［148］中将 Vegas 分为两种模式，一种与 Reno 相同，另一种为其本身的算法，根据参数的变化将 Vegas 在两种模式中切换，这种策略对公平性有一定程度的改进，但是如何选择合适的参数变得很困难。文献［151-153］中提出通过增大 Vegas 的两个参数 α 和 β 来改善公平性。在文献［154］中，通过对缓存中数据包的分析，提出了改善公平性的方法。

Vegas 拥塞机制的触发只与 RTT 的改变有关，而与包的具体传输时延无关。这主要是因为 Vegas 采用期望速率与实际速率之间的差值去估算可用网络带宽和网络拥塞程度，并调整发送窗口与之相适应，这样可以较好地预测网络带宽使用情况，同时对小缓存的适应性较强，其公平性和效率都较好。但 Vegas 之所以未能在互联网上大规模使用，主要是因为当 Vegas 流与 Reno 流一起竞争网络资源时，由于 Reno 算法对带宽具有很强的竞争力，占据了网络的大部分资源，而 Vegas 由于其保守的窗口机制，只能获得很小部分的网络资源，造成了严重的不公平。因此，公平性问题成为 Vegas 研究的热点问题。

4.4 一种改善 Vegas 公平性的算法（F-Vegas）

4.4.1 Reno 和 Vegas 的拥塞避免阶段模型

本研究参照文献［132］在同一网络环境中，把拥塞避免分为四个小阶段分析相互影响和竞争的 Reno 流和 Vegas 流的表现特征。为了更加清晰地分析 Vegas 连接与 Reno 连接竞争带宽的情况，特做假设如下：

（1）单个连接 Reno 和单个 Vegas 连接共存，虽然这种两个源共享瓶颈链路的表现形式非常简单，但是它代表了 Vegas 和 Reno 之间公平性最差的情况，实际上，文献［133］的研究表明，在多连接情况下，Vegas 的性能随着 TCP 连接数的增加而性能更好。

（2）源端有足够多的数据要发送，并且所有传输数据包具有相同长度 L。

（3）沿着以上路径有一个链路容量为每秒 μ 个数据包的瓶颈连接链路和数据包大小为 B 个的 FIFO 缓冲。这种单一瓶颈的情况在 TCP 环境中是很常见的，所以这个假设也被众多相关文献采纳。[134]

（4）Vegas 流和 Reno 流经过相同的传播延迟 T，到达各自的目的端。这样的假设是为了更好地理解 Vegas 和 Reno 之间的公平性问题。

为了推导源端的吞吐量，必须先计算在一个拥塞避免周期中发送的数据包数量和该周期的持续时间。首先，本研究计算了在每个周期末源端的窗口大小，因为他们对所有窗口属性产生直接影响。

令 $\{W_{V(i)}, i=1, \cdots, N\}$ 和 $\{W_{R(i)}, i=1, \cdots, N\}$ 分别为 Vegas 和 Reno 中第 i 个拥塞窗口的大小。要找到 Vegas 拥塞窗口的终值 $W_{V(N)}$，必须先看一下 Vegas 拥塞控制的一些表现。从公式（4-8）的第一排可以看出，Vegas 是想试图达到最终均衡，经过公式中的字母表达方式的替换可以把拥塞窗口 W_V变形为：

$$\text{Diff}\times\text{BaseRTT}=\beta;\ \left(\frac{Wv}{T}-\frac{Wv}{\text{RTT}}\right)T=\beta \tag{4-9}$$

同时存在一个事实：

$$\text{RTT}=T+\frac{q}{\mu} \tag{4-10}$$

其中 q 表示需要确认的数据包所形成的平均队列长度。

综合（4-9）（4-10）两式可知 Vegas 拥塞窗口的均衡值为：

$$W_v=\beta(\mu T+q)/q \tag{4-11}$$

那么，为了计算一个拥塞避免周期中 Vegas 所传输的数据包总量以及周期的持续时间，可以分为以下四个阶段：

（1）从小周期 1 到 a。只要 $W_V+W_R\leqslant\mu T$，本研究可以假设在拥塞缓存中没有数据包，所以 $\delta(i)=T$，$i=1, \cdots, a$。并且在每个周期 T，Vegas 的拥塞窗口增加一个数据包，所以 $\text{RTT}\approx T$。

（2）从小周期（a+1）到 b。由于传输的数据包所产生的队列延迟使得小周期的持续时间 $\{\delta(i), i=a+1, \cdots, b\}$ 变大。但是对于每个 $\delta(i)$，Vegas 的窗口仍然是增加一个数据包。

（3）从小周期 b+1 到 c。由于 $\alpha\leqslant\text{Diff}\leqslant\beta$，见式（4-8）第 2 行，Vegas 的拥塞窗口不变。

（4）从小周期（c+1）到 N。T 保持公式（4-13）的平衡，Vegas 会减小其拥塞窗口，而此时队列大小会因为 Reno 源端的作用而增加。

在第一阶段中，拥塞窗口随着每一个小周期而增加一个数据包，并且对于两种源端，这种增加量是相等的。所以，a 值和小周期的持续时间 T 为：

$$a=(W_{v(a)}-W_{v(1)}+1)=(W_{R(a)}-W_{R(1)}+1) \tag{4-12}$$

如果连接容量是饱和的，则这两种源端的窗口大小总和为：

$$W_{v(a)}+W_{R(a)}=\mu T \tag{4-13}$$

由式（4-12）和（4-13）得：

$$\begin{aligned} W_{v(a)}&=(\mu T+W_{v(1)}-W_{R(1)})/2 \\ W_{R(a)}&=(\mu T-W_{v(1)}+W_{R(1)})/2 \\ a&=(\mu T-W_{v(1)}-W_{R(1)})/2+1 \end{aligned} \tag{4-14}$$

在第一阶段中 Vegas 发送的数据包总量和它的持续时间 $\triangle a$ 分别为：

$$\begin{cases} A_V=\sum_{i=1}^{a}W_{v(i)}=a(a-1)/2+aW_{v(1)} \\ \Delta a=aT \end{cases} \tag{4-15}$$

4.4.2 F-Vegas 算法设计

经过上面的分析可知：在拥塞避免阶段，Vegas 算法的保守性主要发生在第 3 和第 4 阶段，也就是当 $\alpha<diff<\beta$ 和 $diff>\beta$ 时，为了提高 Vegas 与 Reno 共存时的竞争能力，改善 Vegas 的公平性能，Fairness-Vegas（F-Vegas）不改变慢启动和拥塞恢复算法，仅仅修改拥塞避免阶段算法。本研究采用比较源端吞吐量变化的方式，动态地调整 Cwnd 和 α、β 参数值（$0<\alpha<\beta$ 是两个门限，其初始值 α_0、β_0 按照经验分别设定为 1 和 3）。

算法具体而言如下：

（1）当期望吞吐量和实际吞吐量间的差值 $diff<\alpha$ 时，标准 Vegas 算法只是简单地增加窗口 Cwnd，而 F-Vegas 首先判断吞吐量的变化情况，然后根据此时算法参数的大小，做出相应的调整，具体地说，分为两种情况：①当吞吐量依然增大，F-Vegas 在增加窗口 Cwnd 的同时，加大 α 和 β，这样可以使算法变得更有竞争力；②当吞吐量减小，判断如果此时 $\alpha=1$，则只是维持窗口 Cwnd，如果此时 $\alpha>1$，则减小窗口的同时减小 α 和 β 的数值。这是因为即使 $diff<\alpha$，并不代表带宽的利用率很低，很有可能当拥塞发生的时候，α 已经增长到一个很大的数值，所以当吞吐量减小时就减小拥塞窗口，并减小 α 和 β 的数值。

（2）当 $\alpha<diff<\beta$ 时，标准 Vegas 窗口是不做变化的，但是在 F-Vegas 中分成两种情况，当吞吐量还在继续增长时，同时增大窗口和 α 和 β 的值，否则保持不变。这是因为当吞吐量仍然在增长，表示网络并没有完全被利用，还有可用空间。所以可以通过增大发送速率来探测网络，当吞吐量持续增长了一段时间，diff 逐渐减少，这时原本较小的 α 和 β 就会阻碍连接获得更多可用的容量，这时需要增大 α 和 β 使得拥塞窗口增长。这一过程的处理和 Vegas[147] 算法是类似的。

（3）当 $diff>\beta$ 时，F-Vegas 首先判断吞吐量的变化情况，然后也是根据此时算法参数的大小，做出相应的调整，具体地说，也分为两种情况：①当吞吐量依然增大，F-Vegas 在增加窗口 Cwnd 的同时，加大 α 和 β，这样是因为尽管 $diff>\beta$，但是并不意味着带宽的利用率已经很高，所以当吞吐量还在继续增大的情况下要加大窗口并加大 α 和 β 的值来适应网络的情况。②当吞吐量减小，如果此时 $\beta=3$，则只是减小窗口 Cwnd；如果此时 $\beta>3$，则减小窗口的同时减小 α 和 β 的数值。

4.4.3 性能仿真和讨论

本研究采用目前应用较为广泛的 NS-2 仿真软件对 F-Vegas 算法进行性能验证。具体的仿真环境参数说明如下：（1）n 个源端 S_1，…，S_n 共享一条瓶颈链路，为路由器 R_1 到路由器 R_2，其链路带宽 1Mb，时延 5ms，路由器缓存为 150 个数据包；（2）源端 S 到路由器 R_1 的链路带宽 10Mb，时延在［10ms，20ms］区间随机取值；（3）目的端 D 到路由器 R_2 的链路带宽 10Mb，时延在［10ms，20ms］区间随机取值；（4）每个数据包的大小为 1024Byte，仿真时间为 $140T$（s）。

实验一：当传输路径发生变化时，F-Vegas 算法性能特征

在本次仿真中，设定连接数 $n=1$，也就是建立一条从源端 S_1 到目的端 D_1 的连接，经

过中间链路 R_l-R_2。本研究以 S_1-R_1 之间的延迟（delay）的改变来模拟传输路径发生变化。S_1 和 R_1 之间的带宽为 10Mbps，初始状况延迟为 20ms。当仿真进行到 20s 时，延迟改变成 200ms。链路 R_l-R_2 之间的带宽为 1Mbps，且 R_2-D_1 之间的带宽为 10Mbps，在整个仿真过程中延迟保持为 10ms，仿真时间 $T=140$s。

当在 20s 时改变传播路由的延迟，标准 Vegas 算法和 F-Vegas 的瞬时吞吐量都会急剧减小，但是不同的是，标准 Vegas 的吞吐量会一直降到 8000Byte/s 附近，并一直延续到整个仿真结束，而 F-Vegas 的吞吐量在 $t=25$s 时减小到最小值 23864Byte/s，随后开始回升，在 $t=82$s 时恢复到路由改变前的最大值，使得有效带宽的利用率达到最高。

实验二：单个 Vegas 和单个 Reno 共存时的公平性

（1）标准 Vegas 算法与改进算法窗口和吞吐量的仿真对比结果

本次仿真环境如下，设定连接数 $n=2$，其中 S_1-D_1 是 Reno 连接，S_2-D_2 是 Vegas 连接，Reno 和 Vegas 共享链路 R_1-R_2，其他条件同实验一。仿真时间 $T=100$s，实验共进行 40 次，然后取平均值。从标准 Vegas 算法和改进算法在与 Reno 共存时的窗口和吞吐量的对比情况可以看出 F-Vegas 的窗口值比标准 Vegas 有了很大的提高，同时大幅度地提高了 F-Vegas 的连接吞吐量，F-Vegas 获得了接近 Reno 的连接吞吐量。

（2）路由器缓存容量变化时吞吐量的变化仿真结果

当路由器缓存容量变化时，通过 F-Vegas 算法依然能够很好地改善公平性，将上面的缓存容量取不同值时，通过仿真实验得到 Vegas 和 Reno 各自的吞吐量情况，在表 4-1 和表 4-2 中分别记录的是标准 Vegas 算法 $\alpha=1$，$\beta=3$，标准 Vegas 算法和改进算法 F-Vegas 的吞吐量及与 Reno 的吞吐量比值。从表 4-1 和表 4-2 中可以清楚的看到，在路由器缓存变化的时候，F-Vegas 能够保持很好的竞争能力，使得公平性问题得到较好的解决。

实验三：多个 Vegas 和多个 Reno 共存时的公平性

（1）标准 Vegas 算法与改进算法窗口和吞吐量的仿真对比结果

本研究采用仿真来验证在多个 Vegas 连接和多个 Reno 连接共存时的公平性问题。还是采用取 $n=10$，其中 5 个连接是 Vegas，5 个连接是 Reno，路由器缓存大小为 150 个数据包，仿真时间 $T=50$s；其他参数不变。实验共进行 40 次，然后取平均值。表 4-1 是多个连接共存时，标准 Vegas 算法与改进算法 F-Vegas 的平均吞吐量对比。

（2）路由器缓存容量变化时吞吐量的变化仿真结果

将上述仿真过程中缓存容量修改为不同的值，通过仿真得到 Vegas 和 Reno 各自的吞吐量情况表，在表 4-1 中表示的是标准 Vegas 算法的情况，表 4-2 记录的是改进算法 F-Vegas 的情况。

表 4-1　多连接时标准 Vegas 与 Reno 的吞吐量及比值

缓冲区大小（数据包）	10	50	100	150	200	250	300
Vegas 平均吞吐量（Bytes/s）	15864	11224.8	8036	7125.6	6892.4	7012.5	7089.1
Reno 平均吞吐量（Bytes/s）	21012	28714.5	30195	31062	31892.7	30380	31069
吞吐量比	0.7550	0.3909	0.2661	0.2294	0.2161	0.2308	0.2282

仿真结果表明，路由器缓存容量变化时，通过改进算法 F-Vegas 依然能够很好地改善公平性。本节基于 Vegas 和 Reno 拥塞避免阶段的分析模型，研究了 Vegas 和 Reno 共存时的公平性问题，详细分析了 Vegas 算法的不足，并对 Vegas 提出了一种可行的改进方案 F-Vegas 算法，并通过仿真验证了 F-Vegas 算法的高效性和公平性。仿真结果表明，F-Vegas 采用合理的设置参数的方式，可以有效地解决 Vegas 连接在网络路由改变造成的吞吐量持续下降问题，在保持较高的利用率和极低的丢包率的同时，明显地改善了 Vegas 和 Reno 之间竞争的公平性。

表 4-2　多连接时 Fairness-Vegas 与 Reno 的吞吐量及比值

缓冲区大小（数据包）	10	50	100	150	200	250	300
Vegas 平均吞吐量（Bytes/s）	22045	21324.5	19868.3	20182	18102.4	17824.6	16795
Reno 平均吞吐量（Bytes/s）	23031	18656.3	17902.9	19879	19825.9	21805.3	20216
吞吐量比	0.9572	1.1430	1.1098	1.0153	0.9131	0.8174	0.8308

本小节首先分析讨论了当前解决 Vegas 的非对称通路问题的两种方案，指出其存在的问题。然后针对 Vegas 在非对称链路上出现反向通路拥塞导致的 TCP 连接吞吐量劣化问题，提出了改进算法 E-Vegas。E-Vegas 利用新的时延测量方法来预测网络可用带宽可以有效地改善传统 Vegas 连接的吞吐量，方法简单、易于实现。仿真结果表明，采用 E-Vegas 算法能够有效地避免反向通路拥塞导致的 Vegas 连接吞吐量下降问题。

4.5　MANET 网络中拥塞控制

4.5.1　无线网络中 TCP 协议面临的挑战

TCP 是目前 Internet 中广泛采用的传输控制协议，为各主机之间提供可靠按序的传输服务，在保障网络通信性能方面起着非常重要的作用。TCP 设计主要针对系统稳定性、协议兼容性、业务公平性、资源利用率以及拥塞控制等问题。TCP 协议之所以在移动计算环境下存在诸多问题，最关键的是其缺乏全面的错误控制能力。TCP 直接用于无线环境的局限性主要表现在以下几个方面。[27-37]

（1）TCP 差错检测。因为 TCP 的差错检测无法区分丢包类型，TCP 总是根据重复应答或超时来推断数据的丢失，并认为数据的丢失是由于网络拥塞造成的。由于有线网络的 BER 很低，这种假设基本上是成立的。但是在无线网络却不尽相同。无线链路错误同样也会导致数据的丢失。如无线信道突发性比特差错引起的丢包率可能在 1%～2%之间波动。[33]对于 MANET 网络而言内部移动设备的切换、信道衰减（fading hannel）[33,42]等因素也会因为网络拓扑结构的变化而使路由变动，从而导致数据包丢失。[20]

（2）缺乏有效的错误恢复机制。在有线和无线结合的异质网络中，由于无法区分丢包类型，在有线网络中一旦 TCP 检测出丢包，则减少其发送窗口而进入慢速启动、拥塞控制状态，最后进入拥塞避免阶段以确保拥塞得以解除。如果在无线网络中链路出错（BER 高）或者是移动设备切换导致分组丢失，实际上网络并没有发生拥塞，这时 TCP 拥塞控制也会启动，导致协议性能下降。表现为数据发送速率不必要的降低，吞吐量下降，时延加大等。[26-31]

（3）TCP 没考虑能量消耗和传输性能之间的合理匹配。由于缺乏有效的错误检测和恢复机制，TCP 在保证其通信性能（如吞吐量、时延等）的同时，可能会引起大量不必要的数据重传，从而导致移动设备不必要的能源消耗。例如：当无线链路上发生了不频繁的随机短暂突发性错误时，TCP 源端便降低其拥塞窗口，然后很保守地逐步增加拥塞窗口的大小。在拥塞窗口缓慢地膨胀过程中，无错（error-free）的传输机会便被浪费了，并且增加了通信时间。而当错误持续时间较长（如衰减信道、链路频繁的突发性错误和网络拥塞）时，TCP 源端尽管降低了其拥塞窗口大小，但仍然在尝试着发送数据，从而造成更多数据包的丢失。虽然吞吐量会有所增加，却消耗了更多的能量，降低了能量使用效率。

Rao 以及 Tsaoussidis 等的研究结果表明，[21-22] 没有一个 TCP 版本特别适合于异质的有线/无线网络环境，并且指出能量和吞吐量之间权衡的关键问题是有效的错误控制机制。另外，对无线网络而言，移动设备（如便携式电脑）的能量消耗是一个非常重要的问题。电池是便携式电脑中最重的单一部件，最小化的能量消耗能够减少电池重量和延长更换时间，从而提高便携性。

（4）TCP 协议基于 ACK 发送数据包的性质在无线网络环境下也面临新问题。在不对称性非常明显的网络中。例如：用音频网络或拨号作为上行链路，用卫星信道作为下行链路，由于上行链路带宽的限制而导致 ACK 的丢失或大的队列延迟，而使其不能及时到达发送方。发送方在给定间隔内接收不到足够重复的 ACK 而导致超时以致性能下降。

因为目前的 TCP/IP 协议是为有线网络、固定主机设计的，TCP 的错误控制主要是以网络拥塞丢包为中心，而忽略链路传输错误等其他问题，这在传统网络上是成立的。但在移动计算环境下，链路 BER 错误、切换过程中的丢包问题等是典型的错误特征，TCP 缺乏处理这些错误类型的能力，因此必须进行改进。

因此，目前针对 MANET 环境设计的 TCP 改进算法主要有以下几种：一是 TCP 层针对拥塞的解决方法，如 Delayed-ACK[89]、拥塞窗口优化[86]等。二是 TCP 层对路由中断的解决方法，典型的改进算法有 TCP-F[90]、TCP-DOOR[91]、TCP-BUS[92]等。这类 TCP 改进算法的基本思想是：当发送站检测到路由中断时，其立即进入“冻结”状态，即停止发送数据，冻结 TCP 当前的各个环境变量（如超时定时器）；当发送站检测到路由已恢复，则立即解除“冻结”状态。三是 TCP 层针对乱序问题的解决方法，如 TCP-DCR[96]，其采用 TCP 时间戳选项，通过精确的时间戳比较，判断 DupACK 所指示的数据包的丢失原因。

为提升 TCP 协议在下一代 Internet 网络中的工作性能，对付 TCP 应用于无线网络中所面临的挑战，本研究特以 TFRC 协议为例，就此展开研究工作。

4.5.2　MANET 网络中 TFRC 协议的性能分析

TFRC（TCP-Friendly Rate Control）[117] 是基于 TCP 吞吐量模型的端到端的 TCP-

Friendly 拥塞控制机制。由于其在有线网络中有较好的 TCP 友好性且能产生非常平滑的发送速率，因而适合于在有线网络中传输高平滑性要求的多媒体应用，这使它成为基于模型的拥塞控制的典范。它的基本思想是利用 TCP 吞吐量模型公式来调节每条 TFRC 流的吞吐率，从而保证 TFRC 流的 TCP 友好性。

TFRC 的实现需要收发双方的共同配合。在发送端，TFRC 算法首先分析和处理接收端反馈的信息，然后根据 TCP 吞吐量模型公式计算理想发送速率，之后按照调整后的速率发送数据包；在接收端，TFRC 算法首先分析和处理收到的数据包以确定丢失事件，然后计算包丢失事件率，之后将它作为拥塞信息反馈给发送端。下面将重点介绍 TFRC 协议中采用的 TCP 建模公式、关键技术以及其发送端与接收端的行为。

TFRC 协议的基础是 TCP 吞吐量建模公式，[17]采用 TCP 吞吐量建模公式来确定发送速率的目的是为了保证流的 TCP 友好性。该公式描述了源端 TCP 的吞吐量 X，源端和目的端之间往返时延 RTT，链路上的丢包事件率 p，数据包大小 S 以及重传超时门限 RTO 之间的关系：

$$T = S/[\mathrm{RTT}\sqrt{2\mathrm{b}p/3} + \mathrm{RTO} \times \min\left(1,\ \sqrt{27\mathrm{b}p/8}\right) \times p(1 + 32p^2)] \tag{4-14}$$

式中常数 b 为每个 ACK 确认的数据包个数，通常 b=1。公式中 RTT、RTO 以及 p 是重要参数，通常通过测量获得。RTT 的测量通过数据包和确认包 ACK 中携带的时间戳获得，RTO 可按 4RTT 取值。模型假定往返时延 RTT 和包丢失事件率 p 同估计的数据包发送速率 T 相互独立，这使得速率 T 的改变不会对 RTT 和 p 造成影响，因而，在当前统计复用的网络中，模型能很好的模拟连接的吞吐量。

发送端担当着缓解拥塞的任务，当网络发生拥塞时，发送端应降低发送速率以达到缓解网络拥塞的目的。其主要操作如下。

1. 慢启动阶段

同 TCP 类似，TFRC 采用慢启动的方式探测网络资源，此时发送端可将发送速率每 RTT 增加一倍。但是，一旦发现反馈报告中的丢失事件率不为零，便退出慢启动，进入拥塞避免阶段。

2. 拥塞避免阶段

若反馈报告中的丢失事件率不为零，则根据下式调整当前发送速率：

$$T_{\mathrm{Current}} = \mathrm{Max}[\min(T,\ 2 \times T_{\mathrm{recv}}),\ S/t_{span}] \tag{4-16}$$

式中 T_{recv} 为接收端测量的接受速率，其值为上个 RTT 内收到的数据包除以 RTT；T_{Current} 为当前的发送速率；最小限 t_{span} 表明在网络持续拥塞的情况下的最大的发包间隔，其值为 64s。因而，当 $p>0$ 时，发端每 64s 至少要发送一个数据包。

若在四个 RTT 内没有收到反馈信息时，无反馈计时器（No Feedback Timer）便会超时，表明网络拥塞较为严重，此时发送端会立即将速率减半，然后重新启动无反馈计时器。

接收端担当着统计和反馈网络拥塞信息的责任，包括丢失事件率和接收速率的计算。为了使发送端能及时获得网络拥塞信息，接收端通过反馈计时器（Feedback Timer）（一般为一个 RTT）周期性地向发送端发送反馈报告，具体的反馈策略如下。

（1）若在一个 RTT 内没有发现新的丢失事件发生，那么接收端便在该反馈计时器超时后（即本 RTT 结束时）进行反馈，然后刷新并启动反馈计时器。

（2）若网络产生了新的丢失事件，接收端立即中止当前的反馈计时器并发送反馈，然后刷新并启动反馈计时器。

（3）若网络状况很恶劣，在上次反馈之后直至反馈计时器超时都没有收到数据，此时不进行任何反馈，仅重新启动反馈计时器。

TFRC 协议在有线网络中有着良好的性能表现。但是，TFRC 不适合应用于 MANET 网络环境。原因如下：①当网络环境不断变化特别是业务重载而网络拓扑不断变化时，由于 TFRC 的慢响应性，TFRC 流会出现很多的丢包，根据 TCP 吞吐量模型公式可知，TFRC 的吞吐率会很低。又因为 TCP 具有快响应性，那么当 TFRC 流和 TCP 流竞争时，TFRC 将很难获得公平的带宽。②TFRC 将所有包丢失都看作是拥塞丢失，同时也将 ECN 标志认为是拥塞指示，但是这在无线中已经不适用了，因为在 MANET 环境下，除了网络拥塞，无线链路的误码和路由变化也会引起包的丢失，而这使得丢失事件间隔的估计不准确，从而导致丢失事件率计算出现偏差，最终造成 TFRC 吞吐率很保守。③TFRC 使用的 TCP 吞吐量模型公式假定一个丢失事件内包的丢失具有相关性，而不同丢失事件之间包的丢失是相互独立的。但是，在无线环境下，除了传统意义上的拥塞丢失，链路误码和路由变化造成的连接暂时中断也都会造成包丢失，所以，在一个丢失事件内的包丢失并不一定都具有相关性。文献［114］对包丢失的相关性进行了仿真研究，结果表明包丢失的相关性很差，相关系数几乎为零。进一步，如遭遇链路突发错误或路由变化造成连续丢包，则不同丢失事件之间包的丢失又不一定是相互独立的。

4.6　一种性能改进的 TFRC 协议（VV-TFRC）

4.6.1　VV-TFRC 算法设计

如果想使 TFRC 协议同样适用于 MANET 网络，则必须对 TFRC 算法进行修改。VV-TFRC（Vegas Virtual Loss Packet Notification）是针对 MANET 网络环境的特点设计的端到端的流媒体拥塞控制算法。VV-TFRC 采用 Vegas 间接判定方式检测网络拥塞状态，新的拥塞算法具备提前告警标记、避免丢包信息积累机制。下面将详细介绍 VV-TFRC 各项技术的设计背景、原理以及实现。

不合适的拥塞检测方法会导致错误的网络拥塞判断，那么对于流媒体而言，采用有效检测网络拥塞的方法就非常重要。在 MANET 网络环境下，随着跳数的增加，网络的拥塞并不表现为队列长度的不断增长（此时平均队长维持在较低的水平），而更多地表现为很多站点竞争信道造成的 MAC 层阻塞现象。

为了反映一个丢失事件内丢包的相关性，同时尽量避免链路突发错误或路由变化造成的连续丢包，以满足不同丢失事件之间包丢失相互独立的假设，设计了一种虚丢包指示（VLPN，Virtual Loss Packet Notification）技术，该技术的目的是较好地屏蔽非拥塞包丢失，给接收端正确的网络拥塞指示。为了模拟有线环境下队尾丢弃，增加一个丢失事件内包丢失的相关性，每站设置一个虚丢包门限 VLT（Virtual Loss Threshold），即 β 值，并对向外发送的每个数据包计算 Vegas，然后按照如下方式来处理：[115]

（1）当某站点满足 Vegas>β，表示该站点已经拥塞，并认为在拥塞期间经由该站点转发的所有数据包都被虚丢弃。为了表征虚丢弃，本站点将对经由该站点转发的所有正向数据包进行标记。

（2）否则认为该站点没有发生拥塞现象，那么对本站点转发的所有数据包都不执行标记操作。

VLPN 域由三部分构成：

NF（1 bits）：拥塞指示域，用于拥塞指示。

Hop（14 bits）：跳数域，指示包经历的跳数，在接收站用于跳数区分，避免因拥塞指示累积造成计算丢失事件率 P 的失真。比特 14，13，…，1 分别表示包经历的第 0，1，…,13 跳。

E（1 bit）：扩展比特，当包经历的跳数大于 13 时，该比特置 1，这时 VLPN 域扩充为 4 个字节，新增加的 2 个字节全部作为跳数域。

VLPN 域中增加的跳数（hop）域的作用是为了区分连接的跳数，这样就可以有效地防止拥塞信息堆集。

4.6.2 VV-TFRC 性能分析

在 MANET 网络环境下，包在传输过程中可能要经历多个拥塞站。如果按照 TFRC 将所有站点的拥塞信息都归到一起考虑，将导致接收端丢包（包括拥塞丢包、大量的链路误码丢包和路由变化丢包）信息堆集，使网络带宽估计偏于保守。下面结合图 4-2 说明该问题。如图 4-2 所示，假设包从发送站经历 3 跳到达接收站，即站 0（发送站）—站 1—站 2—站 3（接收站）。

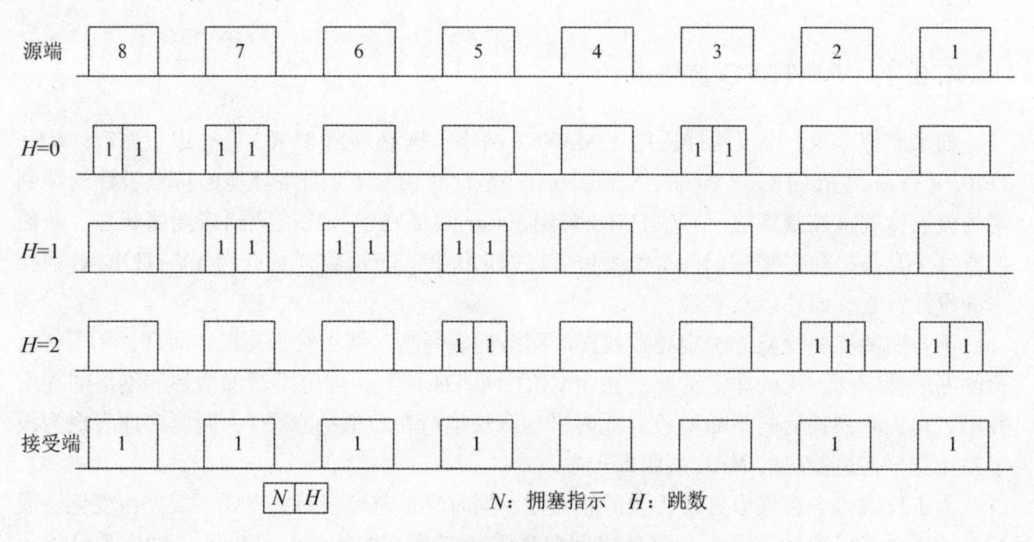

图 4-2 对拥塞堆集信息的处理

其中，站0对包3，7，8打标记，站1对包5，6，7打标记，站2对包1，2，5打标记。如果不区分跳数，那么在接收端，除了包4以外，其余的包全为标记包，即拥塞信息堆集，其后果是：

（1）计算的丢失事件率值将不能反映链路的真实状况，导致通过TCP吞吐量公式计算的速率非常保守，不利于吞吐量的改善。

（2）计算的接收速率T_{recv}将偏小，使得当发送端按照min（公式速率，$2\times T_{recv}$）对发包速率进行调整时，吞吐率劣化很严重。

如果区分跳数，接收端将按照第0，1和2跳所示的拥塞信息分别计算丢失事件率值，然后选择一个最大值反馈给发送端，从而有效地避免因拥塞信息堆集导致的吞吐量劣化问题，这就是避免拥塞信息堆集的思想。

VV-TFRC算法整合了TFRC的基本原理和避免拥塞信息堆集的思想，其避免拥塞信息堆集的思想体现在：

（1）接收端为路由上的每跳站点均建立一个状态信息存储表，并按照TFRC为整个流维持丢包信息的原理，为每跳站点维持丢包信息，包括当前丢包信息和历史丢包信息。

（2）对每一跳站点，将其历史丢包信息和当前丢包信息结合起来进行处理，如丢失事件判断和丢失事件率的计算。然后将每跳站点的处理信息再存储到其状态信息存储表中。理论上，在MANET网络中执行避免拥塞信息堆集的思想可以改善网络吞吐量的保守状态，从而能够提高吞吐量，而这就是避免拥塞信息堆集的思想意义。

另外，对于无线网络的路由重新选择的问题也非常关键。因为，MANET无线环境中路由经常变化，这导致网络性能比较差，体现在：①路由发生变化后，如果重建路由的时间比较长，那么会使接收端相当长一段时间内收不到数据包，而接收端收不到数据包，自然就不会向源端发送反馈，进而，因为源端始终收不到反馈，就会造成无反馈计时器超时，而超时的结果就是将发送速率减半。这将最终导致连接不断地进入慢启动，使得吞吐率一直非常的保守；②VV-TFRC采用避免拥塞信息堆集的思想，意图在接收端为每个站点维持信息，而在接收端是通过跳数来标识不同站的，但是路由变化后，跳数和站点的对应关系就变了，那么当前跳数下维持的历史信息不能反映重选路后该跳所标识的站点，那么与之对应的拥塞状况就会和真实的网络状况有很大的偏差，这会引起网络行为混乱，导致网络不稳定，性能恶化。

网络层路由改变分为两种情况：一种是端到端的路由改变，即重选路是由源发起的；另一种是局部的路由恢复，是由中间站点发起的。前一种情况，接收站可以从网络层路由控制包中获得路由改变信息，后一种情况通过在数据包携带路由变化信息（参与重选路的中间站点向数据包中添加路由变化信息），将路由改变信息传达给接收站。当接收站收到路由变化信息后，其清除历史信息，重新计算新路由下的丢失事件率。

4.7　性能仿真和讨论

为了仿真VV-TFRC在MANET网络环境下的性能，以NS-2[111]为仿真平台，

AODV[96]为路由协议，并采用 IEEE 802.11 协议的 RTS/CTS 工作方式，而物理层则采用 DSSS 方式，TCP 流采用 TCP-Reno 协议。为了更准确地反映 VV-TFRC 流与 TCP 流共存时的性能，对 TCP-Reno 做了修改，使其具有如下功能：当发送端收到某个数据包的 3 个 Dup ACK 时，只有当该数据包的实际丢失原因是队列缓存溢出的情况下，才执行减小发送窗口的操作。这相当于增强了 TCP-Reno，使其在一定程度上具有区分出拥塞丢包的功能，但是它不能区分 MAC 层阻塞。

仿真中，所有无线链路的带宽均为 2Mb/s，简化起见，假设所有的无线链路误码为随机误码，误码率为 10^{-4}，且每个节点均采用带优先级的“弃尾法”排队算法，而且队列缓冲大小为 50 包。各数据流的起始发送时间在 2.0~5.0s 内均匀分布，且数据包的大小均为 1024 字节，并仿真 500s，为了消除暂态影响，仿真均从 100s 开始记录。为了研究的方便，将 MANET 网络拓扑分成静态拓扑和动态拓扑，然后分别进行性能仿真。

4.7.1 静态拓扑结构

拓扑中 S_1，S_2，…，S_n 均为发送站，F_1，F_2，…，F_i 是中间站，用来转发数据包。而 D 则是唯一的数据接收站。所有发送站之间的距离服从随机分布，和 F_1 的距离均为 200m，而和 F_2 的距离则大于直接通信距离。下面将从各性能指标来研究 VV-TFRC 的性能，并和 TFRC 在相同场景下的性能进行对照分析。

1. 总平均吞吐量

每个发送站均产生 VV-TFRC 或 TFRC 流，在不同流数时测得它们的总平均吞吐量随跳数和流数的变化情况，如图 4-3 所示。

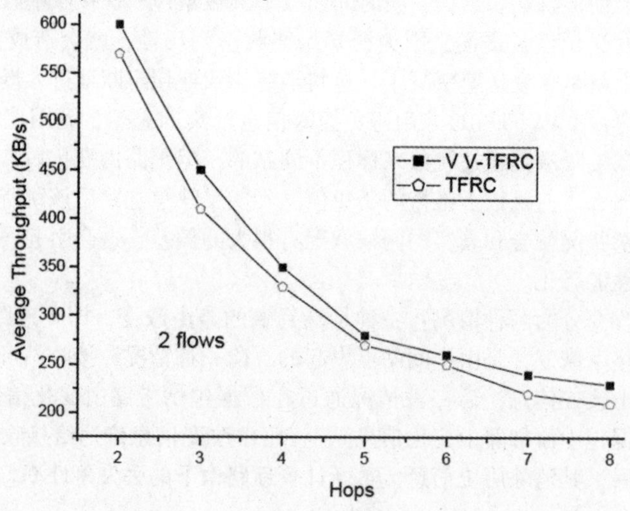

图 4-3 当 flows=2 时的平均吞吐量

由图 4-3 可知，在所有流的长期平均吞吐量性能和短期的瞬时吞吐量性能上，VV-TFRC 均好于 TFRC，改善程度为 20%左右。这可以从 VV-TFRC 和 TFRC 算法本身得到解释：VV-TFRC 区分包丢失的原因，那么这就很大程度上滤除了非拥塞丢包的影响，此外避免拥塞信息堆集的机制避免了路由上所有站点丢失包的累积，进一步降低了非拥塞丢包的影响，并且很大程度地避免了丢失事件率过大的情况发生；而TFRC则不区分包丢失的原因，而且将路由上所有站点的丢失累积到一起当作是拥塞丢包对待，这必然造成大量的链路误码丢包和路由超时丢包被当作是拥塞丢包，而这又必然导致吞吐率非常保守[122]。

2. 公平性

在所有的发送站中，各选半数的站分别建立TCP流和VV-TFRC或TFRC流。公平性由所有VV-TFRC或者TFRC流的总平均吞吐量与所有TCP流的总平均吞吐量的比值而得到。

根据文献[115]，若公平系数位于（0.7，1.5）的区域内，则代表协议间具有较好的公平性。从图4-3可知，在所有流的长期公平性性能和短期的瞬时公平性性能上，VV-TFRC均好于TFRC，这一方面是因为VV-TFRC流比TFRC流更能够积极地和TCP流分享带宽；另一方面是因为VV-TFRC部分地继承了TFRC用于实现TCP-Friendly的机制，这使得VV-TFRC不会过于激进。较TFRC而言，VV-TFRC的丢包率性能没有得到提高，而是有所下降。造成这种结果的主要原因是：为了保证流媒体业务在无线环境下的实时性，在MAC层为VV-TFRC数据包设置了一个比默认值小的重传计数器，而TFRC数据包则采用仿真器默认的重传计数器。对于流媒体业务，允许一定程度的包丢失步的工作。

4.7.2　动态拓扑结构

仿真拓扑如图4-4所示，站点运动区域大小为670 m×670 m，所有站点不间断地以5m/s的速度匀速运动，发送站点数分别设置为20，40，60，80以及100个。一般情况下，实际网络都有一定的冗余度，所以在不同站点数的场景下仿真时均保留半数的站点处于非激活状态。下面从吞吐量、公平性、丢包率来衡量VV-TFRC的性能，并和TFRC在相同场景下的性能进行对比。[136]

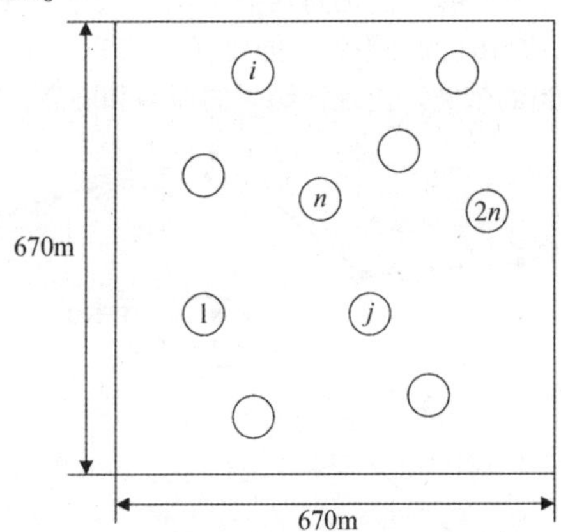

图4-4　MANET的动态网络仿真拓扑结构

1. 吞吐量

让所有激活站点均建立VV-TFRC或者TFRC连接，那么在不同站点数的场景下，分别有10，20，30，40以及50条VV-TFRC流或者TFRC流。仿真测得所有流的总平均吞吐量随站点数的变化如图4-5所示。可以看出，VV-TFRC的吞吐量性能要好于TFRC。出现该结果的原因是：VV-TFRC区分丢包原因，不但较大程度地屏蔽了非拥塞丢包的影响，而且很大程度上屏蔽了路由变更丢包的影响。另外，采用避免拥塞信息堆集的机制避免了各站点丢失包的累积，这进一步减轻了非拥塞丢失包的影响。TFRC 则不区分包丢失的原因，而且将路由上所有站点的丢失包累积到一起当作拥塞丢包对待，当路由频繁变化时，必将造成大量的路由变更丢包被当作是拥塞丢包，导致吞吐量非常保守。

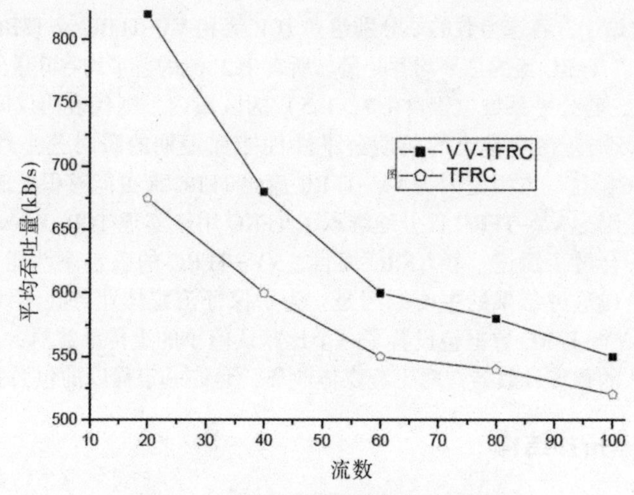

图 4-5　平均吞吐量随流数变化的情况

2. 公平性

在激活站中让半数的站产生 TCP 流，另外半数的站发起 VV-TFRC 或者 TFRC 流，那么在不同站点数的场景下，网络中分别有 5，10，15，20 以及 25 条 VV-TFRC 或 TFRC 流。采用动态拓扑时测量公平性的方法测得所有流的总公平性随站点数的变化如图 4-6 所示。从图 4-6 可知，VV-TFRC 的公平性性能要好于 TFRC，而 TFRC 由于其抢占带宽的保守性很难获得和 TCP 相当的带宽。出现该结果的原因和静态拓扑时一致。

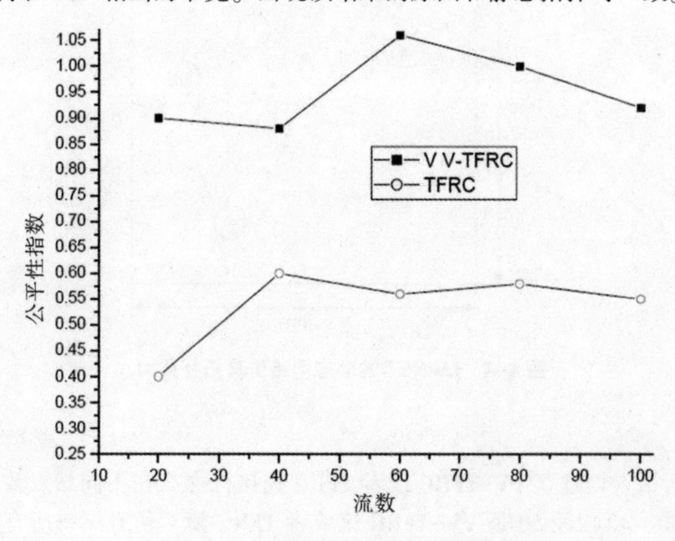

图 4-6　公平性随流数变化的情况

3. 丢包率

采用和测量吞吐量时一样的配置，测得所有流的总平均丢包率随站点数的变化如图 4-7 所示。由图可知：和静态拓扑时一样，相对 TFRC 而言，动态拓扑下 VV-TFRC 的丢包率性能没有提高，而是有所下降，原因也和静态拓扑时一致。通过仿真可知，在 MANET 静态拓扑下，VV-TFRC 在吞吐率、公平性、端到端时延、平滑性以及平均丢失事件间隔相关性这几项指标上均获得比 TFRC 更好的性能。在 MANET 动态拓扑下，VV-TFRC 在吞吐率以及与 TCP 的公平性这两项指标上获得比 TFRC 更好的性能。由于动态路由的处理策略不完善，使得 VV-TFRC 的平滑性在动态拓扑下的改进很小。另外，VV-TFRC 为了获得较好的实时性，牺牲了丢包率，丢包率要比 TFRC 略高一些。

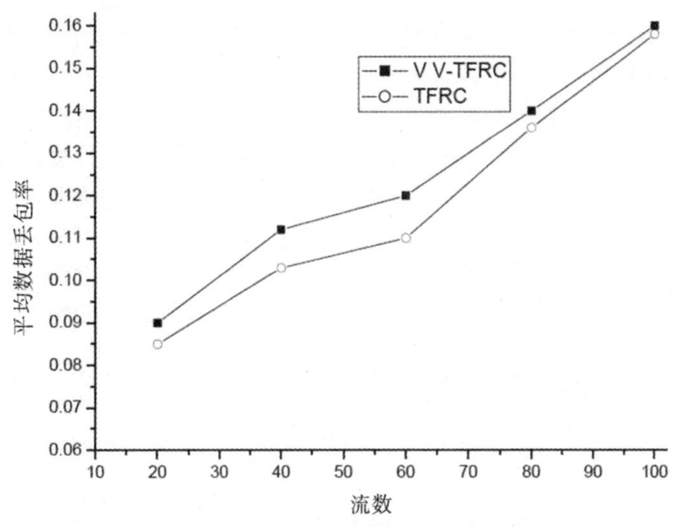

图 4-7　平均数据丢包率随流数变化情况

4.8　本章小结

在 MANET 网络中，包丢失相关性差是制约 TRFC 性能的一个重要方面。本章针对这个问题，对 TRFC 协议进行改进，提出一种适合 MANET 网络环境的 TCP 公平的拥塞控制机制 VV-TFRC。VV-TFRC 采用 Vegas 间接判定方式检测网络拥塞状态，并通过虚丢包指示（VLPN）报告拥塞，接收站用 VLPN 计算丢失事件率，而不采用传统的包丢失计算，这在很大程度上屏蔽了非拥塞丢包的影响，改善了包丢失的相关性。随后，本研究采用静态网络拓扑结构以及动态网络拓扑结构分别进行了仿真实验，其各项结果最终都证实了 VV-TFRC 算法的有效性。由于包丢失相关性的改善，VV-TFRC 较之 TFRC 在 TCP 公平性、速率平滑性方面均显示出良好的性能，此外平均帧服务时延的使用，使得 VV-TFRC 在丢包率和包平均端到端时延方面也较 TFRC 有显著的改善。

第5章　总结与展望

拥塞控制的目标就是高效、公平地利用网络资源，提高网络的综合性能和服务质量。随着网络技术的飞速发展，网络规模不断扩大，构成了一个复杂的、异构的、分散的非线性巨大系统 Internet，人们对网络服务质量不断提出新的要求。整体的资源丰富和局部的资源限制之间的矛盾始终无法很好地解决，宏观上科学合理地规划网络，对资源的充分利用，避免严重拥塞的发生具有重要意义；微观上对数据流进行合理的控制，如何在现有的网络结构、网络环境的基础上，保障网络可靠地、稳定地进行数据传输，形成一个动态自适应的、资源优化利用的分布式网络系统是必须的手段。今天，解决网络拥塞问题的难度更大、挑战更高，这也是现在学术界和企业界的研究者一直进行不懈努力的方向。

本研究的工作就是在这个背景下展开的。具体来说，本研究的主要工作和尚待研究的问题总结如下。

5.1　研究成果

本研究的主要工作和重要结论如下：

（1）对下一代 Internet 的发展性能特征进行了深入细致的研究，为确保下一代 Internet 的稳定持续发展提出：要使用户能够得到可信的服务质量 QoS，必须实施高效可靠的拥塞控制的观点，并为进一步研究下一代 Internet 的可信性提供了理论基础。

（2）研究了网络拥塞控制目的和意义，针对 TCP 拥塞控制的四种算法：TCP-Tahoe、TCP-Reno、TCP-SACK 和 TCP-Vegas 的工作特点和性能优缺点进行了比较，分析了近年来国内外在 TCP 拥塞控制算法方面的研究现状，探讨了控制理论在 TCP 拥塞控制中的应用情况。

（3）由于 TCP 流是目前 Internet 上的主导流类型，可以预计这种情况在未来一段时期仍将继续，而且 TCP 拥塞控制协议也是目前 Internet 上的主要拥塞控制，因此提供一种能理解 TCP 在各种网络环境下的动态行为的数学模型十分关键。本研究的一个主要工作就是建立了 TCP 拥塞控制的数学模型。

在 TCP 拥塞控制理论上采用流体模型，建立了新的 Reno 拥塞控制算法延迟微分方程的动态模型，并对该 Reno 算法模型控制器的局部稳定性进行了分析，结果发现 Reno 协议的一个自身稳定性缺陷：在网络延迟猛增或者是链路带宽很大时 Reno 将变得不稳定。这使得 Reno 不适合下一代 Internet 工作环境，然后通过基于包模型的网络仿真实验平台验证了理论推导结果。

(4) 基于TCP源端算法在稳定状态下的循环模型，详细分析了Vegas在公平性能方面的不足，设计了F-Vegas算法。所设计的算法可以有效地解决Vegas连接在网络路由改变造成的吞吐量持续下降问题，同时有效地改善Vegas与Reno之间竞争的公平性，通过仿真验证了F-Vegas的高效性和公平性。

(5) 针对Vegas在非对称链路上出现反向通路拥塞导致的TCP连接吞吐量劣化问题，提出了改进算法E-Vegas。E-Vegas利用新的时延测量方法来估计前向通路的可用带宽，有效地提高了传统Vegas连接的吞吐量，同时也有效降低了算法执行的复杂度。

(6) 从协议工作性能的角度对TFRC协议进行了分析，找到了TFRC不能适应MANET网络的根本原因。由此，采用Vegas隐式检测策略判断拥塞，并通过虚丢包指示(VLPN) 报告拥塞的机制，设计了VV-TFRC协议。与TFRC协议不同，VV-TFRC采用Vegas隐式检测策略判断拥塞，并通过虚丢包指示（VLPN）报告拥塞。这两种技术很好地克服了TFRC的设计缺陷，很大程度上屏蔽了非拥塞丢包对连接吞吐率的影响，改善了TFRC在MANET网络中的数据传输性能。

5.2 工作展望

下一代Internet是一个巨大的、开放的、极其复杂的非线性系统，由此其网络拥塞控制研究是一个非常困难、具有挑战性的研究领域。本研究从下一代Internet发展性能特征入手，讨论了目前Internet上传输的主导数据TCP流的特性，分析了当前应用最广泛的、学术研究最活跃的TCP拥塞控制策略在有线网络和无线网络上进行数据传输的性能特征。

本研究尽量在一定广度上涉及下一代Internet拥塞控制问题。对有线网络中TCP数据传输协议进行了深入系统的研究，在源端算法设计和网络模型分析方面取得了一定的成果，同时，本研究也认为这些方向具有很好的发展前景，但是这对于千变万化的下一代Internet环境而言是远远不够的，如这些问题的理论深度、实践中的可配置性、兼容性等，还有很多与此相关的问题有待进一步研究和完善。现在无线移动环境中新型业务已经成了近年来通信领域中应用最快、学术研究最活跃的领域，因此，针对无线网络的TCP拥塞控制算法是一项备受瞩目的研究内容，尽管本研究基于无线MANET环境提出了新的思想和改进算法，但是随着研究的深入，我们认识到现有的工作还只是刚刚起步。

通过研究过程的体会并结合目前拥塞控制研究的趋势，我们认为在相关问题的深度上，还有很多极具挑战性的工作需要进一步深入研究，计划下一步开展的工作有：

(1) 在实际的网络平台上验证并实现本研究提出的拥塞控制算法。目前对新设计的网络拥塞控制协议和算法多是采用美国洛伦兹国家实验室研发的NS-2进行验证和性能分析，尽管NS-2是使用最广泛的仿真器，并且通过NS-2是验证协议的一个重要的且必不可少的途径，但仿真并不能代替真实Internet的数据流传输情况的网络测评。一些实际应用中遇到的问题在普通仿真中得不到验证，算法的性能研究具有一定的局限性。因此未来的研究应扩展到实际网络环境之中，发现新协议的局限性，并与真实应用相结合来完善。

（2）加强拥塞控制基础模型的研究，注重分析算法的鲁棒性、稳定性和有效性之间的关系。本研究建立的 TCP 拥塞控制模型中的链路丢包率，目前还没有能清晰描述的表达式，因此我们不能给出模型的精确解。另外，模型仅考虑 Reno 拥塞避免阶段的行为，一个更完整的模型应考虑慢启动、超时重传等影响。

（3）目前 IP 协议的新版本 IPv6 的研究已进入一个崭新阶段，IP6 完全有望成为取代 Ipv4 的下一代 Internet 主流数据传输协议。由于 IPv6 增加了服务质量控制的能力，因此拥塞控制在 IP6 中的实现也是未来研究的一个重要方向。

Internet 的出现历史还不长，所以网络拥塞控制的研究还处在探索阶段，无论在理论研究上还是在应用研究上都还有很多问题没有解决，因此我们今后的研究工作任重道远！

第二部分　多模式集成混合云的区域林业云信息共享与协同服务

摘　要

林业信息化是实现国家林业现代化的战略举措和当务之急。区域信息共享与协同服务平台体系结构是林业信息化的前提条件和必备基础，其体系结构存在重大缺陷导致林业信息资源利用率不高、存在大量的信息孤岛等问题，严重阻碍了林业信息化的进程。为了破解现有技术架构的制约，本部分首先建立基于混合云的平台云计算部署模型，提出基于工作负载波动的自适应神经网络学习调整私有云、地区云的资源动态分配算法，开展异构林业信息系统数据库的多模式多标准集成方法研究，综合相似匹配、副本管理、优化路径查询等策略，提出基于结点能力和资源索引的 P2P（peer to peer，对等网）林业资源定位方法；分析不同网络结构与系统性能和服务质量的相互关系，提出支持多种数据存储及服务模式的新型区域林业云信息共享与协同服务平台体系结构的构建方法，并进行系统仿真分析与应用验证。本项目给出的系统性网络体系结构的理论分析和研究方法，将为我国林业信息化建设提供必要的理论依据和技术支撑。

首先主要阐述了区域信息共享与协同服务平台体系结构的性能特征以及当前的发展现状；提出破解现有技术架构的制约的基本策略，提出支持多种数据存储及服务模式的新型区域林业云信息共享与协同服务平台体系结构的构建方法，给出了系统性网络体系结构的理论分析和研究方法。

接着利用大系统理论的分析方法，研究如何对大规模网络进行层次分割，在分布管理的环境下，采用分解协调的方法，对包括虚通路的建立、网络带宽动态分配和流量控制等进行计算，实现对大型网络资源的优化分配。以面向服务为核心设计理念，在体系结构和核心机理层面进行有针对性的研究，解决互联网面临的可扩展性、动态性、安全可控性等问题。在区域林业云信息共享与协同服务网格中，即使在同一个域中，每个节点上信息的共享范围也是不一样的，特此，研究了无线传感网络中 TCP 协议的公平性，通过实验验证了本节中提出 DCCP（Datagram Congestion Control Protocol，数据包拥塞控制协议）算法的公平性，并且具备良好的数据传输性能。

然后构建了区域林业信息共享与协同服务平台。区域林业信息共享与协同服务云平台的建设是一个复杂的系统工程，涉及传感器、计算机、物联网、互联网、移动网、先进通信、大数据、云计算、人工智能、GIS（Geographic Information System，地理信息系统）与 GPS（Global Positioning System，全球定位系统）及 GPRS（General packet radio service，通用无线分组业务）、视频图像深度分析、3D（three dimensional，三维）建模与虚拟等众多技术的综合开发与应用。平台建设从用户价值出发，提供多样化、广泛的接入移植服务，为用户构建个性化增值服务，创新生产、经营和管理模式，促进相关行业的高效高质发展。

最后针对林业资源定位方法进行研究。资源发现与定位机制关系到广域分布式环境中资源共享和协同工作效率，如何能以较小的开销取得满意的资源定位性能，适应林业资源动态变化的特性，解决资源发现过程中的负载平衡问题是保证有效利用信息资源的重要前提；基于普通 TCP/IP 的构建模式已经有比较成熟的方案，但林业机构信息流与其他应用服务信息流性质不太相同，即整个信息服务平台内既存在大量的林业政务数据流，也存在大量的卫星遥感影像数据和远程林业中的视频信息数据流，这为保证服务质量 QoS 带来了巨大的复杂性。

采用本体技术和约束理论对时空数据及时空变化的统一表示、查询等问题进行深入探索，通过时空本体建立时空数据及时空变化的统一语义建模，并采用约束理论解决连续时空变化的建模问题，从而构造可以完备描述和查询时空数据与时空变化的统一时空数据模型。同时以对象关系数据库和中间件技术为基础，深入探讨时空数据库的实现结构、查询处理等问题，解决统一时空数据模型的实现问题。本节提出了一种新的森林火灾监测方法，即利用无线传感器网络中的数据聚合技术。该方法能够在消耗无线传感网络能源的同时，对森林火灾做出更快、更有效的效果，通过深入的理论分析和大量的实验表明新的数据库在实现、查询处理等方面性能优越。

第1章　绪　　论

1.1　研究背景

2016年3月22日，国家林业局（现为“国家林业和草原局”）《“互联网+”林业行动计划——全国林业信息化“十三五”发展规划》对中国林业云发展指明了方向；[1]2017年10月23日，国家林业局印发文件《关于促进中国林业移动互联网发展的指导意见（林信发〔2017〕114号）》；2017年10月25日，国家林业局发文《关于促进中国林业云发展的指导意见（林信发〔2017〕116号）》进一步指出[1]发展中国林业云，有利于降低建设运维成本，提高资源使用效率，提升林业信息安全保障水平，加强数据共享利用，提升林业信息化服务能力。

中国林业信息化是落实新林业政策，解决“资源分散、封闭和垄断状况”以及“杜绝重复建设，促进信息互联互通，优化信息资源配置，充分实现信息共享，提高信息资源效益”的关键所在，至此，建立能够实现高速信息共享①与协同服务的中国林业云被提到前所未有的高度。

林业信息化是实现国家林业现代化的战略举措和当务之急。区域信息共享与协同服务平台体系结构是林业信息化的前提条件和必备基础；过去信息化建设过程中我国各省市各部门均完成了不同程度的数字化建设，并积累了大量林业领域信息资源，但是由于体系结构存在着重大缺陷，如没有一致或共享的研发标准，数据结构、开发工具、运行环境、数据库类型等都各不相同，从而导致林业信息资源利用率不高，存在大量信息孤岛，这样就导致了目前林业云建设很难在区域范围内，甚至难以在同一地区内不同机构间实现信息共享、功能协同以及界面集成，在国际上同样是如此，只有研究一种全新的林业云信息共享与协同平台体系结构，才能从根本上解决我国林业云建设过程中存在的主要问题。

建立真正高效的存储模式，在安全状态下利用海量数据充分实现信息共享，进而提供平台服务功能，破解现有技术架构对林业云形成的制约，是当前林业云信息共享与协同服务平台建设过程中需要解决的关键问题之一。如何设计出科学的林业平台体系结构，对机构众多、异源异构、标准不一的网络资源进行无缝集成，实施科学管理，使之能提供协同

---

① 信息共享（information sharing）指在信息标准化和规范化的基础上，按照法律法规，依据信息系统的技术和传输技术，信息和信息产品在不同层次、不同部门信息系统间实现交流与共享的活动。

服务，是一个理论和技术上都具有前瞻挑战性的问题，同时也是提高湖南省林业信息化技术领域原始创新和网络集成能力，形成可承接国家重大科技项目的基础。

本部分将结合湖南省具体情况，拟基于领域工程和云计算技术，研究并建立一种支持多种数据存储模式及服务方式的、全新的林业云信息共享与协同平台体系结构，改进和完善基于国家和国际相关标准体系的系统结构标准和规范，解决关于多种集成模式和网络技术进行高效动态互联、林业资源发现与定位、服务质量 QoS 以及经济成本的资源优化配置等关键性问题，以突破现有技术架构对林业信息化形成的制约，为建立支持动态重构、服务对象唯一标识、联盟运作的平台网络化、自动化、智能化奠定基础，这对于林业云信息共享与协同服务①平台的建设有以下重大意义。

1. 为区域林业云信息共享与协同服务平台提供软硬件体系结构

区域林业信息共享与协同服务关键技术研究包括体系结构、领域工程技术、存储模式、安全技术、信息共享、服务模式 6 个部分。其中体系结构关键技术研究将为整个平台的研究提供软硬件体系结构。

2. 有助于解决林业机构信息孤岛的问题，实现林业机构之间的资源共享

由于各机构在信息化建设的初期缺乏科学的整体性设计，信息系统形成了以各部门作业为主要目标、功能化分散的系统。林业机构外部：由于缺乏相应的数据和消息交换标准，各林业机构间尚未实现信息交换的通道，形成各自分离的“孤岛”。新的体系结构利用领域工程和云计算技术，在已有系统资源的基础上，基于多种集成模式实现不同信息系统间的互联互通，并采用 P2P 进行资源发现与定位，解决信息孤岛问题。

3. 有助于降低系统改造成本，避免重复投资

部分林业机构已建立了层次不同的信息系统，然而有的系统并没有完全遵循国家和国际标准。随着新技术的出现与数字林业的推广，如果各机构匆忙建立新系统而由于兼容性原因舍弃原有系统，将造成部分系统重复投资和资源浪费。通过本部分的研究，采用领域工程和云计算技术来统一规划林业机构内部以及它们之间的体系结构，可以解决原有部分与新设备、新系统的通信问题，从而达到降低成本、避免重复投资的目标。

4. 有助于优化系统配置，提高服务质量

区域林业云信息共享与协调平台体系结构的研究包括整体系统性能的优化。通过采用先进网络技术、系统建模与仿真，建立安全、可靠的信息网络体系，能够提高平台中各种林业应用尤其是远程林业等高端应用的服务质量。

---

① 协同服务：不论采用同步或异步通信，不论何时何地，用户（进程）都可以通过网络进行相互协作，共同完成相应的任务（应用）。

1.2 国内外研究现状

1. 区域林业云信息共享和协同服务系统发展水平

国际区域林业信息共享和协同服务的兴起，可追溯到30年以前，正是由于计算机通信和信息处理技术的飞速发展和林业资源管理费用的过快增长，才使得最近几年取得了显著进展。

美国在2004年4月组建了国家林业信息网，成立了国家林业信息技术协调办公室，并且与全球居领先地位的信息技术公司合作，在四大试点区域分别开发全国林业信息网络结构原型，研究包括森林资源档案在内的多种林业应用系统之间协作互通能力和业务模型，同时在国家级层面建立了一系列的相关组织来协调、管理区域森林信息化建设，与国家林业信息网建设紧锣密鼓推进相呼应，各个地方区域林业信息化项目也如火如荼地进行。面临2009年的世界金融危机，奥巴马政府投入190亿美元建立“国家林业信息技术协作组”来监管“森林资源档案”，以此获得“健康的信息高速公路”。因此，现在美国林业管理人员可以使用电子档案进行大规模的森林资源学研究、动植物生态观测试验，大幅度地降低了工作强度，提高了林业信息处理工作效率，能很好地保护生态环境，也减少了管理营运成本，推动了林业学科的发展。

1998年以来，加拿大政府陆续发表了一系列的报告，逐步清晰地阐述了其整体国家林业信息化战略。2003年底到2004年，加拿大政府陆续与多家林业信息化巨头签署了为期8年，总金额逾60亿加拿大元的合同，拟搭建一个可以部署各种应用服务的、全国性的林业信息网基础设施。经过一系列的调整，已经取得了阶段性的成就，成了美洲国家级林业信息化建设的典型代表。

为了促进林业机构信息化建设，早在2000年9月，英国政府就投资数亿英镑开始着手推动国家以及各地区域林业信息网的建设，英国政府希望在2020年建立能够覆盖整个国家林业资源的、完备高效的GIS信息化平台。

除以上各国的例子，在欧洲部分国家、澳大利亚等国也都在进行类似的区域林业信息化建设。从国际趋势分析中我们可以看出，在不同林业管理体制之下，不同的林业环境当中，都在积极推进区域林业云建设工作。

以森林防火信息化为例，我国林区现有防火通信覆盖率仅为70.0%，存在着较大盲区，卫星通信、机动通信保障能力不强。有线基础网络建设滞后，难以满足语音通信、火险预警、图像监控、视频调度、信息指挥等防火业务工作的需求。森林防火指挥中心的设施设备老旧，兼容性差，建设标准不统一，“信息孤岛”现象突出，难以实现互联互通。

我国在林业信息共享建设方面由于经济、人口、文化的差异，与欧美国家有很大不同，特别是在建设的侧重点上。[1-2]贵阳市林业信息化建设从2009年开始，历时8年，于2016年建成，并进行省级平台上的林业灾害监控与应急管理、森林资源管理、森林培育、林业产业四大业务系统，综合运行试点工作。吉林省林业OA（Office Automation，办公自动化）群基本建成，濒危物种进出口审批与联网核销系统，北京智慧苗圃，四川卧龙

“智慧生态旅游”系统，陕西天保工程 App 管理云平台，新疆测土配肥技术平台等系统纷纷建成上线，从林业核心业务到基层群众生产生活，许多方面都取得了一定的示范效应，湖南省林业厅以森林资源管理为切入点，正在准备开展小范围内林业信息共享试验。

总体上来看，我国林业服务行业的信息化建设形势比较严峻，区域林业信息共享与协同服务仅在国内东部沿海发达地区刚刚起步，虽已形成热点，但还没有取得实质进展，也未能达到大面积的广泛应用，在政策、理论、技术、管理、经济等各个层面还存在许多困难和障碍。其主要原因是有关区域林业信息共享的关键技术尚未有所突破。因此，本部分针对林业信息化过程中存在的主要问题，特开展省级区域林业云信息共享与协同服务平台体系结构的研究，为中国林业云建设提供关键技术理论和实践基础。

2. 区域林业云信息共享与协同服务平台技术架构

中国林业云由两级中心组成，即国家级云中心和省级云中心。国家级云中心是中国林业云的主体，省级云中心是国家级云中心在省级的分布式子中心，由 31 个省区市、5 大森工集团、新疆兵团共计 37 个分中心组成。省级云中心除承担国家级业务应用部署、区域（跨省）级部署任务外，还为本省级应用部署提供服务。其中国家级云中心和省级云中心可以互为灾备中心，也可以各自建立独立的灾备中心，对数据实现双重保护，最大限度地避免或减少灾难事件和重大事故造成的损失。国家级和省级云中心技术架构相同，通过互联网和林业专网连接，实现资源共享、数据共享、服务共享。

中国林业云根据服务对象和接入网络的性质，分别在互联网和林业专网上提供服务。基于林业专网，部署全国林业业务相关应用与数据库共享服务，提供统一的数字认证体系等公共服务，减少重复性投资。基于互联网，部署面向社会公众的业务应用与信息公开服务，提供中国林业网子站群等公共服务。

中国林业云平台采用“四横两纵”的技术架构，“四横”分别为基础服务层、大数据服务层、业务服务层、交付服务层；“两纵”分别为安全与运维体系、标准与制度体系。

基础服务层：由国家级云中心、省级云中心和灾备中心提供网络服务、计算服务、存储服务、虚拟化服务等基础设施服务。

大数据服务层：采用海量数据分布式存储、海量数据管理、大数据分布式处理框架等技术，建设中国林业资源数据库和大数据处理平台，实现林业行业数据的海量分析、数据挖掘、数据对比等功能。

业务服务层：提供分布式、模块化公共服务组件，以及林业业务应用服务，供各级林业主管部门、林业企业、公众使用。

交付服务层：提供服务受理交付、自助式服务管理、服务资源智能检索以及智慧门户等服务。

安全与运维体系：按照等级保护的相关要求，建立中国林业云的安全体系及运维体系，各级云中心按照统一标准、独立运维的模式建设。

标准与制度体系：建设中国林业云标准规范，包含中国林业云建设、运维、安全、数据、服务等各类业务标准。

然而这种技术架构具有一些明显的缺陷，主要有：

- 所有需要共享的数据需要集中存储到数据中心；
- 访问共享数据需要访问数据中心；

● 数据中心除了存储数据和管理数据，还需要提供数据的表现功能，不太适合模型与数据耦合紧密的林业数据；

● 数据中心在接收数据之前，需要对数据标准化处理；

● 敏感数据、隐私数据集中存储在数据中心，这样一方面加大了数据中心的安全责任和负担，另一方面数据提供方会有所顾虑。

本项目的主要目标就是探索、提出、示范全新的区域林业云信息共享平台的技术架构，以破解现有技术架构对区域林业信息共享的制约。

3. 区域林业云信息共享和协同服务整体技术内容

高效动态集成互联是系统设计首要考虑的问题。国内外学者在这方面已经做出了一些研究成果。

在系统集成方面，孙金华、朱颖芳、郭颖等[3-5]提出了采用SOA和两级总线结构将各林业信息系统和服务中心联系起来，由整合服务层和应用服务层构建成基于SOA的林业信息共享平台；白立舜等[6,7]分析了网状互联的局限性，以GIS为核心（G），以OA为主线的全过程、全业务覆盖为基础，提出了G0林业信息化体系；孙伟韬等[8,27]提出了基于Web Services的森林火险预报系统架构，林业机构只需按照Web Services服务提供的格式组织数据，然后调用相应的接口服务，就可以实现信息交换和共享；庞丽峰[4,9]则是通过基于WebGIS技术搭建了省级林业信息共享平台原型；刘波云[10]构建模型针对森林进行多功能评价研究，然后利用WebGIS技术在一个实地林场进行测试；江柳斌[11,12]采用移动GIS技术，研究了功能相对简单的林业数据采集系统；刘军[15]针对林业有害生物普查信息管理系统的工作效率问题，利用集成了GPS、GIS技术、移动通信技术等优势的移动GIS技术来解决。穆林提出了基于BPEL的林业信息系统集成技术，研究集成框架和以SOA的Web为指导思想的林业资源管理方案；崔福东等[13,27]采用有向无环图（DAG）表示组合逻辑，通过对DAG解析自动生成发布工作流所需要的文档，来隐藏BPEL的复杂性，以实现Web快速服务的目的。

由于林业中有病虫害信息、火灾信息、林业资源信息、管理信息等不同的信息种类，这些数据流都需要通过可靠的网络来进行传输和存储，因此除整体的体系结构，通信网络本身的设计也至关重要。而且在应急情况下（如停电、事故），备用网络结构要确保信息畅通，提供可靠的安全后备。

侯瑞霞等[3]参照IEEE 1471 2000提出林业资源信息云服务架构设计元模型，进而借鉴架构模式中的层架构模式设计思想，规划了区域协同林业信息系统。刘亚秋等[14]分析了当前区域林业信息共享存在的问题，基于协同学原理对区域林业信息系统进行了研究，他们从海量数据挖掘与建模、海量数据自动存储管理、基于多维QoS的资源调度机制、大规模消息通信的技术方面总结出林业信息系统网络设计的方法。吴东亮等从信息技术的系统层面上引入基于LDAP目录服务元数据管理的数据网格和网格监控技术作为底层技术支持，将业务建模和协同平台作为其他应用系统的一种基础平台，进而得到全面评估的解决方案。Simonson W. D. 等[9]采用不同远程感知技术手段对植物种类、分布等参数进行建模，并在葡萄牙地区2000个林业站点进行实地数据测试。

服务质量QoS（Quality of Service）是任何应用的需求，林业信息服务平台尤其对QoS

提出了很高的要求，如森林火灾的应急处理、林区病虫害的监控。为此，李珺[16]针对林业信息共享中的一些相关问题，展开了云计算的应用研究。Subhendu Barat 等[17]在 WDM 网络中为了确保 QoS 针对组播方式，提出了新的网络连接方式；Tsung-Han Lei 等[18]基于事件的通知系统利用网络功能虚拟化，配合林业公安工作方式，构建了具有 QoS 保证的服务功能链和随机预测模型；Stula，M 等人[7]针对远程监控采用组播通信技术实现了森林火灾系统。为改善网络利用率，尽可能提高网络吞吐量，Rajesh Challa 等[19]在下一代网络中充分考虑了路由和流量的相互关系，提出一种新的路由算法 CentFlow，为林业信息系统的网络设计提供了新的思想。Jiajun Wu 等[20]综合考虑使用概率方式来处理缓存和随机分配带宽策略，推导出成功卸载概率闭式表达式，然后进行联合全局优化，较好地处理了异构网络中的多媒体呼叫的动态服务质量问题。

Jiyan Wu 等[20]针对高清视频数据具有高传输速率和严格的时延约束，并且无线网络带宽有限且容易出错等特征，在无线网络上使用 FEC（Forward Error Correction，前向纠错码）编码技术，构建了基于 TCP 实时视频通信分析模型，充分考虑 FEC 冗余适配和数据包大小调整的启发式解决方案，并采用优先帧选择方式，以最大限度地提高智能林业感知环境的多媒体实时视频质量；针对无线网段的数据传输方案，Jiyan Wu[21]等则是首先开发数学模型来分析无线网络中基于 TCP 的系统，模拟 Raptor（the Rapid Algorithmic Prototyping Tool for Ordered Reasoning，有序推理的快速算法原型工具）码的 HFR（high frame rate，高频率）视频通信的帧级失真状态，然后采用联合近似失真估计和 Raptor 编码自适应的解决方案，以确保总失真趋向最小化，以此来确保林业远程视频数据的传输质量。Deng Li - qiong[22]等针对传统通信网络训练手段单一，依托 HLA（High Level Architecture，高级体系结构）的架构从体系结构和功能设计出分布式通信网络仿真系统，该系统可支持实时通信信道仿真、网络仿真、电磁仿真和地理信息，并且基于 VRNET 建模机制给出了通信设备和通信网络的仿真结果。

毛炎新[23]从软件工程、系统论等原理和技术出发，研究全国林业资源信息服务体系结构的内涵与内容之间的关系。张丽莎从数据查找技术出发，研究了如何实现林业动态信息快速的搜索与集成。常原飞[24]等基于 SOA 架构将林业有害生物上报、查询和统计等管理功能封装为业务服务，将灾害预测预报模型封装为决策支持服务，并集成 WMS（Web Map Server，网络地图服务器）/WFS（Web Feature Server，网络功能服务器）空间信息服务，同时还研究了网络化数据的采集、传输、处理、分析、评价、发布与共享技术，并根据林业的有害生物灾害演变过程及要素提出了一种预警系统处理模型。

依照不同的体系结构建立起网络平台系统，在信息共享与协同服务的工作过程当中，必然会给各类人员（森林公安、救护人员、管理人员）、管理机构和林业信息系统厂商带来不同营运维护成本。在林业系统成本优化方面，Stula，M 等人[25]用回归分析开发了成本模型并通过实验数据分析森林火灾救援和成本之间的关系，并指出系统的复杂性主要来自基于多代理技术的不同环境信息的整合，该研究成果已开始在克罗地亚投入使用。Christian Fiegl[25]等提出的最优规划方法包含了所有交通工具，综合考虑随时加入的固定和动态两种类型的任务，而且也考虑了占用所有资源和仅占用部分资源的任务，如何减少应急救护过程的等待时间和费用，处理思路确实有借鉴参考价值。孙伟等[26]针对我国林业资源信息管理与服务质量目前存在和面临的主要问题，参照 SOA（Service-Oriented

Architecture，面向服务的架构）和 OGC（Open Geospatial Consortium，开放地理信息联盟）服务体系结构，设计林业资源信息云计算平台服务栈结构，分析了服务平台为业务应用系统建立提供服务的模式，并基于 FRI－C2SA（Cloud Computing Service Architecture of Forestry Resource Information，林业资源信息云计算服务体系结构）4 中 4 层服务结构的设计，研究服务平台注册库和目录组织方式，对林业资源信息云计算服务体系架构的内容和技术进行了原型设计；刘赟[16]采用 J2EE（ava 2 Platform Enterprise Edition，Java 2 平台企业版）软件架构体系和 ArcServer（软件名称）平台的林业位置服务系统，设计了林业位置服务系统的系统架构。Peter Bull 等[28,30]提出使用 SDN（Software Defined Network，软件定义网络）网关来作为物联网监控设备，动态控制物联网设备的网络流量状态，该网关可较好地检测异常行为并执行适当的及时响应（阻止、转发或应用服务质量）。Ladan Khoshnevisan 等[29]人针对原有物流信息系统灵活性差等一系列问题，利用网络服务技术，提出了一种基于 SOA 架构的企业应用设计流程和建模方法。

通过分析上面这些已有涉及体系结构方面的研究成果，我们发现现有的研究还存在着一些不足：

（1）现有林业网络设计或者 QoS 分析多基于通用的环境和结构，很少基于林业信息系统的特定需求研究给出相应的网络构架。只有充分考虑到林业信息系统的特殊性设计出来的网络才会节省成本，提高网络效率和服务质量。

（2）现有林业信息系统多基于传统方法构建，很少应用信息领域的新成果。

（3）现有林业信息系统的体系结构多采用单一集成模式，而没有考虑利用已有系统，现实表明宜根据具体情况采用多模式的集成方式。

（4）现有林业信息系统分析多基于虚拟的理论框架，很少用网络仿真软件来进行测试或是基于具体信息数据来构建实际模型，从而分析结果缺乏可靠性。

（5）已有成果在成本优化方面集中在救灾、救护支出，规划等方面的优化，直接研究救灾、救护经济成本与服务质量之间关系的少之又少，基本没有综合考虑到体系结构的建设、营运成本和资源最优配置问题。

因此，本部分将结合湖南省具体情况，采用多模式多标准进行系统集成的方法，研究不同网络结构对系统性能和服务质量的影响，并解决体系结构中的资源最优配置问题。

1.3 研究内容

本部分以云计算、构件技术、P2P、网络建模和优化等技术作为基本出发点，拟开发出能动态感知外部网络环境参数，并随着这种变化按照功能指标、性能指标和可信性指标等进行静态调整和动态演化的林业信息共享与协同服务平台的体系结构。研究构建林业信息共享与协同服务模型，实现系统的动态重构、服务对象唯一标识、联盟运作等。为支持多种数据存储模式及服务方式，实现各级林业信息系统之间的互联互通和信息充分共享，提供统一的理论技术框架。具体研究内容如下：

（1）基于领域工程①与云计算的全新区域林业信息共享与协同服务平台体系结构研究。针对目前林业信息机构的结构和区域特点，分析现有技术架构对区域林业信息共享与协同形成的制约，构建基于领域工程与云计算全新的区域林业信息共享与协同平台体系结构，对众多林业机构、异源异构、标准不一的区域林业网络资源进行无缝集成。

（2）针对机构众多、异源异构、标准不一的林业信息系统数据库的多模式多标准集成方法研究。针对区域林业云信息共享与协同服务平台特点，改进和完善基于国家和国际相关标准体系下的系统构架标准和规范，研究节点间同构/异构数据库的各种高效集成技术，真正实现动态重构、服务对象唯一标识、联盟运作，以期最终建立基于林业共享信息资源的、统一管理的、网络化、自动化、智能化平台系统。

（3）综合相似匹配、副本管理、优化路径查询等策略，基于结点能力和资源索引的 P2P 林业资源定位方法研究。通过网络仿真软件 Ns2（软件名称）、OPNET（软件名称）来构建模型，综合考虑基于管理域可扩展的资源发现策略和基于范围查询及多维查询的资源定位策略，研究以环境感知进行高效资源发现，并通过高效路由技术进行资源定位；基于领域本体知识来提高资源发现效率，尽量地缩小搜索范围（减少资源请求对路由器的访问次数、对资源信息数据库的查询次数），优化路径查询算法以提高资源搜索精确度；基于相似匹配和松弛的服务发布与发现策略，采用副本管理策略增强资源发现与定位效率，扩大资源的定位范围；在此基础上研究如何存储、分发、组织和管理、处理、分析和挖掘分布数据，建立一体化数据访问、存储、传输、管理与服务架构。

（4）针对不同网络结构与系统性能和服务质量的相互关系，基于高速网络及容错技术 QoS 资源最优配置研究。平台的建设资金是有限的，必须根据整个林业机构的地理位置、存储模式、服务模式、子系统成本等相关因素来合理配置资源，由于林业信息系统中数据的特殊性，针对不同信息流进行分类建模，构建平台网络流量模型，并将模型嵌入 Ns2 或 OPNET 中，针对系统的各个层次结构进行仿真测试，分析瞬间数据的峰值特性，明确网络带宽与传输 QoS 的关系。基于高速网络及容错技术采用新的服务选择算法，以获得资源最优配置的服务组合的 QoS。

1.4　拟解决的关键问题

1. 兼顾专有性和共享性的云计算部署模型的研究

省级林业机构信息化发展程度的不均衡性，及复杂多变的林业服务模式使得林业机构在加盟信息共享与服务平台之前，必须对云计算的部署模式所带来的安全性和数据专有性问题进行细致、谨慎的考虑。在如何高效利用云计算技术所具备低成本、高服务性能以及快速应对业务变化优点的前提下，消除各林业机构、林业服务对象、管理机构对安全和隐私问题的担忧，是采用云计算技术建立全新的区域林业信息共享与协同平台所必须面对和

① 领域工程（domain engineering）的主要目的是实现对特定领域中可复用成分的分析、生产和管理，也是软件复用的核心技术之一。

解决的关键问题。

2. 异构数据库集成技术

不同林业系统间甚至是同一林业机构中都不同程度地存在着大量异构的、来自多个厂商的设备、数据库、信息系统等，这给信息共享、协同服务的区域林业平台建设带来很大的难度。在异构数据库系统集成中要解决平台和网络的透明性、数据模型的转换、模式转换和集成、分布式事务管理等问题。解决异构数据库系统集成主要采用三种策略：公共编程界面、公共数据库网关和公共协议，其中采用公共协议是一种能较好解决异构数据库系统集成的方法。目前世界上很多科研人员和林业信息系统开发厂商制定了各种林业通信标准，作为不同林业信息系统集成的基础。然而，由于不同标准往往覆盖了林业信息系统的某个方面，如数据标准（LY/T 1662.3-2008）主要应用于林业卫星遥感影像领域，LY/T 2171-2013 主要应用于文本信息交换领域，而且各标准并不完全独立，它们互相之间存在着重复覆盖的现象，现在并不存在一个能作为集成依据的、全面的国家和国际标准。因此，进行异构林业信息系统集成标准的研究也不是一个简单的重复工作，而是需要根据各地实际情况，灵活地架构，创造性地设计出性能最优的集成方案。

3. 林业信息资源的发现与定位，网络性能分析与优化

资源发现与定位机制关系到广域分布式环境中资源共享和协同工作效率，如何能以较小的开销取得满意的资源定位性能，适应林业资源动态变化的特性，解决资源发现过程中的负载平衡问题是保证有效利用信息资源的重要前提；基于普通 TCP/IP 的构建模式已经有比较成熟的方案，但林业机构信息流与其他应用服务信息流性质不太相同，即整个信息服务平台内既存在大量的林业政务数据流，也存在大量的卫星遥感影像数据和远程林业中的视频信息数据流，这为保证服务质量 QoS 带来了巨大的复杂性。这个问题的解决与否关系到是否能实现信息充分共享，严重影响项目的最终应用效果。如林业政务信息传输过程要求准确无误，否则会影响政策的上传下达；远程林业视频信息对延迟、丢包非常敏感，尤其是对林业灾害应该保证其视频的流畅性和准确性；林业图像和视频传输短时期内可能会产生大量数据，其流量峰值可能会对其他网络服务产生巨大影响。另外，平台的建设资金是有限的，如何根据整个林业机构的地理位置、存储模式、服务模式、子系统成本等相关因素来合理配置资源，如何综合考虑网络性能、现代先进网络技术、经济成本估算以实现资源优化配置是一个需要重点研究的问题。

1.5 研究的组织结构

本研究共分为 6 章，各章节安排如下：

第 1 章为绪论。首先简要介绍了相关的背景，论述了本研究的研究内容和目标，最后对本研究拟解决的问题和组织结构进行了概述。

第 2 章为面向服务的互联网体系结构。由于计算机互联网本身是由多个网络或多个自治系统构成的一个复杂的大系统，网络各节点或各自治系统间存在复杂的相互影响和制约关系，尤其是引入 QoS 要求之后，要求高效率地利用网络资源使得系统的性能分析和控制十分复杂，以至基于整个系统的严格分析事实上不可能实现。本章主要阐述了区域信息共享与协同服务平台体系结构的性能特征以及当前的发展现状；提出破解现有技术架构的制约的基本策略，提出支持多种数据存储及服务模式的新型区域林业云信息共享与协同服务平台体系结构的构建方法，给出了系统性网络体系结构的理论分析和研究方法，将为我国林业信息化建设提供必要的理论依据和技术支撑。

第 3 章为高速网格管理与流量控制。利用大系统理论的分析方法，研究如何对大规模网络进行层次分割，在分布管理的环境下，采用分解协调的方法对包括虚通路的建立、网络带宽动态分配和流量控制等进行计算，实现对大型网络资源的优化分配。因为 TCP/IP 体系结构已经无法满足互联网持续发展的需求，在可扩展性、动态性以及安全可控性等方面呈现出无法解决的问题；以服务标识为核心进行路由，将互联网设计为集传输、存储和计算功能于一体的服务池。以面向服务为核心设计理念，在体系结构和核心机理层面进行有针对性的研究，解决互联网面临的可扩展性、动态性、安全可控性等问题。

在区域林业云信息共享与协同服务网格中，即使在同一个域中，每个节点上信息的共享范围也是不一样的，例如，区域林业云信息共享与协同服务，通常会有一部分需要上报给自己的管理机构，当一个节点属于多个虚拟域时，上报给不同管理机构（可以映射为域控制器）的信息范围是不同的，在这种情况下，可以对信息进行分类并结合相关网格节点的身份类别分别授权，从而有效控制信息的共享范围与访问权限。特此，研究了无线传感网络中 TCP 协议的公平性，并且基于无线传感网络的特点设计了一个拓展 DCCP 拥塞控制算法，该协议是将 DCCP 拓展为具备拥塞控制组件的协议，通过实验验证了本章中提出 DCCP 算法的公平性，并且具备良好的数据传输性能。

第 4 章为构建区域林业信息共享与协同服务平台。随着我国工业 4.0、智能制造 2025、“互联网+”和生态重建等国家战略实施，环境与生态智能监测云平台应用领域将不断扩展，市场前景愈来愈广阔。区域林业信息共享与协同服务云平台的建设是一个复杂的系统工程，涉及传感器、计算机、物联网、互联网、移动网、先进通信、大数据、云计算、人工智能、GIS 与 GPS 及 GPRS、视频图像深度分析、3D 建模与虚拟等众多技术的综合开发与应用。平台建设从用户价值出发，提供多样化、广泛的接入移植服务，为用户构建个性化增值服务，创新生产、经营和管理模式，促进相关行业的高效高质发展。

第 5 章为林业资源定位方法研究。资源发现与定位机制关系到广域分布式环境中资源共享和协同工作效率，如何能以较小的开销取得满意的资源定位性能，适应林业资源动态变化的特性，解决资源发现过程中的负载平衡问题是保证有效利用信息资源的重要前提；基于普通 TCP/IP 的构建模式已经有比较成熟的方案，但林业机构信息流与其他应用服务信息流性质不太相同，即整个信息服务平台内既存在大量的林业政务数据流，也存在大量的卫星遥感影像数据和远程林业中的视频信息数据流，这为保证服务质量 QoS 带来了巨大的复杂性。

本章采用本体技术和约束理论对时空数据及时空变化的统一表示、查询等问题进行了深入探索，通过时空本体建立时空数据及时空变化的统一语义建模，并采用约束理论解决连续时空变化的建模问题，从而构造可以完备描述和查询时空数据与时空变化的统一时空数据模型。同时以对象关系数据库和中间件技术为基础，深入探讨时空数据库的实现结构、查询处理等问题，解决统一时空数据模型的实现问题。本章提出了一种新的森林火灾监测方法，即利用无线传感器网络中的数据聚合技术。该方法能够在消耗无线传感网络能源的同时，有效地预言和控制森林火灾，通过深入的理论分析和大量的实验表明新的数据库在实现、查询处理等方面性能优越。

第 6 章为总结与展望。对研究工作进行了总结，展望了未来的发展方向，并分析了今后有待继续深入研究的问题。

第 2 章　面向服务的互联网体系结构

现行互联网是基于 TCP/IP 体系结构建立的，其假设用户和终端是可信和智能的，网络本身仅仅需要提供尽力而为的数据包转发服务，这种理念符合最初以主机互联和资源共享为主要目标的互联网设计需求。随着应用及计算模式的日益丰富及社会对互联网依赖程度的增强，互联网接入方式和网络功能定位发生了巨大的改变，TCP/IP 体系结构已经无法满足互联网持续发展的需求，在可扩展性、动态性以及安全可控性等方面呈现出无法解决的问题。为了从根本上解决上述问题，适应互联网未来持续发展的需求，需要设计新的互联网体系结构并研究相关关键机理。本项目中，新的体系结构的设计主要考虑下面两个因素。

1. 转变互联网设计理念：从传输通道到服务池

在互联网设计之初，用户主要关注与特定位置的其他用户实现互联，按照该场景设计的 TCP/IP 体系结构能够很好地满足这种需求。而如今，互联网应用范围已经远远超越了互联网设计初衷，成为当前信息社会的重要基础设施之一。用户更关注的是服务本身，如信息搜索、内容分享、云计算服务等，而不再特别关注服务提供者的位置。从这一设计理念来说未来的互联网有理由被看作是服务池，而不是简单的数据传输通道。

2. 硬件技术进步：新的互联网设计理念的支撑技术

硬件技术按照摩尔定律快速发展，计算和存储价格也以近乎直线的速度下降。研究报告指出过去 25 年每字节的存储价格以每周 3%的速度下降。恰恰相反，长距离传输的价格却几乎保持不变，而且高于存储的价格。[38]这种变化促使我们考虑用存储和计算来换取带宽，即在网络中增加存储和计算功能，从而把纷繁复杂的服务推向距离用户更近的位置，提升互联网服务的性能，提高用户的服务质量。

综上，本项目旨在研究面向服务的互联网体系结构，服务可以理解为“数据”和“处理”的结合体，其中“处理”包含对数据的计算和存储。该体系结构的基本理念是以服务驱动路由，增加网络侧的智能使得互联网成为集传输、存储和计算为一体的服务池。

2.1　面临的科学问题

（1）科学问题之一：传输和服务的动态复杂耦合问题

本科学问题旨在解决如何在网络中增加智能，使之成为支持计算、存储和传输功能的服务池的问题，其中的关键问题包括：

——服务命名和统一标识理论

借鉴网络分层模型，探索位置无关的、层次化服务命名体系和统一标识理论。

——设备的虚拟化智能化机理

传输和服务的耦合需要基于路由设备来实现，包括路由设备如何存储服务内容，如何感知用户服务需求，如何基于服务内容进行路由决策等。

——服务能力共享方法

服务能力共享解决服务来源多样化的问题，包括网络如何获取和管理服务资源，如何根据服务性能最大化需求选择合适的服务提供方式满足用户需求，如何设计基于协作的分布式服务存储机制并实现服务在不同节点之间的动态迁移等。

（2）科学问题之二：海量差异化服务透明映射问题

本科学问题旨在解决三层模型中细腰层对上层的支持以及这两个层次之间的高效交互问题，其中的关键问题包括：

——服务描述模型

实现差异化服务的统一透明映射，首先需要解决服务描述问题，包括如何从元建模的角度研究统一的服务属性描述元模型，如何界定服务与具体应用之间的关系，如何使得服务属性模型具有可扩展性以适应未来业务创新的需求，如何确保服务的安全与可信。

——服务标识统一映射方法

在服务属性模型细致刻画服务的基础上，研究基于不确定信息的服务属性模型到服务统一标识的透明映射理论和方法，包括服务标识的分层结构设计、属性的标识映射方法等。

（3）科学问题之三：可扩展服务路由与高效传输问题

本科学问题旨在解决三层模型中细腰层对下层的覆盖及这两个层次之间的高效交互问题，其中的关键问题包括：

——服务路由机理

与地址或者内容不同，服务具有更加丰富的属性，而且属性是动态的，需要根据服务的多维属性动态选择路由。研究服务属性的感知机理、服务属性标识到服务位置的映射方法以及自适应路由选择。

——网络高效互联与智能传输机理

网络的高效互联与智能传输是提升海量用户服务请求映射效率的重要措施，包括如何利用节点的存储和计算能力提升网络的传输性能，如何设计符合数据中心网络特征和流量统计分布特性的流量控制策略。

——网络科学模型

准确的网络科学模型是研究海量服务高效传输的前提和基础，包括未来复杂网络环境下的用户行为模型、服务行为模型、网络业务流量模型、网络拓扑模型等。

2.2 研究工作思路

针对以上三个关键科学问题，在未来互联网体系结构及相关机理研究方面，本项目拟开展五个方面的研究（研究内容和关键科学问题的关系如图 2-1 所示）：

——面向服务的体系结构层次模型及理论、评估及验证方法

——服务标识及迁移机理

——高效路由与智能传输机理

——安全与可信机理

——网络科学模型

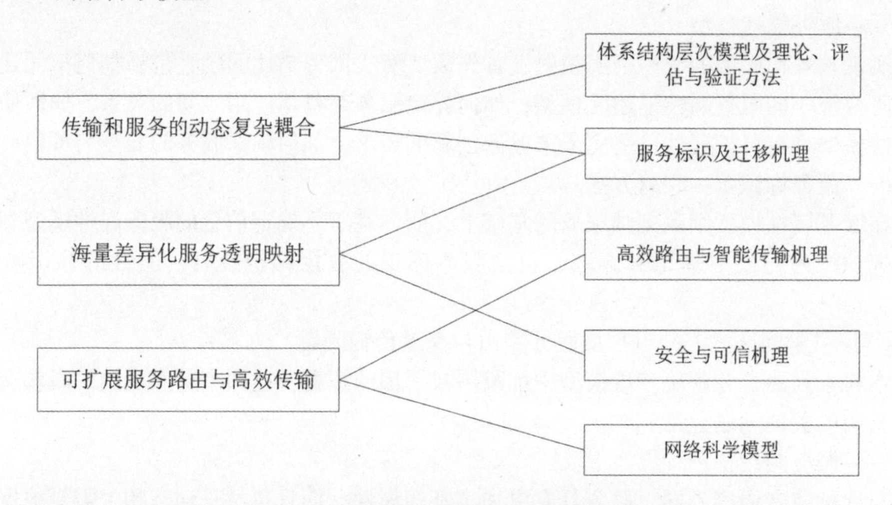

图 2-1 研究内容与关键科学问题之间的关系

1. 体系结构层次模型及理论、评估与验证方法

充分分析互联网现状、需求以及未来互联网的发展趋势，探索以服务为中心的未来互联网体系结构，研究基于海量数据的大规模互联网生长机理，研究服务驱动的路由机制，研究网络虚拟化和可编程关键技术，设计支持可编程、虚拟化的未来互联网路由节点模型。创建未来互联网实验环境，为体系结构及相关机理的研究、设备原型研发提供评估和验证环境，研究未来互联网的性能评估方法，设计性能评价指标体系，验证基于本项目成果建设的未来互联网的功能和性能。

2. 服务标识及迁移机理

针对纷繁复杂的网络服务，研究服务的描述及统一标识理论，探索位置无关的、层次化的、可扩展的服务命名体系；根据用户及网络行为，研究环境上下文敏感的服务动态迁移方法及大规模复杂服务的本地化自适应运行机制；针对由于服务迁移造成的多服务副本分散运行情况，研究服务的一致性管理和自动维护方法；从服务可靠性的角度，研究服务

隔离模型以及路由节点多服务多租户的运行方法。

3. 高效路由与智能传输机理

针对未来互联网面临的提供复杂服务与传输海量信息等需求，研究面向服务和信息的高效路由与智能传输机理，重点解决可扩展服务路由协议、海量信息转发与分布式存储、面向服务的智能传输控制、服务与网络环境的感知技术以及网络虚拟化技术等关键问题，实现对超大规模服务及海量信息的高效支持，提高网络路由和传输的性能和效率。

4. 安全与可信机理

针对以服务为中心的未来互联网体系结构的安全与可信问题，从未来互联网安全架构、互联网访问控制机制、服务安全性的自包含验证机制、服务定位的安全保障机制、服务迁移的安全保障机制、在线监控和网络恢复机制等多个方面展开研究，在网络体系结构中内嵌服务验证、访问控制、监控审计、隐私保护等基础安全功能，为构建安全可信和可控可管的未来互联网奠定基础。

5. 网络科学模型

通过研究用户主体特征等基本要素，挖掘用户的业务使用偏好，刻画未来互联网用户行为模型。针对典型服务，刻画网络服务行为的静态和动态特征，构建未来互联网服务行为模型。研究业务感知的流量建模及识别方法，构建未来互联网网络业务流量模型。通过对大规模网络的采样，刻画未来互联网网络拓扑模型。研究未来互联网组织治理与运行机制，建立组织激励及互动博弈模型并提出可持续性生态链发展机制。研究未来互联网对社会经济活动的影响。

2.3　建立SOIA的目标

（1）统一信息转换模式，建立服务对象唯一标识机制。统一采用符合国家和国际标准（如LY/T 1662.3-2008、LY/T 2171-2013）来建立新的林业机构信息系统，对已有不符合标准的系统采用网关来建立系统与林业机构间的接口，以实现对区域林业信息执行收集、处理和传输；整合区域内林业机构原有信息系统，建立服务对象唯一标识机制，基于林业系统建立通用的区域林业信息共享与协同服务技术平台，使其具备区域集成的条件。

（2）部署柔性、灵活，形成整体联盟运作模式。林业信息存储服务器存在于各种各样的不同林业机构，形成明显的内网与外网；联盟式方式支持平台柔性部署，各林业机构只需要以联盟方式加入平台即可进行信息管理与互联。平台提供各类人员（森林公安、救护人员、管理人员）的统一安全权限认证，由林业信息管理中心提供统一认证平台，并提供信息管理的技术支持，形成整体联盟的系统运作模式。

（3）建立可扩展的平台体系结构。针对高带宽需求业务将采用国际先进高速网络通信和容错技术，建立高速、高容错、高服务质量、高性价比、高效集成的网络平台，其体系结构要满足不同应用的多种带宽、不同层次服务质量QoS的需求，平台的可扩展性主要包括业务的可扩展与系统软件的可扩展。平台能够对业务流程进行扩展，对LY/T

1662. 3-2008、LY/T 2171-2013 等国家和国际标准升级，并进行相应扩展，综合采用技术的先进性与适用性来构建具备可扩展性的平台，降低平台对支撑软件的依赖性，可更好地实现跨操作系统、跨数据库系统等应用服务。

2.4 构建面向服务的 SOIA

构建面向服务的互联网体系结构 SOIA（Service-Orientated Internet Architecture），并探索相关核心机理。SOIA 的基本思想是以服务标识为核心进行路由，将互联网设计为集传输、存储和计算功能于一体的服务池。与基于 TCP/IP 体系结构的互联网相比，基于 SOIA 体系结构的互联网具有更多的智能，终端仅需要表达服务需求，网络会自动完成服务定位、传输及资源动态调度等功能为用户提供服务，这种设计理念适应了互联网终端异构化的现实需求。SOIA 体系结构是一种革命型（clean-slate）体系结构设计思路，将充分借鉴 TCP/IP 体系结构的优点和成功经验，以面向服务为核心设计理念，在体系结构和核心机理层面进行有针对性的研究，解决互联网面临的可扩展性、动态性、安全可控性等问题。

在 SOIA 体系结构中，以服务标识作为沙漏模型的细腰，并以服务标识驱动路由和数据传输。服务是由一组多维度属性标识，即 Service = $F(p_1, p_2, p_3, \cdots, p_i)$，其中 p_i 是服务的第 i 个属性。属性可以是静态的，如文件名、作者等，也可以是动态可调整的，如服务的优先级等。服务标识是服务的逻辑描述，与之对应的是服务的位置。服务标识和地址的映射信息在服务启动时注册到互联网上，注册信息由路由器分布式保存（如基于分布式哈希表）。标识和位置分离的思想有助于物理地址的聚合，解决互联网核心路由器路由表膨胀的问题，也有助于对移动计算的高效支持。在服务迁移时，服务位置将发生变化，但服务标识并不会发生改变，以服务标识为驱动的路由对上层屏蔽了地址的变化，保障了服务的连续。

服务请求以服务标识驱动，根据网络中保存的注册信息实现标识到地址的映射，从而实现服务的定位。映射和定位操作均由网络完成，减轻了终端的负载，适应了终端异构化、弱智能化等趋势。如果服务在本地网络，服务请求也可由服务标识直接定位，无须进行地址映射等操作。

SOIA 互联网是集传输、存储和计算的服务池。路由节点除具有传统的路由查找、数据包转发等功能外，还具有存储和计算功能。路由节点缓存那些经常被访问的静态数据服务（如流行的音视频等），而计算功能使得服务迁移到路由节点成为可能。存储和计算功能增强了网络的智能，解决了流量激增带来的互联网扩展性问题，提高了用户服务质量。存储从另一方面提供了数据包的存储转发功能，解决了 DTN（Delay Tolerant Network）网络、物联网等接入问题。路由节点存储采用网络编码技术对存储空间和传输效率进行优化利用，而服务迁移采用轻量级虚拟机技术在路由节点上实现服务隔离和动态迁移。

SOIA 网络提供网络虚拟化功能，利用组合优化基本理论形成虚拟网络到物理网络的近似最优化映射。不同的虚拟网络拥有不同的资源，可根据需要承载不同的服务，满足服务多样性的需求。SOIA 根据服务的需求和网络状态，实时感知用户行为、服务分布以及网络拓扑、网络流量等网络资源状态，动态调整网络资源，实现服务质量和网络资源的可管控。服务的需求由服务标识中的某些属性表示，网络状态由路由节点中的性能监测功能提供。

SOIA 体系结构提供内在的安全机制，采用认证鉴权机制①确保只有合法的服务提供者和服务请求者才可以访问网络，设计一系列安全机制确保服务注册、服务迁移、服务查询、服务获取等各个环节都处于安全可控的状态。SOIA 从体系结构、路由、存储、计算、传输各个层面系统地提出未来网络安全性设计机理，保证未来互联网传输通道、基础设施与应用的安全与可信。

SOIA 体系结构将在由可编程虚拟化路由器搭建的试验床上验证和评估。可编程虚拟化路由器结合硬件高速处理和软件灵活编程的特性，具有可编程、虚拟化和高性能特点。不同的网络协议灵活实现，且可以互相独立的运行，为多种协议、多种体系结构的并发运行和验证提供了基础。

基于上述对 SOIA 体系结构基本设计思路和技术特征的分析，本项目具体的技术路线如图 2-2 所示，从要素把握出发，研究核心机理，最后通过试验床进行验证。要素把握主要关注网络行为科学模型，而核心机理从体系结构、服务标识与迁移、互联与传输、安全与可信四个方面展开深入研究，最后试验评估借助可编程虚拟化路由器搭建试验床，开展性能评估。

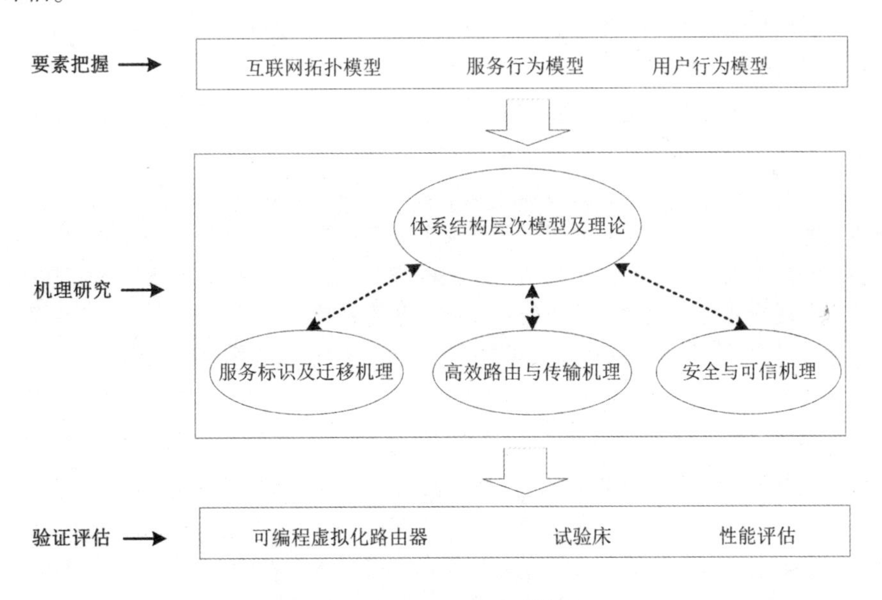

图 2-2　构建 SOIA 技术路线图

① 鉴权（authentication）是指验证用户是否拥有访问系统的权利，目前的主流鉴权方式是利用认证授权来验证数字签名的正确与否。

2.4.1 实施策略

根据项目的总体技术路线和主要研究内容，计划采取以下技术途径设计互联网体系结构并研究相关机理。

1. 体系结构层次模型及理论

借鉴 TCP/IP 体系结构的成功经验，遵循沙漏分层模型，构建以服务为中心的互联网体系结构模型，定义各层功能和上下层接口。应用系统论等基础理论和方法，分析互联网体系结构模型的扩展性和生存性等性能。根据服务属性及网络状态的变化，自适应地进行服务与网络资源最优映射，形成服务感知的路由机制。基于并行多核及虚拟机技术，研究可编程及虚拟化方法，设计支持互联网体系结构的节点模型，为未来互联网的实现和部署奠定基础。

2. 体系结构评估与验证方法

利用可编程虚拟化路由器等网络设备构成未来互联网骨干实验网络，利用虚拟化技术实现物理网络的软硬件资源复用，提供支持不同网络协议的资源切片的逻辑隔离。建立适应高速率、大规模网络环境的面向服务与业务感知的网络动态行为测量模型，研究性能评估算法与实现技术，依据用户行为和业务描述参数等建立评价体系。设计典型业务模式验证本项目所形成的新型体系结构及相关机理与传统互联网相比所具备的可扩展性、动态性及安全可控性特征。

3. 服务标识与迁移机理

以服务对网络的需求和网络对服务的约束为出发点，以网络与服务融合运行为主线，研究未来互联网服务特征及服务融合运行方法。在服务描述方面，分析未来互联网服务的共性特征与个性化特征，建立服务描述元模型；并在服务描述元模型的基础上，应用信息编码和最优化理论设计可变长的统一服务命名体系。在服务迁移方面，采用上下文感知和基于事件的分布式服务协同方法，实时反应服务系统的拓扑动态性、服务事件的交互性与演化性，实现服务与本地运行环境的自适应。在服务隔离方面，采用多层次多租户隔离方法以及合作博弈模型，建立基于 PI 演算与时态逻辑的多隔离措施相互配合的机制。

4. 高效路由与智能传输机理

传统网络提供“通信”资源，传统计算机提供“计算”和“存储”资源。基于服务和信息的路由与传输将以服务和信息为中心，统一“计算、存储和通信”资源，提供多源到多目的的通信模型，将现有的面向地址的路由与传输转变为面向服务和信息的路由与传输，网络结点具有分布式信息缓存的功能，采用网络编码技术对存储空间和传输效率进行优化，全面实时感知用户行为、服务分布以及网络拓扑、网络流量等网络资源状态，为设计高效的路由和传输机制提供参考，设计网络虚拟化方案，满足虚拟机和服务实时迁移的需求。

5. 安全与可信机理

针对以服务为中心的互联网体系结构的安全与可信问题，从未来互联网安全架构、服务的自包含验证、服务管理及维护的安全保障、服务恢复和可生存性等方面展开研究，综合采用接入认证、动态信任管理、服务行为监控等技术，使未来互联网具备内建安全特性，即安全机制与网络及服务的功能和其他属性完全融合，在网络体系结构中内建服务验证、访问控制、监控审计、隐私保护等基础安全功能，提供服务和数据内容级的安全与可信系统性解决方案。

6. 网络科学模型

基于复杂网络、社会计算等理论，利用业务流监测等方法分析用户行为，构建未来互联网用户行为模型。通过对典型网络服务流的连续监测和采样，采用数据挖掘、神经网络等方法，构建未来互联网服务行为模型。利用多核并行化技术，结合可扩展业务流识别等方法，构建未来互联网网络业务流量模型。通过对大规模互联网拓扑进行采样，利用线性代数基本理论，基于图论方法构建未来互联网网络拓扑模型。基于产业组织、产业生态系统、交易成本、复杂系统动力学等理论，研究未来互联网组织治理与运行机制。基于系统论、经济学、复杂网络、制度经济学等理论，运用复杂分析方法、CGE 模型、现代计量方法等工具，研究未来互联网对社会经济系统的影响。

2. 4. 2　实施方案

由于没有共享的研发标准，数据结构、开发工具、运行环境、数据库类型都不一致，从而导致林业信息资源利用率不高，存在大量的信息孤岛；目前面临异源异构、标准不一的各种系统，不同林业系统间，甚至是同一林业机构中都不同程度地存在着大量异构的、来自多个厂商的设备、数据库、信息系统等，要实现整个平台系统的信息共享与协同服务的无缝集成。

为了克服传统区域林业信息共享与协同服务平台的缺点，实现资源最优配置，统一信息转换模式，建立服务对象唯一标识机制，柔性、灵活地部署平台，形成整体联盟运作模式，获得可扩展的体系结构，为最终设计出针对性强、性价比高的平台网络系统提供必要的理论依据和技术支撑，本研究提出全新的软硬件体系结构。其软件体系结构从功能上分为：资源管理层、技术支撑层、业务组装层和功能展示层四个层次。

功能展示层中包括林业服务、决策服务和信息服务三个部分，林业服务平台实现对林业对象的服务，信息服务平台提供各类林业信息服务，决策服务平台提供各类林业服务对象、预测结果的分析与追踪，林业信息资源的融合、挖掘与分析，为林业资源管理与决策提供支持。

业务组装层主要为区域林业信息共享与协同服务业务支撑平台，利用可复用的领域构件及工作流技术，实现面向任务、流程可视化配置的业务动态组装。

技术支撑层即区域林业信息共享与协同服务技术支撑平台，提供对整个协同服务系统平台的底层支持，如身份认证、联盟管理、信息安全、网络安全、数据交换、林业信息资源挖掘与融合、信息标准管理等。

资源管理层实施对林业信息资源的管理，内容主要包括用户信息数据与支撑标准集（国内外林业信息系统标准）、林业服务对象（如林业公安等）信息。

本研究采用公有云、私有云、地区云的混合云技术部署模型，云计算资源池能够针对不同用户需求灵活部署，可以提供统一的存储服务和计算服务，兼有专有性和共享性的优点。各用户（林业机构、管理部门、林业服务对象等）通过多标准网关接入业务引擎，获取与各自权限相匹配的服务。

1. 基于混合云的云计算部署模型研究

综合分析平台中专用性、共享性之间的矛盾，把公有云、私有云、地区云结合在一起，采用混合云部署模型，提出基于工作负载波动的自适应神经网络学习调整私有云、地区云的资源动态分配算法，当工作负荷快速波动发生时，维持正常服务水平；为提高数据安全性，用私有云处理专有性数据存储与访问，减少不必要的数据传输；正确处理资源和数据间的关系，充分发挥混合云部署模型的灵活性，使数据和应用程序在云间具有可移植性，以确保整个系统在尽可能短的时间内快速达到各种云间的负载均衡，减少资源浪费。

2. 基于多模式多标准的异构数据库集成

改进和完善基于国家和国际相关标准体系下的系统架构标准和规范，并基于这些标准和规范以传输最小数据量规则定义有效查询和数据集成策略，减少数据集成时间。针对省级林业服务信息水平发展不平衡的现状，拟采用多种信息交换方式共存的架构方法，即对同构系统间的数据交换采用非标准模式以避免系统重新开发带来的资源浪费，减少不必要的数据解析和转换导致的计算负荷和通信延时。这种方法遵循经济性和实用性原则，在满足异构系统集成要求的基础上可降低整个体系结构的成本。

3. 基于 P2P 技术研究林业信息资源发现与定位

采用 P2P 技术，充分利用平台内的分布资源；在 P2P 框架下分领域管理数据资源，基于领域本体知识来提高资源发现效率；尽量地缩小搜索范围（减少资源请求对路由器的访问次数、对资源信息数据库的查询次数），优化路径查询算法以提高资源搜索精确度；基于相似匹配和松弛的服务发布与发现策略，采用副本管理策略增强资源发现与定位效率，扩大资源的定位范围；利用基于分布的数据挖掘策略以提高数据分析与处理的效率。

4. 基于流量模型研究高速网络及容错技术以提高 QoS 实现资源最优配置

研究表明网络性能与网络流量特性紧密相关，本研究拟根据林业信息系统中数据的特殊性，针对不同信息流进行分类建模，构建平台网络流量模型，并将模型嵌入 Ns2 或 OPNET 中，针对系统的各个层次结构进行仿真测试，分析瞬间数据的峰值特性，明确网络带宽与传输 QoS 的关系。拟采用分布式拥塞控制算法构建高速网络，综合可扩展性编码、错误恢复、前向纠错等技术增加安全性和冗余度以提高系统的可靠性。

由于先进网络技术成本较高，本研究将综合考虑经济成本与服务质量应用对成本和服务质量 QoS 的特定需求；构建经济成本约束和时延、抖动、丢包率等服务质量指标集，解决包含整数和非整数的混合线性优化问题，充分利用高性能计算平台来求解此大规模线性优化问题。

第 3 章　高速网格管理与流量控制

3.1　高速网格管理与流量控制

随着宽带综合数字网络的发展，传统的电信网、数据通信网和计算机网正在逐步融为一体，一方面为网络的广泛应用带来巨大的前景，另一方面也为网络带宽等资源分配和拥塞控制等提出了许多新的研究课题。在高速宽带网络中，定义了具有不同传输优先度的 CBR（Constants Bit Rate，固定码率）、rt-VBR（real time-Variable Bit Rate，实时可变比特率）、nrt-VBR（non real time-Variable Bit Rate，非实时可变比特率）、ABR（Available Bit Rate，可用比特率）和 UBR（Unspecified Bit Rate，未指定比特速率）等业务，在基于统计复用和包交换的环境下，高效率地利用网络的资源和保证实时业务的传输服务质量（QoS）往往是一对矛盾，在大型高速网络的环境下，如何对穿越多个网络系统的网络资源进行有效的调配，还有许多尚待解决的问题，

计算机互联网本身是由多个网络或多个自治系统构成的一个复杂的大系统，网络各节点或各自治系统间存在复杂的相互影响和制约关系，尤其是引入 QoS 要求之后，要求高效率地利用网络资源使得系统的性能分析和控制十分复杂，以至基于整个系统的严格分析事实上不可能实现。目前，在互联网中把各种子系统划分成一个个自治系统做分布式的网络管理，在 ATM（Asynchronous Transfer Mode，异步传输模式）论坛的 PNNI（Private Network-to-Network Interface，专用网间接口）协议中把一个大型的网络分解成若干层、若干个组的选路方法，实际已经无形中引入了大系统的处理方法。本研究将从大系统分析的理论高度对高速网络业务管理和流量控制进行研究，寻求对网络资源调度和分配的最优化。目前本研究所提出有关分析和研究方法在国内外还鲜有报道，本研究可望对大型高速网络的分布式动态管理提出有一定指导意义的理论结果，对高速网络技术的完善、发展和实用化具有十分现实的意义。

3. 1. 1　目前存在的问题

（1）对多种业务在网络中同时传输时的带宽的分配、所需的缓冲的大小等有关的研究往往局限于个别结点，在端到端传输过程中各网络结点或自治系统间应如何协调等有关研究还非常有限。

（2）每一种业务的传输特性往往孤立地进行研究，例如，研究 ABR 业务对反馈控制

时没有或很少考虑信道可用带宽随其他更高级别业务所需带宽变化的影响。

(3) 目前主要的研究方法和结果大都来自排队论，一般只能得到稳态解或数值解，难以反映网络瞬态特性。

(4) 实时业务，尤其是交互式的实时业务的传输要求在保证传输带宽的同时确定传输的延时上限，目前可对延时上限做定量分析的所谓“确定型（deterministic）”法难以分析信道的带宽利用率。另外，降低包实时调度运算的复杂性还有待研究。

(5) 目前，互联网的应用范围不断扩大，其标准化组织 IETF 相应地制定了不少支持实时业务传输的协议或协议草案，如 IntServ（Integrated Services，综合服务）和 DiffServ（Differentiated Services，区分服务）等有关标准。这些协议往往只是一些类似信令系统结构的规范，具体如何高效率地实现还有待人们深入研究。对通信网络的流量控制的研究国内外有两大课题：一是集中于单个端到端的传输控制问题，另一个则是着眼全局的性能分析。前一问题的研究已有许多成果发表，在复杂的大型计算机网络中已经很难获得进一步大的突破。而进行后一方面研究的已发表的成果还很少，而专门针对大型网络的研究就更少。通过对近五年国内外主要刊物的检索，专门针对大型通信网络的流量传输问题的研究只有两篇文献，一是希腊的 Logothetis 等人的研究，二是上海交大韩兵等人所做的工作。前者将分散控制的思想用于 VP（virtual path，虚通道）带宽的优化分配，而后者则用分散控制方法对 ATM 网 VP 资源调度问题做了研究。与严格的最优解相比，它们的最大误差均在 20%以上。这体现了简单的分散优化方法的局限性及寻求更精确方法的必要性。

3.1.2 工作思路和目标

将大系统分析的基本原理和现代信号处理理论用于高速网络多种业务的管理、业务量变换预测、流量控制和性能分析，并对有关网络流量和带宽调节控制的算法、包调度策略等进行计算机模拟。

利用大系统理论的分析方法，对大规模网络进行层次分割，在分布管理的环境下，采用分解协调的方法，对包括虚通路的建立、网络带宽动态分配和流量控制等进行计算，实现对大型网络资源的综合优化分配。将多目标优化算法应用于高速网络的业务管理和流量控制，以保证在网络中多种业务并存的环境下，在保证实时业务传输的同时，使网络的资源获得高效率的利用。研究基于 VBR 业务带宽预测的带宽分配算法及高效率的保证服务质量的包调度算法。

根据高速网络各交换节点或自治系统间对流量相互制约和分散控制的特点，采用动态大系统中有关分散控制的方法确定各节点间带宽等资源分配和流量控制的有关参数和调节机制，解决包括带反馈控制的多节点网络中系统的稳定性及传输性能综合最优等问题，确定优化后系统端到端传输的有关延时上限、信元丢失率等性能参数。由于对大型计算机网络不可能实现集中控制，因此关键是如何将现有大系统理论中分散控制可靠性高、简单和局部控制效果好的优点数据流量等参数动态控制，将大系统理论中的多目标优化方法应用到高速网络的分析研究之中，在保证用户服务的 QoS 的基础上寻求获得最佳网络性能的方法。

根据网络业务统计上具有自相似性、VBR 业务带宽变化具有一定相关性等特性，在现有的线性和非线性预测理论研究的基础上，分析研究业务流变化的特点及有关的预测方法，解决在保证实时业务特点的延时上限、包出错及丢失概率等前提下的网络资源合理分配和最佳利用等问题，其中关键是如何根据不同的信元模型及特性合理选择预测方法及分析预测误差，寻找能保证业务传输 QoS 的调度策略。

研究工作的主要目标就是能够实现：采用大系统理论分析大型高速网络性能，并得到一种基于分散控制和多目标决策及优化的方法；研究高速网络中多种业务混合传输时的有关特性，采用线性和非线性预测理论的方法对 VBR 业务带宽的变化特性进行预测，寻求一种较小实现代价的满足各类业务预定 QoS 要求的分布式网络资源动态管理和分配的方法。

3.2 网格数据模型及关键技术

由于缺乏一个高效、可靠的区域林业云信息共享与协同服务网络共享支撑环境，没有形成一个统一的林业云信息共享与协同服务平台，地理上广泛分布的各级林业管理机构缺乏有效手段对各类区域林业云信息共享与协同服务资源进行整合集成，消除信息孤岛。本项目拟基于 Globus、P2P 等技术，研究建立区域林业云信息共享与协同服务网格模型，实现系统的全局命名、统一数据访问、单一登录，建立起统一的区域林业云信息共享与协同服务系统，对外提供统一访问接口供各部门查询、分析和利用区域林业云信息共享与协同服务资源，为实现各级区域林业云信息共享与协同服务库间的互联互通和信息充分共享提供统一的理论技术框架。研究内容主要涉及：数据访问、数据副本管理、元数据管理、数据安全、查询优化、资源调度和管理等。本项目拟解决的关键问题包括：虚拟域模型的建立以及支持网格任务调度、数据共享的问题；多网格节点间同构/异构数据的双向复制同步机制问题；异构数据库动态集成。

1. 研究工作依据

目前我国实行以信息共享与协同服务为主的林业信息网络平台，[1]为便于信息共享与协同服务，国家及各省（自治区及直辖市）均设立了各级林业管理信息机构，以对林业活动进行科学管理。为实现“透明、公开”，这些信息共享与协同服务活动的开展都离不开区域林业云信息共享与协同服务库的支持。

目前是各个林业管理机构都在独立建设本部门的区域林业云信息共享与协同服务库。这些低水平重复建设的区域林业云信息共享与协同服务库之间没有任何联系，宛如一个个信息“孤岛”，充斥着大量的重复过期的信息，很难进行更新维护，造成了大量的人力、财力资源浪费。由于专家库分散建立，一般仅局限本部门的区域林业云信息共享与协同服务，规模很小。一方面，在进行林业信息共享时，只能在有限的范围内抽取，协同服务的层次水平受到很大局限，很难实现客观、公正的信息共享；另一方面，对提高林业工作质量有重要价值的高级功能的开发却因资源不足而无法开展。

以上问题的存在，归根到底是由于缺乏一个高效、可靠的区域林业云信息共享与协同服务网络共享支撑环境，没有形成一个统一的区域林业云信息共享与协同服务平台。地理上广泛分布的各级林业管理机构都期望有一种理论技术手段对各类区域林业云信息共享与协同服务资源进行整合集成，消除信息孤岛，充分共享各类区域林业云信息共享与协同服务资源，建立起统一的区域林业云信息共享与协同服务系统，对外提供统一访问接口供各部门查询、分析和利用区域林业云信息共享与协同服务资源。这种地理上分布的用户和数据资源，以及计算密集型的分析处理应用导致了现有的数据管理体系结构、方法和技术已经不能满足高性能、大容量分布存储和分布处理能力的要求，[4][9]如何存储、分发、组织和管理、高性能处理、分析和挖掘分布数据成为区域林业云信息共享与协同服务系统的关键问题。数据网格技术[6]的发展为解决这个问题提供了一条有效的技术途径，它通过开发能够集成网络上分布的多个数据集等资源，形成单一虚拟的数据访问、管理和处理环境，为用户屏蔽底层异构的物理资源，建立分布海量数据的一体化数据访问、存储、传输、管理与服务架构。[5][10]

中南林业科技大学计算机与信息工程学院基于网格环境，开展区域林业云信息共享与协同服务资源的整合、共享、利用与评价问题的应用基础研究。拟基于 Globus、P2P 等技术，研究建立区域林业云信息共享与协同服务网格模型，实现了系统的全局命名、统一数据访问、单一登录等，能够为实现各级区域林业云信息共享与协同服务库间的互联互通和信息充分共享提供统一的理论技术框架。因此，本项目的研究工作在当前的形势和背景下具有十分重要的意义。

数据网格系统技术的发展非常迅速，对科学数据的访问和管理成为众多项目的研究目标。欧洲数据网格[4]的目标是以欧洲粒子中心（CERN）从 Terabyte（字节计量单位）到 Petabyte（字节计量单位）规模数据为中心，为世界范围内分布的科研团体提供的数据分布存储、传输和计算密集型分析处理的能力，开展面向高能物理学、地球观测、生物信息学等应用的研究工作。研究内容主要包括：数据访问、数据副本管理、元数据管理、数据安全、查询优化、资源调度和管理等，采用 Globus、面向对象数据库、网格数据库服务系统等技术，构建一个包括软硬件的网格环境。SpitFire（一个软件系统）[5]是其数据库访问接口 ODBC（Open Database Connectivity，开放数据库连接）的 Grid service（网格服务计算）的实现，OGSA-DAI 正在讨论网格和数据库系统，特别是联邦数据库系统技术的结合。

美国 GriPhyN[6]系统提出应用虚拟数据的概念和语言，描述如何通过计算获得并使用派生信息和数据，这是为系统访问远程数据还是通过计算获得，或者获取他人计算处理过程符合自己需求的数据等情况提供决策依据，为数据的自动生成和再生成提供较完整的系统方法。

SDSC（San Diego Super computer Center，美国圣地亚哥超算中心）的 SRB（Storage Resource Broker，数据网格中间件及其相关的工具系统的名字）[7]提出了一套在分布环境下统一访问异构存储系统上的数据的中间件系统，包括文件系统、数据库、文档系统等，为上层应用/用户提供透明的数据服务，SRB 采用了集中式的元数据目录 MCAT（Metadata Catalog，元数据目录）服务广域的数据访问和管理，最初并不支持网格环境下使用，为了支持数据网格的特点，已经进行了改进，正在进行分布设计和实现，对多域管理环境进行支持，主要以对文件的访问为主。

PVFS（Punch Virtual File System，穿孔虚拟文件系统）[8]采用代理机制接受 NFS Client

(Network File system Client，网络共享目录）的请求，经过处理分析，访问 NFS 系统的服务端数据，实现了多个 NFS 系统的数据统一访问。Globus 系统使用了标准的协议实现了文件数据的移动和远程访问 GASS（Global Access to Secondary Storage，全局二级存储服务）[9]和数据的高速传输 Gridftp（Grid file Transfer Protocol，网格文件传输协议）[10]基本机制，在此基础上实现数据复制元数据目录的管理和复制的选择，为数据网格系统提供了一个较好的底层系统开发平台。Avaki（数据网格处理公司的名字）[11]数据网格系统采用了面向对象的方式实现对多个域环境下的 NFS 文件系统的数据进行访问，提供了统一的安全认证，支持数据复制管理。

目前，有关数据库网格的研究和实践还处于起步阶段。典型的工作有 DAIS 工作组制定的网格环境下访问数据库的协议和中间件，如 OGSA-DAI（The Open Grid Services Architecture-Data Access and Integration，开放网格服务体系结构-数据访问和集成）、[7] OGSA-WebDB（OGSA Web database，开放网格服务体系结构-网络数据库）、OGSA-DQP（OGSA-Distributed Query Processor，开放网格服务体系结构-分布式查询处理器）[9]等。相关的工作有 MyGrid、[10] Polar *、[11] GDIS（grid data integration system，网格数据集成系统）、[12] POQSEC（parallel object query system for expensive computations，大型计算量的并行对象查询系统）、[14] CoDIMS-G（configurable data integration middleware for the grid，可配置的网格数据集成中间件）、[15] PALADIN（pattern-based approach to large-scale dynamic information integration，基于模式的大规模动态信息集成方法）、[15] DartGrid、[16] SDG（scientific data grid，科学数据网格）[17]等。OGSA-DAI 能无缝地实现数据库与网格的集成，包括关系数据库和 XML 数据库等；OGSA-WebDB 基于 OGSA-DAI 提供访问与集成 Web 数据库能力；OGSA-DQP 是基于 OGSA-DAI，并面向并行处理的查询处理机制；Polar * 是支持特定领域的科学网格，也是基于 OGSA 体系结构，并预知数据资源；CoDIMS-G 是中间件查询系统，主要基于吞吐率动态协调查询处理节点；MyGrid 是英国 e-science 核心项目的代表，为生命科学研究提供了一套中间件软件，其基于英国 OGSA-DAI 开发的 OGSA-DQP 实现数据库的访问和集成；GDIS 采用 OGSA-DQP、OGSA-DAI 和 Globus Toolkit 3[18]中间件，并基于服务框架实现 XML 数据集成，POQSEC 透明地实现科学数据查询和数据分析，其数据包装为原始数据格式，而不是 SQL 数据库数据，但提供类似 SQL 的查询处理机制；PALADIN 基于图匹配引擎实现数据集成。

在国内，对数据库网格的研究也有一些探索，浙江大学吴朝辉教授领导 DartGrid 项目，是针对中医药应用建立的数据库网格环境。DartGrid 首先实现了数据库的服务化访问接口，根据应用特点定义了语义标准，并在该语义标准的基础上建立了全局的数据模式和实现了统一数据操作语言，提供分布式查询的能力。该项目的主要研究工作集中在语义层。理想的数据库网格环境是要能够同时容纳各种应用的，因此该项目属于数据库网格一个实例性的探索。此外，人民大学王珊教授领导开发的 GDGrid 也属于一种数据库网格环境，与 DartGrid 类似，它面向单个应用，其研究重点在数据搜索功能的建立上。国防科大计算机学院网格课题组是国内在数据网格方向起步较早的单位，至今已经开发出数据网格原型系统 GridDaen，其中的 GridDaen-DAI 部分已经实现多种关系数据库的服务化访问，提供分布式查询功能和对虚拟组织的支持，并能够为用户提供统一视图空间。

区域林业云信息共享与协同服务网格面临的首要问题，是如何把各种异构区域林业云信息共享与协同服务库中的数据按照网格的标准进行共享。目前主要的数据库集成方式是把数据库管理系统包装成为网格服务。[7]已有工作大多是对静态数据库资源的访问与集成提供支持，在支持网格环境内数据资源的动态性方面讨论得很少。目前已有的针对特定应用的数据库处理的网格系统也是如此。虽然网格环境下针对数据库的处理技术与已有的多数据库、并行数据库以及分布式数据库的处理技术有很多相容之处，但由于网格环境内数据资源的不确定性（动态性），比如：存在哪些满足用户需求的资源需要实时发现；满足用户需求的数据集合大小只能在查询后才可知；异构数据资源的同构化规则事先无法预知，等等。可见，已有的支持技术不足以支持构建具有不确定性的数据库网格环境。[27]同时，网格环境下存在的这些不确定性也给网格支撑环境下的数据资源管理、资源查询处理、数据集成优化、事务调度、大数据量分析等实现机制带来了困难。[27]

综上所述，在网格中间件中实现数据库网格中要求的各种层次透明性，以及在满足网格环境的分布异构的基本特性下实现数据库动态可扩展地集成是区域林业云信息共享与协同服务网格研究中的难点问题；国内外在解决信息孤岛方面已有多个数据网格项目得到了成功实施，这些数据网格采用的共享模式基本上都是采用只读文件共享，[10][21]其中个别项目中实现了数据的单向复制，[22]现有的网格技术还不足以解决当前区域林业云信息共享与协同服务网格所要求的记录粒度的多网格节点间数据复制同步更新问题。

3.2.1 构建网格数据模型

从理论技术出发，通过本项目的研究，建立区域林业云信息共享与协同服务网格模型。为实现系统的全局命名、统一数据访问、单一登录，实现系统的全局管理，实现各级区域林业云信息共享与协同服务库间的互联互通和信息充分共享，提供统一的理论技术框架，在理论上解决同构/异构区域林业云信息共享与协同服务库集成问题，研究多个网格节点同构/异构数据库双向复制同步机制，实现区域林业云信息共享与协同服务多副本同步更新。

从应用需求出发，面向广域的异构环境区域林业云信息共享与协同服务网格系统的研究要达到以下几个目标：

（1）命名的透明性①：网格中的数据单元成百上千且地理上分布，允许用户使用一种单一的全局名字机制访问和操作数据，而不需要用户直接使用底层物理存储资源命名、发现和访问机制。

（2）全局统一视图和一体化操作界面：系统支持各种异构的资源和数据的全局命名和统一的视图，用户通过 GUI 界面所见都是虚拟的数据资源，系统对资源和数据进行统一命名，并将底层的异构性完全屏蔽。

（3）统一的数据访问：抽象存储访问接口，屏蔽底层的存储协议和格式，选择合适的访问协议和接口来实现用户统一的数据访问请求。

（4）Cache 和副本管理机制：支持数据的拷贝和移动，缓冲或复制数据，使得从不同访问点的访问可以根据系统状况从最近的节点获取数据，减少数据访问的时间，防止单个数据资源成为瓶颈，实现系统的负载平衡，尽量提高网格中远程数据访问的效率。

---

① 透明性：在计算机系统中，低层次的机器级的概念性结构和功能特性对高级程序员来说是透明的。

构建网络数据模型的基本原则：

（1）面向林业应用领域建立区域林业云信息共享与协同服务网格模型

课题面向林业领域，紧密结合各级林业管理机构应用需求，提出建立区域林业云信息共享与协同服务网格模型，以整合集成各类区域林业云信息共享与协同服务资源，消除信息孤岛，实现区域林业云信息共享与协同服务资源充分共享，对外提供统一访问接口供各林业机构查询、分析和利用。并结合领域特点建立区域林业云信息共享与协同服务网格功能服务框架和网格系统结构。

（2）虚拟域组织模型

该虚拟域组织模型的提出，可以灵活处理网格内各节点之间的复杂管理关系；它与服务授权结合起来，可以大大简化网格环境下的服务访问控制问题；还可以与数据访问结合，解决基于数据行的数据库访问控制（常规的处理方法只能基于数据视图和数据列授权，如文献［10］所述）。

（3）网格环境下同构/异构数据的复制同步模型

在数据网格中，传统的数据复制是基于文件的；在本项目中，提出基于抽象数据实现网格中多网格节点数据库之间同构/异构数据的复制同步模型，并将传统的数据库复制技术创新运用于网格环境下。

（4）基于P2P框架结构集成异构数据库

分布数据资源管理的P2P框架结构、多领域的资源管理（发布与发现）、数据资源的查询处理与集成优化、数据资源维护、大数据信息的概要可视化等，并给出相应的解决方案和实验验证。

项目拟基于Globus、P2P等技术，研究建立区域林业云信息共享与协同服务网格模型，实现系统的全局命名、统一数据访问、单一登录等。为实现各级区域林业云信息共享与协同服务库间的互联互通和信息充分共享，提供统一的理论技术框架。主要研究内容包括：

（1）虚拟域组织模型

根据主要行政管理关系将网格中所有林业管理机构的区域林业云信息共享与协同服务库（即网格节点）组织成一个层次结构，并通过虚拟域来反映它们之间的其他管理关系，建立虚拟域组织模型，在此模型基础上研究如何存储、分发、组织和管理、处理、分析和挖掘分布数据，建立一体化数据访问、存储、传输、管理与服务架构，如图3-1所示。

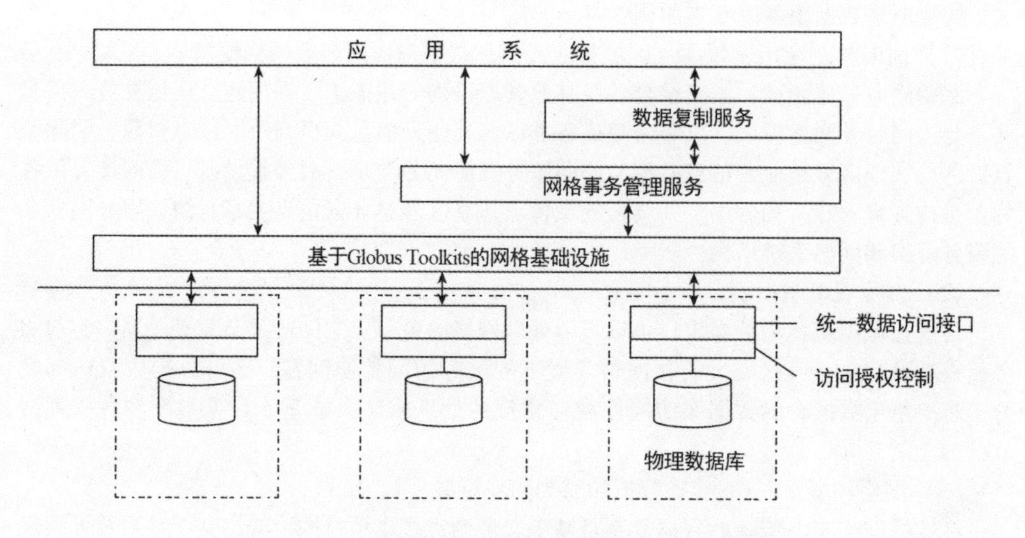

图 3-1 区域林业云信息共享与协同服务网格基础设施

（2）多网格节点间同构/异构数据库双向复制同步机制

目前在数据网格的实现方面有相当多的研究成果，如统一数据访问接口[10]、网格数据库事务实现机制[11]、网格上的文件复制同步机制[24]。这些孤立技术对本项目有一定的参考价值，但无法直接绑捆在一起满足本项目的需要。区域林业云信息共享与协同服务网格内具有复杂的信息共享模式，最关键的是需要支持多个节点之间异构数据的双向复制同步，因此本项目需要研究一个统一的解决方案，实现安全的统一数据访问接口、通用的网格事务管理机制、同构/异构数据的复制同步机制，并确保三者可以协同工作，形成一个有机的整体。

（3）异构区域林业云信息共享与协同服务库集成

集成广域网环境下具有动态特性的同构/异构的各类专家库资源，并将它们统一组织起来，通过系统提供的数据访问和管理服务屏蔽底层存储资源异构性和多个管理域，为用户提供直观、一体化的数据视图和方便、规范的访问和操作方法。

3.2.2 网格中数据传输

（1）虚拟域模型的建立以及支持网格任务调度、数据共享问题

虚拟域模型可以很好地模拟各个林业管理机构之间现实的相互关系，但在实现时需要处理好该模型与网格任务调度、数据共享等问题的解决方案如何结合的问题，以及虚拟组织本身的动态维护开销等相关问题。只有解决好虚拟域模型与处理实际问题之间的关系，才能充分发挥该模型的作用，降低解决相关问题的难度。

（2）网格节点间同构/异构数据的双向复制同步问题

在数据网格内，基于文件的复制同步机制已有比较成熟的方案；但本项目中数据的共享粒度是数据库记录，并且整个区域林业云信息共享与协同服务平台内既存在大量的同构数据，也存在大量的异构数据，同时数据的更新是多点更新（如同一个专家的信息可能

被多个信息库收录，每个信息库必然可以自由维护该专家的信息），这为数据的复制同步带来了巨大的复杂性。这个问题的解决与否关系到是否能实现信息的充分共享，严重影响项目最终的应用效果。系统或者用户在访问活动中有可能建立不同的副本，不同用户则出于不同考虑，可能要求使用不同位置的副本获取数据，原则是使访问时间尽可能短。这样既增强数据资源的可用性，防止单个数据资源成为瓶颈，又能减少数据访问时间，提高系统整体性能，还能实现系统的负载平衡。网格系统中由于同一数据可以有多个副本分布在系统中多个节点上，当某一副本得到更新时，确保其他副本能得到及时更新。

（3）异构数据库动态集成问题

以各种类型的专家数据库为主要数据资源，构建了一个支持动态数据集成的区域林业云信息共享与协同服务网格，在网格环境下，借用网格的高效处理能力，为分布、自治、异构的数据库资源的有效管理、动态数据集成和分析处理等提供一个良好的使用环境，透明地为用户按需提供服务；实现对多个管理域下分布专家数据的全局视图，对系统中的数据进行统一命名，构建全局的命名空间，将数据的物理特征与逻辑视图独立开，使物理层次上的变化不会对逻辑层次产生影响，逻辑层上的变化不会影响物理层次的变更。

3.2.3　工作方法和关键技术

具体工作方法：

（1）在实验室构建由多台服务器、高档微机等组成的具有一定规模的异构计算环境；在每台机器上安装好数据库服务器软件和 Globus Toolkits 4.0 工具包，搭建一个小型的网格实验环境。

（2）研究并设计虚拟域模型、研究异构数据库动态集成策略、建立网格数据复制同步机制，将其部署到网格实验环境中；并在网格实验环境中加载生产环境中产生的实际数据，进行集成测试，检查各部分的运行效果以及它们之间的协作情况。

（3）在实际运行环境中，部署一个小规模的区域林业云信息共享与协同服务网格，解决数据共享、数据交换、数据复制同步等任务涉及的相关问题，实现信息的充分共享；然后再逐步往网格中添加新的节点，建立起更大范围的区域林业云信息共享与协同服务平台。

关键技术：

（1）基于虚拟域模型，确定服务访问权限和数据访问权限

拟在虚拟域模型中，元数据采用多层次分布结构和独立服务机制，可以较灵活地配置；采用分布联邦多域服务器技术和请求优化技术，具有可扩展性和高可用性；采用复制和 Cache 机制最大限度减少用户访问数据所需的性能开销；采用基于角色和多层次的访问控制，实现系统的全局管理。

同一类域中的节点具有相似的特性和相似的需求，这样网格中各个节点就可以基于虚拟域划分其他域节点可以访问的服务集合；在运行时，节点可以根据调用者所属的域确认其是否可以调用本节点的指定服务。

（2）基于数据库复制技术，研究网格环境下数据复制同步机制

网格环境下的数据库数据复制与传统的数据库复制技术有许多相似之处，因此可以充分借鉴传统的数据库复制中采用数据分发模式设计适用于网格环境的数据分发模式，考虑

到网格环境的动态性和分布性，进行数据分发时要着重解决网络带宽的消耗、目标节点暂时性的停机、更新冲突检查与排除机制等问题。

由于网格环境下进行数据复制涉及异构数据的问题，可以通过数据访问代理将分发的数据包装成抽象数据，使得抽象数据的生成以及对目标数据库的更新由各个节点自行处理，从而简化网格数据复制同步的管理机制。

(3) 基于 P2P 技术，研究异构数据库动态集成策略

采用 P2P 体系结构，充分利用网格内的分布资源，提高网格的效率；在 P2P 框架下，基于领域本体知识，分领域管理数据资源，提高资源发现效率；基于相似匹配和松弛的服务发布与发现策略，扩大资源的定位范围；基于领域本体定义全局数据模式，有效地实现异构数据集成，提高集成结果的准确性；基于传输最小数据量规则定义有效的查询和数据集成策略，降低数据集成时间代价；采用副本管理策略增强网格的可靠性和资源查询效率；基于分布的数据挖掘策略，提高数据分析与处理的效率。

3.3 DCCP 拥塞控制算法

在区域林业云信息共享与协同服务网格中，即使在同一个域中，每个节点上信息的共享范围也是不一样的，例如，区域林业云信息共享与协同服务，通常会有一部分需要上报给自己的管理机构，当一个节点属于多个虚拟域时，上报给不同管理机构（可以映射为域控制器）的信息范围是不同的，在这种情况下，可以对信息进行分类并结合相关网格节点的身份类别分别授权，从而有效控制信息的共享范围与访问权限。

TCP 协议最初就是为有线网络而设计的，经过多年来不断的性能改进，现在已经具备高效性和鲁棒性。然而，实验和研究表明，TCP 拥塞控制算法在无线传感网络中的应用性能却很差，不同流量间存在严重的不公平性。因为传感网络的部署会导致不可预测的连接模式和不同的节点密度，进而导致转发路径上的数据传输宽带分布不均匀。本小节研究了无线传感网络中 TCP 协议的公平性，并且基于无线传感网络的特点设计了一个拓展 DCCP 拥塞控制算法，该协议是将 DCCP 拓展为具备拥塞控制组件的协议。我们还在 NS2 中实现了这种拥塞控制算法。仿真结果表明，拓展的拥塞控制算法在公平性方面得到了改善。

无线传感网络通常由大量密集部署的小型无线传感节点（通常称为节点或微粒）组成。节点测量其周围环境的一些环境条件。然后，这些测量数据被转换成信号，信号经过处理后便可以反映相关现象的一些特征。收集的数据被传输到一个被称为汇聚节点的特殊节点，该节点通常以多跳为基础。然后，接收器节点向用户发送数据。根据用户与网络之间的距离，可能需要一个网关通过互联网或者卫星连接二者。倘若两个传感器可以直接通信，那么它们是相邻的。

传感器网络在栖息地观测、健康检测、目标跟踪、战场感知等领域有着广泛的应用。它们在某些方面不同于传统无线网络。尤其是传感节点在计算能力、存储空间、通信宽带以及最重要的能源供应等方面受到限制。

如今，节点的目标更小、更便宜。因此，它们的资源是有限的（通常是有限的电池、减少的内存和处理能力）。由于传输功能受限，无线传感器节点只能与一定数量的本地邻居进行局部通信。因此，节点必须协作才能完成它们的任务，例如：传感、信号传输、计算、路由、定位、安全等。因此，WSN 本质上是一种协作网络。因为大多数无线网络都是基于 IEEE802.11 无线链路，本次研究还假设 MAC 层是一个类似于 IEEE 802.11 的随机访问协议。

传感器共享相同的无线媒介，同时每个数据包作为本地广播在附近传输。我们假设存在一个 MAC 协议，它确保在本地广播范围的邻居中，只有目标接收方保留数据包，其他邻居丢弃数据包。部署后，传感器被静态定位。我们研究从传感器发送到基站的数据包。基站通过外部网络连接到数据收集中心。只要有转发路径，就可以将数据包发送到任何基站。

传输控制协议（TCP）是一种可靠的端到端传输协议，广泛应用于数据业务，对有线网络十分有效。然而，实验和研究表明 TCP 拥塞控制协议算法在吞吐量下降的无线传感网络中性能表现很差。因此，研究重点是进一步改进 TCP 协议以解决无线传感网络的特殊性。

目前，互联网上绝大多数的流量都依赖于 TCP 提供的拥塞控制机制。然而，流媒体视频和互联网电话更喜欢及时性而不是可靠性。TCP 提供的可靠性和顺序传输算法常常导致随机延迟，而 TCP 的速率控制 AIMD（加法递增和乘法递减）算法在检测到一个丢包时会造成带宽非常大的改变。因此，这类的应用通常会选择 UDP，或者在其基础上实现自己的拥塞控制，或者根本不需要拥塞控制机制。持久的 UDP 流若没有任何拥塞控制机制，会对网络产生潜在的威胁。此外，拥塞控制机制很难实现，并且性能可能不够精准。

如果一个传感器接收到的流量超过了它的最大转发速率，那么它就是拥塞的。传感器部署的性质导致不可预测的连接模式和不同的节点密度，从而导致转发路径上的带宽供应不均匀。数据源通常集中在需要仔细检查的敏感区域，并可能采用与基站类似的路径。当数据向基站汇聚时，传感器接收的数据可能会超过它们的转发能力，这时就会出现拥塞。

拥塞引发了很多问题。当一个数据包被丢弃时，上行传感器花费在数据包上的能量就被浪费了。数据包发送得越远浪费越大。当传感器 X 严重阻塞时，如果上行邻居试图发送给 X，它们的努力（即能量）是浪费的，更糟的是，还会适得其反，因为它们与相邻的传感器会竞争通道访问。最后，最重要的是，由于拥塞导致的数据丢失可能会影响应用程序的工作。虽然融合技术可以用于数据聚合，但应用程序可能需要保留一些细节（例如报告传感器的确切位置），这限制了融合的能力。

3.3.1 网格中的拥塞控制

TCP 协议提供了一种面向连接的、可靠的数据传输。TCP 拥塞控制的基本思想是 TCP 发送方探查网络中的可用资源，并提升了传输速率，除非检测到数据包丢失。TCP 将数据丢失作为网络拥塞的标志，并触发适当的拥塞控制方案。

传感器网络的拥塞控制问题是一个相对开放的问题。一个典型的方法是一个拥塞的传感器发送回压消息给它的邻居，这降低了它们的数据率，并可能进一步传播回压消息上行。然而，在降低速率期间确保传感器之间的公平性这一重要的问题并没有通过这种方法得到解决。

在 ESRT（event to sink reliable transport，基于事件检测的可靠传输协议）中，通过检测数据包头部中携带的拥塞通知位，基站决定了所有传感器的公共速率，这样网络中就不会丢失数据包。这种方法实现了公平性，但是过于悲观，因为每个传感器必须确保其速率在最拥挤的区域是最差的。定向扩散和速度并不是专门为拥塞控制而设计的，但它们可以在一定程度上满足这一目的。

3.3.2 网格中 TCP 公平性

在无线传感网络中 TCP 协议存在严重的不公平性。TCP 基于窗口的拥塞控制调整每个 RTT 的拥塞窗口大小。RTT 较长的流比 RTT 较短的流增加拥塞窗口的速度慢。在网络路由器中，一个不公平的丢包方案，例如，一个简单的 FIFO（first in first out，先进先出）丢尾方案，可能导致一些流比其他流损失更大。当使用 MAC 协议（如 IEEE 802.11）时，网关中的中间访问本质上是不公平的。上行流（从发送者到网关）往往占据整个媒介，而下行流（从网关到接收者）在多个上下行流共存时几乎停止传输。当上下行之间的比例高达 800 的时候二者的不公平性极高。在无线传感网络中，TCP 流（从有线部分到无线部分）与共存的 TCP 流（从无线部分到有线部分）获得更多的带宽。当混合流由于暴露和隐藏的节点效应存在时，输入流可以获得更高的带宽份额。TCP 自身的超时和回退机制进一步加剧了不公平性。Faffe 首先提出最大最小流量控制，将网络带宽公平分配到一组最优流量中。MAX-MIN（maximum- minimum，最大最小分配方案）这个名称来自最大化分配给那些接收最小带宽的流的带宽的策略。从那时起，人们开始了进一步的研究。所有这些工作都假设每个流有一个固定的路由路径。MAX-MIN 流量控制的两个基本特性是：

（1）公平性

在每个链路上，任何经过流都有权享有相等的链路容量，除非该流被限制在其路径上的另一个链路上的较小带宽。

（2）最大吞吐量属性

一个链路的全部容量必须分配给流，除非每个经过的流在其他地方都有瓶颈链路，从而限制了流可以接收的带宽。

在文献［16，17］中描述了每个流分配给最大最小带宽的瓶颈算法，并在这里重复：找到每个流带宽最小的全局瓶颈链接。为每个经过的流分配相等的链路容量。从网络中删除链接和传递的流。当流被移除时，其路由路径上的所有链路的容量都会因分配给流的带宽而减少。重复上述过程，直到分配给每个流一个带宽从网络中移除。

一般来说，TCP 在无线传感器网络中工作得很差。这是由于无线链路上的高误码率以及 TCP 内建的拥塞控制算法与 IEEE 802.11 的基于争用的媒体访问所造成的。大量的研究集中在改善上述讨论的公平问题上。

3.3.3 网格中 TCP 公平性改进

无线网络与有线网络具有不同的性质。例如：两个相邻的无线链路容量不是固定的，而是取决于相邻二者之间的后台通信量。对无线网络中的 MAC 层的公平性研究在文献［18，19］中提及。在文献［20］中，假设每个流量都有一个路由路径，研究了 FDMA/CDMA 网络的流量级比例公平性。在文献［21］中研究了 FDMA/CDMA 网络中单跳流的最大-最小公平性。在文献［22］中研究了从所有数据源到接收器的树状路由结构下 TDMA 网络的公平性。在文献［23］中研究了无线回程网络中的 TAP 公平性，实现了时间公平性而不是吞吐量公平性。然而，这篇论文并没有提供一个计算抽头率的算法。

一些研究人员已经研究了 TCP 公平性。在文献［11］中，研究了 TCP 在上下行之间的不公平性。网关用于转发流量，网关中的缓冲区大小对上下游流量之间的媒介公平共享起着关键作用。文献［11］通过仿真表明，当上下行流量相等时，上下行流量的平均吞吐率可以达到 800。原因是上下行的 ACK 打乱了网关缓冲区，导致缓冲区溢出。下行流会超时，并且由于数据包掉落在网关缓冲区，所以只能在 0~2 个包的窗口内进行传输。上行流量通常可以达到其最大的窗口大小。由于 TCP 的 ACK 的累积特性，小的 ACK 损失不会影响窗口大小。本研究给出的解决建议是向发送方通告可用的缓冲区大小。网关保留系统中当前 TCP 流的数量。本研究假设所有的网关由于缓冲区溢出而产生的损失和所有的 RTTS 在流之间是相同的。在文献［12］中，研究了无线和有线网络的 TCP 公平性问题。研究表明，在流中获得的带宽大于流出的带宽。这种不公平是 MAC 层暴露节点和隐藏节点问题与 TCP 超时和回退机制共同作用的结果。在测试台上进行的一项研究发现，当最大拥塞窗口大小小于某个值（测试中为 8）时，两个流公平共享带宽，总吞吐量达到上限。问题是这个窗口大小不能预先配置。在纯传感网络中进行了类似的分析，发现最优的拥塞窗口大小为 1~2 个数据包。为连接具有较长的传播延迟，这样小的窗口尺寸会影响效率。为了提高有线和传感器网络的公平性，在文献［24］中提出了一种基于 IEEE 802.11 的 MAC 层的非工作保存调度算法。该方案取代了传统的 FIFO 工作保存调度方案，该路由包（由路由协议生成）作为高优先级数据包（由应用程序生成），并在所有数据包到达之前将高优先级数据包放入队列。队列的头在知道 MAC 准备发送另一个数据包后被发送到 MAC 层。在一个数据包被发送到 MAC 后设置一个计时器。只有在计时器过期后，队列才能发送另一个数据包。路由包具有高优先级，在知道 MAC 已经准备好后立即退出队列。发送路由包后不设置计时器。定时器的持续时间基于队列输出速率，为三部分之和：无争用传输延迟；基于最近队列输出的传输延迟（根据队列输出速率和四个预定义值中选择）；一个从零到第二部分值的均匀分布的随机值。定时器在调度中增加了额外的自适应延迟，所以一个节点发送数据包的侵略性越强，它受到的惩罚就越严重，因此未能捕获介质的节点，现在可以与快速发送的节点竞争。

通过仿真，文献[24]表明流之间的严重不公平性可以被消除，同时总吞吐量会有小的下降。此外，最大拥塞窗口大小在此方案中不会对公平性产生负面影响，因此与以前的方案不同，无须预先配置最大拥塞窗口大小或修改所宣传的接收方窗口。

众所周知，在多速率无线网络中，比例公平性或时间公平性更合适，其中 MAX-MIN 公平性可能会导致严重的吞吐量下降。这不是单速率无线传感网络的情况，这是本研究的主题。我们研究了以单一传输速率运行的传感网络。

综上所述，一系列的建议已经讨论了如何增加 TCP 公平性，并取得了不同程度的成功。然而，这些方法都受到限制，因为它们的目的是至少保持 TCP 语义不变（如果不是每个节点上的 TCP 实现不变的话)，这常常导致一方面（如吞吐量）的改进和另一方面(如公平性）的权衡。另外，有些建议只适用于纯无线节点。然而，我们认为更相关的网络架构是无线传感网络。最后，这些建议都不能解决此类网络中 UDP（User Datagram Protocol，用户数据报协议）流的拥塞控制问题。在下一节中，我们将讨论一种新的 DCCP 协议，它改进了公平性（与 TCP 相比)，并且可以用于可靠的数据传输和流媒体流。

3.3.4 标准 DCCP 和扩展 DCCP 改进

1. 标准 DCCP

当传感器接收到的数据比它能够转发的数据多时，就会出现拥塞，传感器就必须丢弃多余的数据包。为了避免拥塞，上游传感器必须将数据包重新定向到其他路径。如果从有源传感器到基站的所有转发路径都是拥塞的，传感器必须以较低的速率生成数据。当许多活动传感器以任意方式共享转发路径时，问题就变得有趣了。对于每个活动传感器，我们希望找到在下行节点上不造成拥塞的最高可能速率。我们还希望所有的主动传感器都能平等地访问网络的传输能力，不管它们的转发路径有多么不同。

DCCP 的目的是提供一种标准的方式将拥塞控制和拥塞控制谈判引入多媒体应用，因特网工程任务组（IETF）定义了数据报拥塞控制协议。2006 年，作为替代单播多媒体应用 UDP，喜欢时效性的数据的可靠性。这种新的传输协议被设计成终端主机的标准特性。也就说，DCCP 是一种新的协议，它是为那些需要 TCP 基于流的语义，但更喜欢及时交付而不是按顺序交付的应用程序设计的，或者是一种不同于 TCP 提供的拥塞控制机制。DCCP 的目标是成为最小开销和通用传输层协议，只提供两个核心功能：不可靠的包流的建立、维护和销毁以及包流的拥塞控制。

2. 扩展的 DCCP 方案

为了提高无线传感器网络的整体性能，本节提出了扩展 DCCP。它利用 DCCP 和新的拥塞控制标识符（CCID）中指定的拥塞控制机制。我们还在 DCCP 连接上添加了一个可选的基于 ACK 的可靠性层，类似于 TCP 的可靠性方案。新的 CCID 配置文件定义了何时发送确认以及如何识别数据包丢失的真正原因。额外的 ECN 支持和 ELFN 支持用于向发送方提供网络检测信息。

为了实现基于 DCCP 的可靠性传输，并提供与 TCP 相当的可靠性，我们在 DCCP 中添加了以下功能：在接收端缓冲接收到的数据包，重新传输丢失的或发送方损坏的包，在接收方检测和删除重复的包，并按顺序将接收到的包发送到接收方的应用程序。在扩展协议中，发送方有四种正常的状态：正常状态、拥塞状态、故障状态（路由改变或链路故障）和错误状态（传输错误)。基于速率的拥塞控制被用来避免频率的慢启动。最重要的任务是设计每个状态的速率方程，这是公平性的关键。

为了确定可用的端到端带宽，我们在快速 TCP 中采用了基于延迟的速率估计机制。发送方维护两个 RTT 值，一个是 baseRTT，这是记录 RTT 的最小值，另一个是指数平均 RTT（avgRTT)。每次发送方进入故障状态时，baseRTT 将被临时保存为旧的 baseRTT 后，通过探测包的往返时间以及相应的确认来重置。路由建立后的发送率与 baseRTT/old baseRTT 成正比。

在正常状态下，发送方根据 baseRTT/avgRTT 调整速率。

在拥塞状态下，当 ECN 标记没有丢包时，速率调整与正常状态相同。但是当包丢失发生时，发送速率将减半。该思想基于高速长距离网络的快速 TCP，在无拥塞或轻度拥塞的情况下，当数据包丢失发生的频率较低时，表现出一定的公平性。

在故障状态下，发送探测包来监视网络情况。在固定的 RTO 中，可以将发送探测包的速率设置为每个 RTO 一个包，但是还需要进一步的实验研究。

在错误状态下，速率被设置为$\beta*$rate，使用上面的方案计算，根据错误率，β的范围从0.5到1。

基于 NS2 中的 TCP 实现，实现了一个简化的基于速率的拥塞控制 DCCP。由于无线传感器节点不支持 ECN，且在 NS2 中受到网络检测链路故障的限制，所以实现只有两种状态：拥塞状态和正常状态。

在现实中，只要接收方收到包，就将 ACK 发送回发送方。ACK 具有 DCCP 规范中指定的 ACK 向量选项。ACK 向量包含接收信息（无论它们是否被接收或 ECN 标记）。此外，ACK 向量可以用来返回关于几个包的信息，以确保发送方收到信息，尽管一些 ACK 可能会丢失。

加权平均 RTT（0.75 * RTT+0.25 * current RTT）是使用 ACK 中包含的时间戳 ECHO 计算的。根据收集到的平均 RTTS，相应地调整每个 RTT 的 Cwnd 大小，并保持该 RTT 的 cwnd 与 FAST TCP 中的相同。Cwnd 的这种管理类似于 TCP 中的方法。为传输的包设置超时计时器（RTO）。在拥塞状态下，发送方发送每个 RTO，RTO 只探测带报头的包，直到收到 ACK。成功接收到 ACK 后，发送方重置 RTT 和 baseRTT，将 Cwnd 大小设置为 Cwnd * OLD base RTT/baseRTT，然后再次进入正常状态。

3. 实验与仿真

在仿真中，数据从有线节点发送到距离接入点 2 跳的无线节点（1 和 4）；或者从这些无线节点通过接入点连接到有线节点。所有的无线节点在仿真中都是静止的。所有数据流都是 10MB 的 FTP 流。我们采用公平性指数来评价同一瓶颈的多个会话间的公平性。Fis 定义如下：如果网络中有 N 个并发连接，且通过连接 kis 获得的吞吐量等于 r，如公式（3-1）所示。

$$f_i=\frac{\left(\sum_{k=1}^{N}R(k)\right)^2}{N\cdot\sum_{k=1}^{N}R^2(k)} \tag{3-1}$$

假设吞吐量的需求是无限的。我们说最大限度的公平是在接近统一的时候实现的，所有会话的吞吐量都是相等的。公平性指数位于 0 和 1 之间，1 是每个流获得相同吞吐量的最公平的情况。

在一组实验中，使用 TCP Reno 测试了两个遍历节点链（4 跳）的流。DCCP 和 TCP 都是端到端滑动窗口协议。数据包在两个方向上传输：数据包从发送方发送到接收端，确认信息从接收方发送到发送方。发送方被允许在收到确认之前发送一个数据包窗口。这个窗口从一个恒定的大小开始，然后由协议中实现的拥塞控制算法控制。当确认的数据包的序列在当前窗口的范围内时，确认有效。

每个流既可以是流入的流，也可以是流出的流，我们还针对混合流场景更改了 RTT。

为了评估各种替代方案，我们测量了每个流程的公平性。表 3-1 给出了 TCP、DCCP 和扩展 DCCP 作为传输协议在两个流量吞吐量下的公平性指标结果。

仿真结果表明，改进的拥塞控制算法使 DCCP 流具有良好的流间公平性。与 TCP 的拥塞控制相比，扩展的拥塞控制算法对流入和流出的所有的组合都具有更好的流间公平性。而 TCP 在两个流混合时将会表现出严重的不公平性（如表 3-1 所示）。

表 3-1　DCCP 和扩展 DCCP 的传输 TCP 流的性能对比

双流性能	公平性指数	同时流入（110ms）	同时流出（110ms）	流入/流出（110ms）	流入/流出（60ms）
TCP	f_i	0.994	0.840	0.585	0.514
DCCP	f_i	0.999	1.000	0.867	0.894
扩展的 DCCP	f_i	1.000	0.999	0.999	0.990

4. 总结及未来工作

TCP 是为有线网络设计的，多年来一直受益于大量的研究工作。然而，它显示了在多跳无线网络上严重的内部流公平性挑战，如第二部分第 2 章所讲。第二章回顾了一些优化 TCP 的建议，其中一些建议的协议表明该结果的实现很有希望。然而，这些改进都不会使 UDP 流媒体受益，而 UDP 流媒体通常用于流媒体内容。第二部分第 3 章对基于 DCCP 的拥塞控制方法进行了概述，该方法对不可靠的数据流和可靠的数据传输都有好处。在 NS2 中的仿真结果证实了该方法优化了公平性，为用户在多跳无线接入网络中提供了公平性。

我们的贡献是为传感器网络公平性研究提供了一个理论基础。该算法可用于从网络中收集信息，计算最大最小速率，然后将速率发送给传感器的集中方案。我们还在 NS2 中实现了这种拥塞控制算法。仿真结果表明，使用扩展的 DCCP 拥塞控制算法可以改善公平性。

在这里我们提出的工作将进一步扩展到以下领域，以验证和改进设计。我们将进行更多的性能测试来验证多流场景下的测试结果。我们将研究在活动流期间由于链路中断而导致的额外损失对公平性的影响。我们还将研究和改进混合扩展 DCCP 和 TCP 流共存时的公平性。核心拥塞控制协议可以通过调优率进一步优化控制公式和重新计算传输计时器优化数据包发送速率和添加新功能的实现等。模拟 ECN 的支持，提供额外的信息发送者识别网络条件，并相应地调整发送速率。

第4章　区域林业信息共享与协同服务平台

区域林业信息共享与协同服务云平台的建设是一个复杂的系统工程，涉及传感器、计算机、物联网、互联网、移动网、先进通信、大数据、云计算、人工智能、GIS与GPS及GPRS、视频图像深度分析、3D建模与虚拟等众多技术的综合开发与应用。平台设计应支持主流计算机和网络的硬件及软件，兼容现有多品种多规格传感器件及先进传感装置，支持多种开放技术标准，平台提供标准的接口程序和预留技术接口标准，便于扩展应用平台功能和与其他应用平台的互联互通。平台具有开放性、易操作性、界面的友好性、可靠性和安全性等特点，为用户提供了统一的、友好的操作界面。平台设计注重智能信息处理、传感数据可视化、3D虚拟现实增加、视频深度分析等先进理论方法和技术的研发应用。

习近平总书记在党的十九大报告中提出了智慧社会、美丽中国和生态文明三大突出亮点及全新理念，并进行了精辟的阐述和战略部署，同时特别倡导和强调："建设生态文明是中华民族永续发展的千年大计"。在我国进入全面建成小康社会的决定性阶段，信息化成为发展的目标和路径，美丽中国与生态文明成为国家发展的重中之重。21世纪是信息化与生态文明的世纪，随着以信息技术为代表的高新技术的推陈出新，未来的中国不仅越来越"生态化"，也越来越"智慧化"。环境与生态智能监测云平台的建设正是满足和适用这一发展的需要，满足人民不断追求美好生活的需要而诞生！

随着我国环境与生态文明建设的日益发展，环境与生态迫切需要引入现代化和多元化的建设、管理和服务手段。目前国内环境与生态没有形成一体化管理标准和统一的信息数据平台，环境与生态安全的实时联防联动和应急处理、全方位信息集成与高效便捷的管理服务体系亟待建设提高；其次，缺乏一套行之有效的全面数字化监管体系，既激发环境与生态在市场的活力，提高环境与生态的社会与经济效益，又提升服务社会和民众品质，实时掌控环境与生态动态信息，建设协调好工农业生产、人们宜居生活与生态和环境关系。环境与生态智能监测云平台与智慧社会、美丽中国紧密相连，其核心是利用现代信息技术，建立一种长效机制，制定统一的技术标准及管理服务规范，形成互动化、一体化、主动化的运行模式。环境与生态智能监测云平台的目的是促进环境与生态资源管理、生态系统构建、生态文明发展等协同步推进，经济和社会综合效益最大化。

环境与生态智能监测云平台，是充分利用互联网、物联网、移动网、大数据、云计算等新一代信息技术，通过感知化、物联化、智能化的手段，形成环境与生态立体感知、管理协同高效、环境与生态价值凸显、服务内外一体的环境与生态发展新模式。环境与生态智能监测云平台的建设目标是构建传感器件与信息智能采集装置、物联网、云端数据库、移动智能终端信息服务等于一体的智能化环境与生态监测云平台。环境与生态智能监测云平台的建设及推广应用，是环境与生态文明创新性发展的战略选择。环境与生态智能监测云平台，其应用覆盖工农业生产、生态环保和社会服务等方方面面，随着我国工业 4.0、智能制造 2025、“互联网+” 和生态重建等国家战略实施，环境与生态智能监测云平台应用领域将不断扩展，市场前景愈来愈广阔。平台建设从用户价值出发，提供多样化、广泛的接入移植服务，为用户构建个性化增值服务，创新生产、经营和管理模式，促进相关行业的高效高质发展。

4.1 平台设计原则

平台设计过程要考虑的总体原则是：必须满足设计目标中的要求，并充分考虑平台及系统的基本需求和约定，遵循系统整体性、先进性和可扩充性原则，建立经济合理、资源优化的系统设计方案。遵循信息化规划方案的思想，对规划进行项目实施层面上的细化和实现。遵循信息化规划 “投资适度，快速见效，成熟稳定，总体最优” 的总原则。

4.1.1 信息系统分析设计和软件系统工程的具体原则

1. 先进性原则

信息技术的飞速发展，使得在构建信息系统及平台时有了很大的选择余地，但也使研发者在构建系统平台时绞尽脑汁地在技术的先进性与成熟性之间寻求平衡。先进而不成熟的技术不敢用，而太成熟的技术又意味着过时和淘汰。采用当今国内、国际上最先进和成熟的传感器、计算机和网络软硬件技术，使新建立的系统平台能够最大限度地适应今后技术发展变化和业务发展变化的需要，构建智慧传感云平台，总体设计的先进性原则主要体现在以下几个方面。

（1）平台的系统结构是先进的，有开放的可拓展体系结构。

（2）平台采用的传感器、计算机和网络软硬件是先进的，并结合大数据、云计算、人工智能、GIS 与 GPS 及 GPRS、视频图像深度分析、3D 虚拟呈现、多媒体等先进技术实现平台构建。

（3）平台融合物联网、互联网、移动网技术，采用先进的网络交换和网管技术，通过智能化的网络设备及软件实现对多网络融合平台的有效管理与控制；实时监测呈现网络各信息采集终端数据、终端设备运行情况，及时排除网络故障，及时调整和平衡网上信息流量；智能数据分析、数据备份和容错处理。

2. 实用性原则

实用性就是能够最大限度地满足实际工作要求，它是平台对用户最基本的承诺，为了提高系统的实用性，平台的总体设计充分考虑用户当前各业务层次、各环节管理中数据处理的便利性和可行性，把满足用户管理和使用作为第一要素，具体体现在如下几个方面。

（1）平台总体设计、分步实施的技术方案。在总体设计的前提下，平台实施中由基本层稳步向中高层及全面设计自然过渡，这样做可以使平台始终与用户的实际需求紧密连在一起，不但增加了平台的实用性，而且可使系统建设保持很好的连贯性。

（2）全部人机交互设计均应充分考虑不同用户的实际需要，智能化为不同用户赋予相应的操作界面和功能。

（3）各应用平台的设计，具有针对性和个性化特征。用户接口及界面与信息呈现的设计，将充分考虑人的感官及视觉特征和人的感受及体验，交互界面美观大方，交互性友好，操作简便实用，并不断进行优化。

3. 安全性原则

平台设计提供有效的安全保密机制，保证各单位和用户之间的信息能够安全发送与接收。系统提供口令验证、加密、权限控制等安全机制。平台提供完善、坚实的权限分级管理手段，具有良好的安全保密机制。选择良好的服务器操作系统平台及数据库，使平台处于C2安全级基础之上；采用操作权限控制、用户钥匙、密码控制、日志监督、数据更新严格凭证等多种手段。网上设计采用三层结构设计，所有对数据库的访问操作行为全部封装；平台管理分权限控制、重要数据传输加密实现，云平台数据严密管理，确保数据安全。

对数据库中的对象（表、表中的列、索引、存储过程、视图等对象），根据不同的业务处理要求，确定不同的用户角色，给予不同的用户对象不同的数据库访问权利，在给角色分配访问权利时，主要采用对视图访问的授权或验证码来实现，这样可以更准确地控制对数据库的访问，把对数据可能产生的破坏降到最低程度，降低受攻击的风险。管理者也可以随时监控现场情形与变化状况，便于及时发现问题，并可直接通过云端下达命令给上位机解决相关问题，从而提升整体作业效率。提供针对单个移动设备接入的物联模块，实现传感数据的采集、无线传输和跟踪定位。对于大量固定设备的集中接入，采用智能网关，可以实现不同类型、不同总线协议设备的数据接入，数据传输和命令的下发。对接入的设备权限和数据模型进行分类管理，保证了设备的安全接入和数据的高效管控。

4. 可靠性原则

平台在设计上充分考虑提供安全可靠的技术和管理方式，通过加强设计，提高质量和控制业务流程等多种手段加以保障。平台必须要保证其工作的高可靠性和高稳定性，保证平台常年的7×24不间断运行。一个中大型传感云平台时刻都要有大数据量的采集和访问，并进行处理，因此，任一时刻的系统故障都有可能给用户带来不可估量的损失，为使系统具有高度的可靠性，平台设计采用如下一些措施。

（1）采用具有容错功能的服务器及网络设备，选用双机备份、Cluster技术的硬件设备配置方案，出现故障时能够迅速恢复并有适当的应急措施。

（2）平台网络设备均考虑可离线应急操作，设备间可相互替代；

（3）采用数据备份恢复、数据日志、故障处理等故障对策功能，采取严格的网络平台运行管理监控机制。

5. 可操作性和灵活性原则

系统在设计上充分考虑用户界面应方便、友好、灵活，用户应能够方便地在权限范围内于各子系统之间切换。系统有良好的整体化设计，同时完善的帮助系统也是增强可操作性的必要辅助工具之一。应用系统不依赖于特定硬件环境；在系统结构一致的前提下可选择实施各模块的应用；系统具有可实施性，各模块可单独实施并使用。

6. 可扩展性与可移植性

可扩展性指的是平台可以根据业务发展的需要，能够方便地升级、扩展应用平台系统及功能。由于智慧传感云平台采用了集散式多子平台、多系统、多终端架构，数据和应用的集成集中在中间件一级进行处理，所以，也就为今后的扩展打下了良好的基础。同时保证平台能在各种操作系统和不同的中间件平台上移植。从采用的平台体系架构、软硬件、开发语言到网络和平台服务器的选型我们都充分考虑到了移植性的要求。

4.1.2 平台软件优化设计与集成要求

1. 平台软件优化设计要求

平台对其算法和数据结构与类型、运算强度、结构体成员的布局、循环的分解和嵌套及转置、公用代码块与共享数据、使用的函数和变量、模型的动态模拟速率、程序接口等进行优化设计，提高系统的整体性能和综合运行效率。

2. 平台软件系统集成要求

将平台系统的多种软件功能进行集成。把各项应用程序的有效组织和链接组织起来，使系统在一个统一的操作环境下以综合一致和整体连贯的形态来进行工作。用先进的集成模型把子程序或功能软件包组件进行集成，降低其中软件组件的耦合程度，使用松弛型耦合组件[①]，使它们之间的相互依赖性变得很少或不存在。对集成模型遵循实现集成的简单性、可重用性和准确快速性的原则。在功能集成方面遵循各功能模块的数据一致性及规范化、多步处理过程，以及即插即用组件的匹配。

4.2 信息共享与协同服务平台

4.2.1 平台体系结构

平台的建设和应用推广将深入社会生态环保文明建设的各个领域和环节，平台影响力和用户量将迅速成长，形成环境与生态监测和全方位服务管理等具有引导力和示范性的专业大平台，产生极大的社会和经济效益。平台体系结构如图 4-1 所示。

---

① 客户端和服务之间只要消息符合协商的架构就能实现通信，并且可以根据需要进行更改调整，有助于降低客户端和远程服务之间的依赖性。

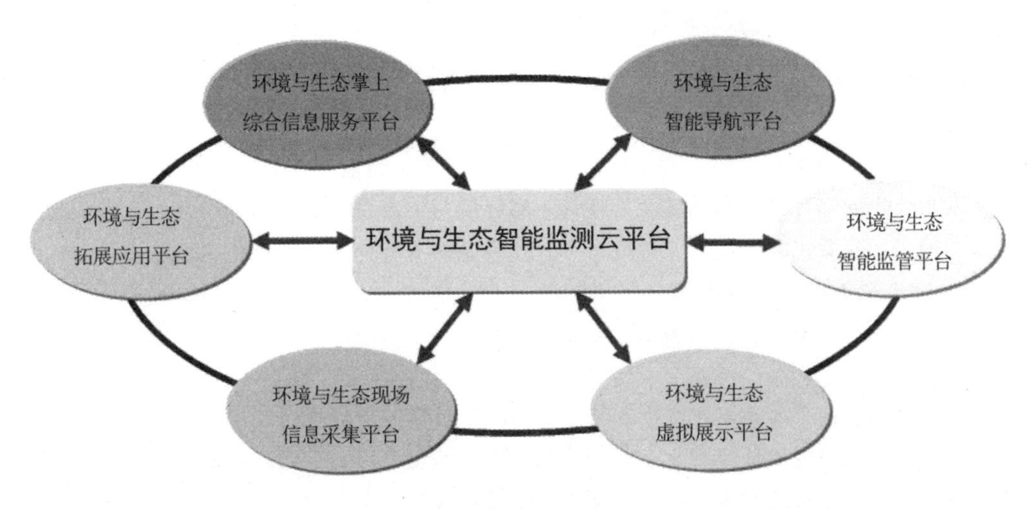

图 4-1　平台体系结构

研发拥有 6 个特色功能子平台的环境与生态智能监测云平台，各子平台间互联互通有机集成。平台以长沙市环境与生态重点监测区域和各类用户站点为对象，并辐射全省和推广到全国用户，用户涉及农林业和工业、自然资源、建筑施工、旅游景区、居民小区、监管部门等环境与生态监测各类用户。研发传感器件及智能化装置对各区域和站点的环境与生态数据信息进行实时现场采集，通过构建的物联网将采集的各路信息实时传送至云端数据库，构建和部署功能强大的环境与生态云端服务器和资源信息数据库。对云端数据库信息进行深度挖掘与分析处理，研发先进的智能化数据分析处理软件及插件，得出环境与生态监测安全状况和预警信息，得出各类信息分析统计数据动态报表、曲线和模型，将结果实时推送到网络各类终端呈现、监控与管理。研究平台后台信息分类和用户分级管理的融合，自适应匹配各类用户平台界面和功能。构建环境与生态信息智能公共服务和监管平台，为用户和监管部门提供全方位便捷、高效的服务，包括对各站点环境与生态数据的立体感知和实时呈现、环境与生态安全智能监管、环境与生态的智能评测、环境与生态资源及科普知识的智能导航和虚拟展示、环境与生态综合信息智能服务等的研究。

4.2.2　平台基本功能

环境与生态智能监测云平台各子平台主要功能描述如下。

1. 现场信息采集平台

该子平台由现场各类传感装置（包括视频摄像头）、各类信息采集与通信模块和工控电脑等构成，根据用户和应用场景实际需要，采用模块化结构或一体化工控电脑信息采集装置灵活组网，并将现场摄像头或无人机航拍采集的站点环境生态和人流动物视频，以及通过现场传感器采集的大气压力、空气温湿度、土壤温湿度、风速风向、雨雪量、水质、pH 值、噪声、PM2.5、粉尘、烟雾、能见度、辐射度、负氧离子、一氧化碳、二氧化硫等环境与生态数据信息，由构建的物联网实时传送到云平台，通过云平台对上传信息进行大数据智能分析处理和云计算，将结果实时推送到各类用户 PC 终端和智能移动终端，实现监测、查询、预警、管控等操作。

2. 智能监管平台

该子平台主要为环境与生态各级管理部门，对当地环境与生态监测各站点和重要场所的监控视频、环境生态数据、安全状况等信息进行是实时监测管控、信息预警、综合评测、发布公告通知、联防联动应急处理等。对环境与生态系统的安全、运营、管理和服务进行网络化、智能化综合监管，形成科学、完善、高效的标准化管理体系。

3. 掌上综合信息服务平台

掌上环境与生态综合信息服务平台是指在手机、平板电脑以及其他移动智能终端设备上构建的环境与生态微信公众号和安卓、苹果 App 软件平台，将云平台数据库的视频图像、传感监测数据、应用系统数据和智能分析统计数据等实时推送到手持移动智能终端的各类用户，为用户提供环境与生态监测信息、资源信息、评测信息、预警信息、分析统计图表、科普知识、智能导航、公告通知、安全监管、互动交流、意见反馈、公众评价和政策法规等全方位的实时服务。

4. 虚拟展示平台

构建环境与生态科普知识、奇观、故事和案例等虚拟展示与互动娱乐平台。通过搭建的环境与生态景观图片、文本、视频、3D 模型和科普知识多媒体数据库，可在用户或监管部门的 3D 虚拟设备、大型拼接屏幕及可触摸屏幕查询系统展示，以及各智能移动终端呈现。

5. 智能导航平台

平台通过录入各站点环境与生态监测数据、分析统计图表、站点景观奇闻趣事、地理信息和定位信息等构建数据库，用户在手机客户端采用图示化导航能够实时获取就近站点或指定站点的相关信息。图示化界面同时呈现相关站点的简介、距离、步行车程时间、视频等信息及链接。

6. 拓展应用平台

拓展应用平台是在云平台基础上提供了接口，以拓展更多相关或相近应用平台的开发和接入，如现代农业生态观光旅游平台、工程施工环境监测平台等。采用智能化模板构建技术实现应用平台的拓展。

4.2.3 平台技术方案

环境与生态智能监测云平台网络层次结构示意图如图 4-2 所示。

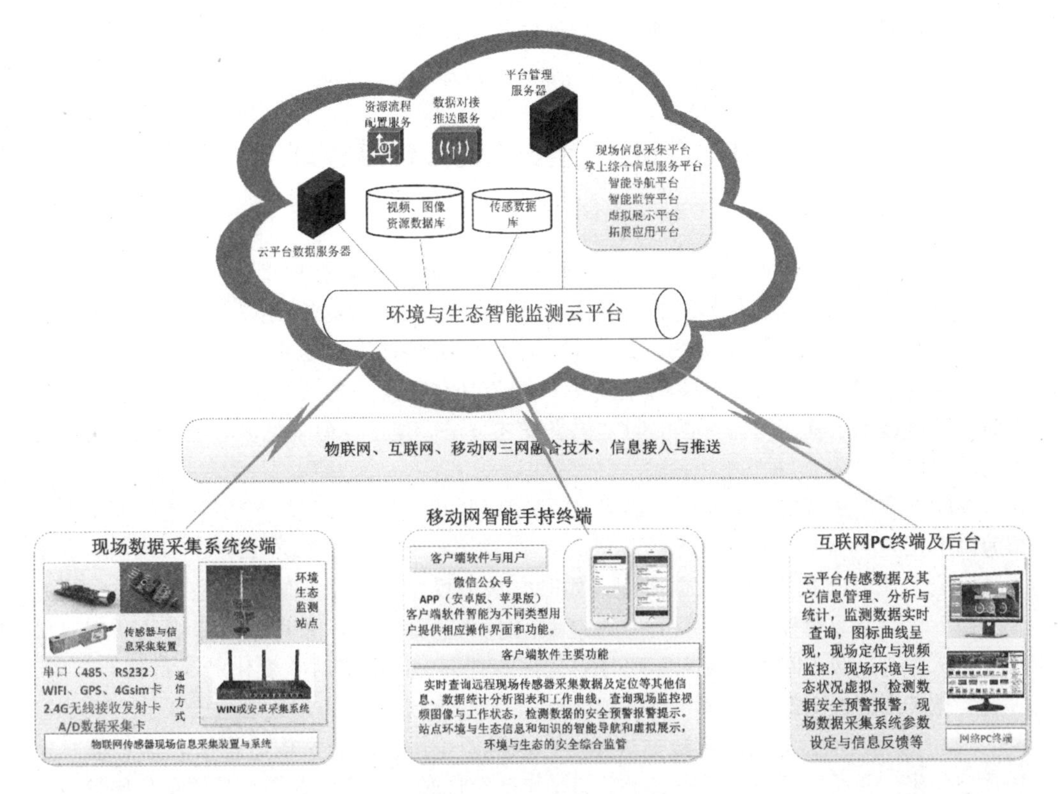

图 4-2　平台网络层次结构

1. 现场信息采集装置及系统

对环境与生态现场信息数据采集装置及系统进行针对性研发，数据采集系统通常由现场各类传感器（包括视频摄像头）、各类信息采集与通信模块和工控电脑等物联网终端装置及软件构成。研发目标为两套不同技术方案的新型现场环境与生态数据采集系统。一种采用模块化结构组网技术，构建的系统不带现场操控和显示，根据具体需要，采用相适应的标准化信息采集与通信模块搭建感知物联网，模块化结构是一种先进的集约型高性价比组网方式，能够提升物联网组网的灵活性和适应性，降低组网成本，也便于软件配置和运营管理与维护；另一种采用带 5~8 寸触控屏幕工业平板电脑集成信息采集板卡接口，可对采集的信息进行现场处理查看传感数据、设定参数、操控与预警，适应站点环境与生态数据的集中采集。系统可采集 16 路数字与模拟信号，包含直接接入系统的 2 路视频数据，系统的集成度、稳定性和数据采集与处理的智能化程度得以提升。采集系统的研发还包含无线传感网络数据采集系统节点汇聚算法、算法改进与软件编程、采集数据模型优化、稳定性和安全性等。

现场传感信息采集根据传感器集散分布状况、所处环境，灵活采用适合的采集装置和通信方式，快速构建符合应用需求的传感物联网。云平台自适应兼容各类采集终端的各种方式数据传输方式，模块化结构自动组配信息采集系统和集成式集中信息采集系统，在不同的使用条件和环境下，以及传感器不同分布状态下，其数据通信方式均有区别，具体依据现场信息采集终端构建的经济性、可靠性和适用性进行选配。

4.3 数据库的多模式多标准集成

时空数据模型①是时空数据库的核心问题之一。而时空数据模型的基础是时空语义。在时空语义方面，研究者从不同的角度探讨了时空变化的分类、描述以及时空对象的描述等问题，如文献［8，9］从制图学角度对 GIS 的时态特性进行了研究，文献［10］根据时空对象的空间特性定义了基本时空变化和复杂时空变化，文献［11］则从时空对象的生命期角度提出了基于对象标识的时空语义描述方法。但迄今尚未见对时空语义进行系统研究的工作。

在时空数据模型研究方面，已经提出了一系列的时空数据模型。[8,9,12-24]这些模型可归结为以下几类。

（1）基于时间戳的时空数据模型，如时空快照模型[8]、基态修正模型[8]、时空立方体模型[8]、时空复合模型[8]以及时空对象模型[12]等。这些方法采用版本来表达时空对象的状态，并通过版本间的比较来实现时空变化的查询，因此对时空变化的支持相对较弱，时空变化查询的效率低。

（2）基于数据类型的时空数据模型。[13]该模型采用时空类型构造子来表示时空对象及时空变化，并通过时空类型构造子上的操作来实现时空变化的查询。其优点是比较适合在对象关系数据库管理系统上实现，缺点是无法表达涉及多个时空对象的时空变化。

（3）基于事件的时空数据模型。[14-16,21,22,25]文献［14］提出的 ESTDM（the event based spatio temporal data model，基于事件的时空数据模型）模型将某一空间区域的每次状态变化视为一个事件，用一维时间轴上的事件序列来表示空间对象的时空变化，但它同样也不支持涉及多个时空对象的时空变化。文献［15］改进了 ESTDM 模型，在事件中引入了时空变化的原因，但该模型仅以支持土地划拨应用为目标，所提出的事件缺乏一般性。

（4）基于约束数据库的时空数据模型。[18-20]文献［18］提出了描述连续移动对象的时空数据模型。但移动对象数据模型只适合仅位置随时间连续变化的时空数据库应用，因此不能满足一般的时空数据库应用需求。为了支持空间形状随时间连续变化的时空数据库应用，研究者从约束数据库方面对时空数据模型进行了研究。[19,20]其中参数化矩形模型[19]将空间对象表示为一个参数化矩形的集合，以参数化矩形的变化集合来表示空间对象的连续时空变化。其问题是每次时空变化都需要构建一个较大的参数化矩形集合，代价较高，而且如何支持离散时空变化、是否可实现等问题都没有解决。

就国内而言，时空数据模型研究主要集中在国家基础地理信息系统中心、浙江大学、华中科技大学、清华大学、中国科学院地理所等单位。大多数国内已有研究可归于“基于事件的时空数据模型”中，例如，国家基础地理信息系统中心的陈军等提出的基于事

① 时空数据模型动态地表达了随时间变化的地理数据，主要用于地理空间数据的时态变化分析。

件的时空数据模型、[15,21]武汉大学的孟令奎等提出的基于地理事件时变序列的时空数据模型、[22]浙江大学人工智能研究所提出的基于状态和变化的时空数据模型、[16]华中科技大学的易宝林等提出的基于对象行为的时空拓扑模型[25]等。其中，国家基础地理信息系统中心的陈军等提出的基于事件的时空数据模型，可以有效支持土地划拨等涉及离散时空变化的时空应用。浙江大学人工智能研究所提出了基于状态和变化的时空数据模型，以显式的方式表达时空对象在空间域、时间域以及对象域上的变化，解决了基于时间戳的时空数据模型无法表达变化原因、形式等问题。基于对象行为的时空拓扑模型[25]对时空拓扑变化的建模方法进行了深入研究。另外一些研究者从概念建模角度探讨了时空数据模型。[23,24]文献[17]提出面向平面移动对象的时空数据模型 OPH 模型以三个观测几何表示空间对象的演变，从空间几何的角度探讨了时空变化的表示。

时空数据模型的研究现状，制约了时空数据库的实现和应用。例如，层次型结构[26,27]是在传统的关系数据库管理系统之上附加一个时空层，通过其来完成对时空数据的操作，但时空层易成为应用开发的瓶颈。扩展型技术[7,28,29]是在对象关系数据库管理系统之上进行基于内核的时空扩展。其实现路线较清晰，而且是基于内核的扩展，有利于时空数据库的实用化，但难以解决时空查询的优化问题。

综上所述，已有的时空语义和时空数据建模研究存在的主要问题有：（1）缺乏表示和查询时空变化的完备方法；（2）缺乏对连续时空变化和离散时空变化的统一支持；（3）缺乏有效的实现方法。本研究统一解决上述三个问题，研究目标是探索可以完备描述和操纵时空数据与时空变化的通用的统一时空数据模型及实现技术，以适应各种时空应用的迫切需求，并可为时空数据库技术的发展提供新思路和理论依据。

笔者已经对时空语义和时空数据模型进行了系统研究，并建立了时空变化的一个分类体系和描述框架，其特点是可以完备描述各种时空变化，它为建立完备的时空语义模型提供了基础。而事物的本质语义是本体的研究基础，因此，我们已有的时空语义研究为时空本体的设计奠定了基础。

本研究拟从本体论的角度出发，构造既可以表示时空数据同时又包含时空变化表示的时空本体，建立基于本体的时空语义模型，进而设计时空本体的逻辑数据结构、逻辑查询操作以及一致性维护策略，并结合约束理论解决连续时空变化建模难题，最终建立统一时空数据模型。在模型实现方面，笔者已提出了基于对象关系数据库和中间件技术的优化型时空数据库实现结构。[38]实践表明这种设计思想非常适用于统一时空数据模型的实现。

4.4 数据库统一时空数据模型

林业时空数据库技术已成为目前国内外研究的热点，它对于移动计算、环境监测、军事、交通管理等需要有效管理移动对象的应用有着重要的实际意义。本研究采用本体技术和约束理论对时空数据及时空变化的统一表示、查询等问题进行深入探索，通过时空本体建立时空数据及时空变化的统一语义建模，并采用约束理论解决连续时空变化的建模问题，从而构造可以完备描述和查询时空数据与时空变化的统一时空数据模型。同时以对象关系数据库和中间件技术为基础，深入探讨时空数据库的实现结构、查询处理等问题，解决统一时空数据模型的实现问题。本研究从模型的通用性入手，从本体论的角度阐明时空数据与时空变化的一体化特性，从查询优化角度提出新的时空数据库实现技术，为时空数据库技术的进一步研究与应用提供新思路和理论依据。

时空应用是一类复杂应用，它涉及空间对象随时间而发生的时空变化。随着国民经济的发展，交通管理、森林火灾监测、风暴预测等越来越多的应用对时空数据的管理提出了迫切的需求。但迄今为止，还没有任何一个数据库管理系统可以有效支持时空数据的存储和管理，极大地制约了时空应用的发展。[1,2]

有效地实现时空数据库管理系统首先要建立有效的时空数据模型。但已有的大多数时空数据模型都是针对某类特殊的时空应用的，因此缺乏通用性和完备性。而且，已有时空数据模型还缺乏有效的实现方法。因此，迫切需要设计出一个具备通用性和完备性、易实现的统一时空数据模型，对时空数据及其操作进行统一表示和查询，并能够有效实现并支持时空应用。

本研究提出并研究借助本体和约束理论来解决时空数据的统一建模问题。本体（ontology）是一组概念的规范。[3] 国外研究者已尝试在移动应用信息交换和共享、[4] 时空信息集成、[5] 时空推理[6] 等方面引入本体思想，探索不同时空应用之间的共性。也已证明约束理论在表达空间数据的连续性方面十分有效。[7] 已有学者指出，在时空数据库领域应用约束理论是解决连续时空变化建模问题的主要方向。[7] 据此，本研究拟利用本体具有的语义完备的特点，建立基于时空本体的时空语义模型，并结合约束理论，建立时空变化的完备描述框架，进而提出具备通用性和完备性的统一时空数据模型。

对于统一时空数据模型的实现问题，我们拟采用基于对象关系数据库和中间件的实现方法。对象关系数据库使统一时空数据模型的数据结构和数据操作可以通过扩展类型和扩展操作的方式实现。但由于对象关系数据库本身不提供时空查询优化，因此，采用时空查询处理中间件来处理时空查询，以达到提高时空查询效率的目的。本研究既针对时空应用的迫切需求，也可为林业时空数据库研究提供新思路和理论依据。

本项目的主要研究目标是：①提出表达时空本质的时空本体，建立基于时空本体的时空语义模型，进而提出统一时空数据模型，为通用型时空数据库的设计与实现奠定基础；②提出统一时空数据模型的优化型实现结构及实现方法，提高时空查询效率，更好地满足时空应用的实际需求；③通过实验论证统一时空数据模型的适用性和实用性，为时空数据库理论的发展与应用提供新线索。

针对上述研究目标，本项目拟首先对时空语义进行深入的分析，进而研究出基于本体的时空语义模型和统一时空数据模型，最后提出有效的实现技术并进行实验验证。具体研究内容如下：

（1）时空语义分析：从时空应用入手，以面向对象理论为基础对时空变化进行系统分类，研究各类时空变化的概念性描述方法，建立可以完备描述各类时空变化的时空语义描述框架。

（2）基于时空本体的时空语义模型：分析时空对象与时空变化的内在联系，以时空语义分析为依据设计集成时空数据与时空变化的时空本体，进而提出适合不同时空应用的时空语义模型。具体研究内容包括时空本体的形式化描述方法、时空本体的层次化设计、时空语义模型的符号化模型以及与应用的集成方法。

（3）基于ADT和约束理论的统一时空数据模型：以时空语义模型为基础，建立时空本体的逻辑数据结构，设计数据结构上的代数操作，并对数据结构和代数操作上的一致性约束进行分析，建立具备通用性和完备性的统一时空数据模型。具体研究要点包括以下几点：

①基于约束理论的连续时空变化建模方法。研究基于约束理论的连续变化表示以及连续变化的查询等问题。

②统一时空数据模型的数据结构。数据结构主要包括：时空对象的数据结构；时空拓扑的数据结构，即时空对象之间的空间拓扑结构变化；时空对象的空间属性数据结构；时空变化的数据结构。

③时空查询代数。主要包括：空间代数操作；时态代数操作，主要是时态拓扑操作；时空代数操作，主要是时空拓扑操作；统一时空数据模型上的时空选择、时空连接、时空聚集等查询操作。

④统一时空数据模型的实现方法。主要研究以对象关系数据库技术为基础，结合中间件技术的时空数据库实现方法。主要研究内容包括以下几点：

a. 统一时空数据模型与对象关系数据库的映射方法：将形式化定义的统一时空数据模型通过一定的算法映射成对象关系数据库中的扩展结构。

b. 时空查询处理的体系结构：主要包括时空查询处理的流程以及输入输出。整个体系结构拟采取基于对象关系型数据库管理系统的中间件技术，建立专门进行时空查询处理的中间件，对时空查询进行分析、优化，并将优化后的查询交给底层的对象关系数据库管理系统处理。

c. 时空查询优化算法：对时空操作的代价进行估计，使时空查询在进行等价转换时可以采用基于代价的优化策略。设计时空查询的等价转换规则，通过时空查询转换规则将初始的时空查询代数计划转换为预计更优的查询代数计划。不同的时空查询可以应用的时空查询转换规则有所不同，因此在查询计划转换中需要定义时空查询的查询特性，并根据查询特性来决定转换规则的应用。

d. 时空查询处理中间件：主要研究时空查询处理中间件的系统结构和时空查询处理方法。中间件接收时空查询语句，并进行查询分析和优化，并执行部分的查询处理工作，和底层的DBMS一起完成整个时空查询处理工作。

1. 研究方法

本研究主要利用本体论①的思想揭示时空对象与时空变化之间的内在联系，分析时空变化的类型，研究各种时空变化的描述方法，建立可以完备描述时空数据和时空变化的基于本体的时空语义模型，并采用约束理论探讨连续时空变化建模机制，以扩展的对象关系数据模型为基础建立统一时空数据模型。并结合目前先进的对象关系数据库技术和中间件思想实现时空数据库管理系统，从通用性和实用性的角度探索时空数据库技术的发展方向。

2. 技术路线

（1）时空语义完备性描述框架的建立

---

① 本体论（ontology）：就是对特定领域之中某套概念及其相互之间关系的形式化表达（formal representation）。

时空语义完备性描述框架的建立从两个方面入手，即时空变化的描述框架和时空对象的描述框架。

①时空变化的描述：采用 AND/OR（与/或）树型结构进行描述，以是否改变时空对象标识区分时空变化为对象级时空变化（涉及时空对象标识变化，如分裂、合并等）和属性级时空变化（不涉及时空对象标识变化）。对于对象级时空变化，采用在前面工作中提出的历史拓扑[30]显式表示。时空对象的历史拓扑通过特定的数据结构记录了该时空对象与其他时空对象之间的历史关联。对于属性级时空变化，采用定义在时间域上的描述子（descriptor）隐式地表示。通过定义在时空对象不同部分上的描述子可以实现对不同类型的时空变化的描述。

②时空对象表示：表示为一个四元组 O = {OID，A，S，HT}，四个项分别表示时空对象的标识、属性描述子、空间描述子和历史拓扑。通过这一结构，将时空变化集成到了时空对象的内部，既表示了时空对象自身的属性，也表示了时空对象所特有的时空变化。

（2）时空本体与时空语义模型的建立

首先根据时空语义描述框架建立时空本体的形式化文本表示，然后以 UML 类图为基本图形符号建立时空本体的图形化表示。一个时空本体定义为集合 STO = {G（V，E），Γ，Λ，N，T}，其中 Γ 是时空概念集合 Γ = {c_1，c_2，…，c_n}，每个时空概念包含相应的一些属性，Λ 是一个联系的集合 Λ = {r_1，r_2，…，r_n}，表示时空概念之间的联系，例如“ISA”“PartOf”等，G 是一个基于 UML 类图的图，其节点集 V 对应时空概念，边集 E 对应时空概念之间的联系，节点集 V 与时空概念集 Γ 之间通过函数集 N 建立映射关系，边集 E 与联系集 Λ 之间通过函数集 T 建立映射。

（3）统一时空数据模型的建立

统一时空数据模型以对象关系数据模型为基础进行设计。其核心思想就是对对象关系数据模型进行时空扩展，通过扩展的抽象数据类型及其操作来实现时空数据管理。统一时空数据模型中的一个关键问题是时空变化的表示。时空变化以特定的时空数据类型来表示。对于离散型时空变化，采用离散时空数据类型表示，该数据类型通过时间分段技术以序对（region，period）表示时空变化。对于连续型时空变化，采用基于约束矩形的近似方法来表示。

一个约束矩形表示了一个矩形在一个时间区间里的连续时空变化。对于连续变化的时空对象，通过约束矩形上的变化来表示连续时空变化。涉及的算法主要有两个，一是将给定的连续变化的时空对象的一个快照表示为约束矩形集合，二是通过给定的两个时空对象的快照建立时空对象的约束矩形之间的映射。

（4）统一时空数据模型的实现方法

基于统一时空数据模型的时空数据库管理系统（STDBMS）的体系结构如图 4-3 所示。目前较流行的时空数据库管理系统的实现结构是基于对象关系数据库管理系统的扩展型结构，对象关系数据库技术虽然提供了 ADT 和用户定义操作的扩展，但它的查询处理器不提供扩展能力，因此使得时空查询的效率较低，难以满足实际需求。图 4-3 的结构在扩展结构之上添加了“时空查询处理中间件”层，由时空查询处理中间件来负责时空查询处理，完成时空操作的代价估计、时空查询的重写以及优化等任务，从而增强 STDBMS 的时空查询处理能力，使其更适合时空应用的需求。

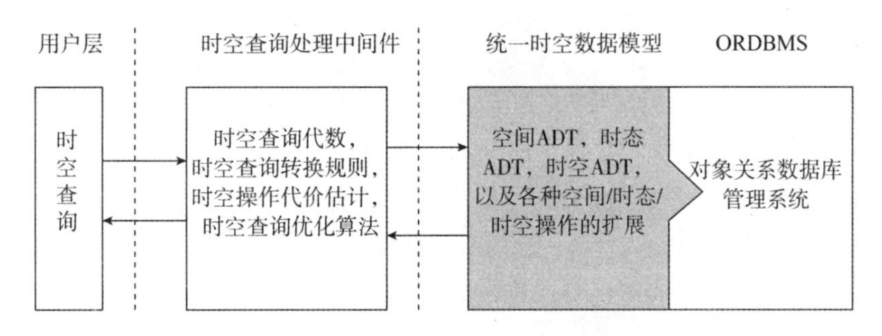

图 4-3　统一时空数据模型的实现结构

3. 拟解决的关键问题

（1）连续时空变化的表示。连续时空变化的表示是时空数据建模中的难点问题。位置的连续变化表示相对容易一些，但区域的连续变化表示迄今仍是一个难题。由于计算机系统并十分适合处理连续型数据，因此，将连续的时空变化映射到离散的计算机世界中需要创新的方法。

（2）时空查询优化。由于时空数据的复杂性，时空查询优化有别于传统的查询优化方法。对于时空数据库管理系统而言，时空查询优化的好坏直接决定着整个系统的效率和实用性，因此，这一问题是本研究要解决的关键问题之一。

（3）时空语义描述框架的建立。时空语义分析是统一时空数据建模的前提，主要难点在于时空语义的完备描述。不同时空应用所蕴含的时空语义存在较大差别，如风暴预测需要描述风暴（区域）的连续时空变化，而地籍管理则只需要描述地块（区域）的离散时空变化。目前国内外还未提出系统化的描述框架，该问题的解决将为建立统一时空数据模型奠定基础。

（4）时空本体的层次化表示。时空本体是统一时空数据模型的重要基础。现实世界中的本体是与领域相关的，而时空对象的结构、语义都比一般领域要复杂，因此时空本体需要建立一种层次化表示结构。如何建立这种表示结构是本研究要解决的另一关键问题。

4.5　数据库与服务器结构

云平台通过租用云服务器，基于 CentOS 或 Windows Server 操作系统，采用 Apache 网络服务器、MySQL 数据库和 PHP 语言构建。用户账号、密码采用 MD5 数据加密技术，确保数据账号信息安全。关键数据采用多层加密技术，有效保证数据安全。平台采用 *N* 层分布式结构实现，在核心层之上，各项功能按模块进行编写，便于扩展新功能或进行升级。对数据量剧增后采用数据库分布式部署，从而达到消除数据访问瓶颈的目标。

MySQL 数据库创建包括用户账户信息、用户身份信息、用户类型信息、监测站点信息、站点涉及参数信息、传感器信息、监测数据信息、视频监控信息、站点定位信息、站点地理与地图信息、参数图像可视化信息、分析统计信息、预警信息、用户反馈信息、平台辅助信息等约 24 个数据表格（各表留有适当空白信息字段，并可根据需求增加，各数据表之间通过关键字段相关联）。云服务器初期租用阿里云等商家提供的服务器，平台规模化运营后，根据数据承载量和用户访问量，可以进行最适配的服务器功能拆分，增加服务器数量或移植到自己搭建的云服务器。

1. 掌上综合信息服务平台构建

掌上服务平台软件是指在手机、平板电脑以及其他移动智能终端设备上，构建安卓和苹果版本 App 软件，将监测站点数据和智能分析统计数据实时推送到移动智能终端用户，为用户提供分类分级的数据资源共享、传感信息监控和信息互动交流等服务功能。

Android（安卓）和 IOS（苹果）App 开发基本语言分别采用 Java 和 Objective-C。开发的 App 软件具有分类数据查询、定位地图、数据分析、曲线图示、统计排名、预警提示、信息交互、用户管理等主要功能。App 功能界面，分类清晰层次分明，能够按区域站点、信息类别、用户对象和工作方式分类，采用菜单与功能图标相结合的操作形式，支持多媒体信息呈现。主要菜单分站点（设备）、消息、发现、我的（用户）四项，各主菜单界面又分多项功能图标或子菜单，其中：①站点（设备）为用户站点汇集，包含站点下拉列表，进入一个站点首界面为该站点各传感节点监测数据和现场监控视频等，点击每个节点监测数据，进入该节点数据图示化和数据统计分析界面，包括图示化实时数据，按时、日、周统计数据变化曲线等；下拉菜单可选择查询用户的各个站点及节点数据，查询站点的定位和地图，查询站点现场视频；注册用户可随时添加自己的站点，设置相关站点参数，并可分享站点给其他用户。②消息包括用户站点节点数据超限或异常预警信息提示。云平台站点数据分析统计，按区域、站点和节点的多种组合方式查询综合环境优良状况排名和各节点单一数据排名，用户信息反馈和交互，以及平台发布信息等。③发现主要包括各公开站点列表和信息、环境与生态智能导航和知识展示等。各公开站点以多种类型数据图表格式呈现，呈现内容和方式与用户站点类似，并按地点区域、名称类别等查询站点信息和数据。④我的（用户）包括个人资料、密码修改、退出账户、意见反馈、互动交流、设置、使用帮助、收藏和分享等子菜单及对应操作界面云平台的智能移动终端。除开发 App 软件，亦可开发相应的功能的微信公众号。

2. 平台 PC 端软件设计

通过环境监测平台 PC 端软件采用 B/S 模式设计，授权各类用户，通过 PC 浏览器实时查询查看监测云平台传感数据和现场视频、传感数据的图表分析报告和预警信息，以及现场工作状况的可视化，并能及时反馈和互动交流信息，实现各站点的大气压力、空气温湿度、土壤温湿度、风速风向、雨量、雪量、水质、pH 值、粉尘、噪声、PM2.5、负离子、碳汇量、照度（能见度）、辐射度、一氧化碳、二氧化硫等环境与生态指标参数及现场视频、定位和地图信息的实时远程多用户监测、分析与管控。WEB 前端呈现的各站点和节点的信息数据和图表与 App 软件一致，界面和内容自适应浏览器分辨率。管理员通过 PC 端 WEB 登录后台进行信息发布、数据分析统计等操作。

3. 数据智能分析与统计

在云端通过运用数据挖掘、模糊聚类、随机过程和遗传算法等理论，对数据进行智能分析计算，对各站点环境生态优良度进行综合分析，得出优良状况排名，给出各节点各类传感数据单项排序。通过对各节点传感数据与上下限阈值设定比较或异常值分析，向用户发出不同等级的预警信息。对历史数据综合分析，预测不同区域站点环境变化规律和发展趋势，给用户生产经营决策提供指导和参考意见。对监测现场视频图像进行深度分析，发出洪灾、雪灾、火灾、塌方等灾害预警信息。在平台各用户终端，针对不同用户类型自适应赋予相应的工作界面和功能，并对用户不规范或恶意操作行为进行记录跟踪和警示提醒。

信息共享与协同平台的主要性能特征如下：

（1）针对环境与生态数据特征，研发模块化结构和一体化工业平板电脑两种不同类型的信息采集系统，以适应灵活和集中采集环境与生态现场数据。模块化结构能提升物联网组网的灵活性和适应性，降低组网成本；一体化工业平板电脑集成度高、稳定性强，能提升数据采集与处理的效率。

（2）对云平台监测的传感数据进行拟合、插值、聚类和可视化模拟，用图形曲线、曲面和 3D 模型等方式呈现给各终端用户，实现监测数据变化过程的 2D、3D 建模和动态虚拟。

（3）运用数据挖掘、模糊聚类、随机过程和遗传算法等理论对数据的安全状况和发展趋势进行预测和跟踪，给出环境与生态安全实时分级预警信息。对环境与生态监控视频进行图像深度分析，结合该区域传感监测数据增强验证，给出多级数据智能模糊实时预警信息提示。

第5章　林业资源定位方法研究

以环境感知进行高效资源发现，并通过高效路由技术进行资源定位；基于领域本体知识来提高资源发现效率，尽量地缩小搜索范围（减少资源请求对路由器的访问次数、对资源信息数据库的查询次数），优化路径查询算法以提高资源搜索精确度；基于相似匹配和松弛的服务发布与发现策略，采用副本管理策略增强资源发现与定位效率，扩大资源的定位范围；在此基础上研究如何存储、分发、组织和管理、处理、分析和挖掘分布数据，建立一体化数据访问、存储、传输、管理与服务架构。

资源发现与定位机制关系到广域分布式环境中资源共享和协同工作效率，如何能以较小的开销取得满意的资源定位性能，适应林业资源动态变化的特性，解决资源发现过程中的负载平衡问题是保证有效利用信息资源的重要前提；基于普通 TCP/IP 的构建模式已经有比较成熟的方案，但林业机构信息流与其他应用服务信息流性质不太相同，即整个信息服务平台内既存在大量的林业政务数据流，也存在大量的卫星遥感影像数据和远程林业中的视频信息数据流，这为保证服务质量 QoS 带来了巨大的复杂性。这个问题的解决与否关系到是否能实现信息充分共享，严重影响项目的最终应用效果。如林业政务信息传输过程要求准确无误，否则会影响政策的上传下达；远程林业视频信息对延迟、丢包非常敏感，尤其是对林业灾害应该保证其视频的流畅性和准确性；林业图像和视频传输短时期内可能会产生大量数据，其流量峰值可能会对其他网络服务产生巨大影响。

5.1　林业资源定位应用

1. 智能传感器及装置与通信技术

平台建设充分优选智能传感器，并针对具体应用对象做改进研发，改建算法和软件编程，优化数据模型，使之更适应具体检测对象和环境的应用。对于无电源、无网络、环境恶劣情形下的传感器使用，采用电池供电或太阳能供电的低功耗 GPS（Global Positioning System，全球定位系统）+GPRS（General packet radio service，通用无线分组业务）及 DTU（Data transmission terminal，数据传输终端）模块单元，实现传感数据采集与传送，并对芯片模块的选型和配置进行适应性研究。对传感器通过串口转 Wi-Fi 通信、串口转无线发射与接收模块到上位机的短距离通信进行研究与应用，以适应不同应用对象和环境。对传感器数据采集站点上位机工控系统的软硬件构建进行研发，研发基于安卓和 Windows 操作系统的两种工控电脑现场传感信息采集装置，适应不同需求的应用。

2. 信息智能化处理技术

现场工控系统和传感云平台对传感器件和其他途径获取的海量信息进行智能化处理，是提升整个平台智能化水平与工作效率的关键，对数据信息的智能计算、分析、统计和融合，给出合理有效的结论和预判与预警结果，并呈现给终端用户智能装备，实现实时联防、联管和联控，确保平台安全、可靠、稳定和高效运行。平台的用户终端，针对不同用户类型自适应赋予相应的工作界面和功能，并对用户的操作行为流程自动地记录，对不规范或恶意操作进行记录跟踪和警示提醒。平台在数据监测和分析过程中，运用数据挖掘、模糊聚类、随机过程和遗传算法等理论，对数据的安全状况和发展趋势进行预测和跟踪，给出实时分级预警。

3. 信息的可视化与3D虚拟技术

平台对监测的传感数据和分析结果，进行拟合、插值、聚类和可视化建模，用图形曲线、曲面和3D模型的方式呈现给终端用户，并实现数据信息动态变化过程的2D、3D的动态虚拟，提升用户对数据信息结果的感官体验和深度认知，高效管理和操控监测对象。

4. 视频深度分析技术

平台对重要领域监测，对视频监控图像进行深度分析，结合该领域传感监测数据相互验证，给出多级数据智能模糊预警信息提示。如对主要农作物或经济林植物区域，通过视频的深度分析判别出暴雨、洪水、雪灾、干旱、烟雾、火光等突发状况和程度，与传感监测相关数据相互印证，实时向各智能终端用户发出预警提示，提高预灾抗灾的时效性，减少损失。又如通过对居家老人监控视频深度分析，掌握老人活动静止时长、是否摔倒、背景画面不正常变化，结合室内温度和烟雾浓度等传感监测数据，实时向社区居家养老监护中心和子女发出相应级别预警信息，对老人实时干预与救护。

5.2 信息共享与协同服务特性

5.2.1 遵循的标准与验证方式

平台软件研发遵循GB8566-88、GB8567-88、GB/T 15532-95、GB/T 12504-90等标准和规范；平台电子产品、计算机和网络设备选型和开发遵循GB 4943-2001、GB/T 5170、GB/T9813-2000、GB/T9813-2000等标准与规范；传感器和摄像头选型和开发遵循GB/T 14479-1993、GB/T 15768-1995、GB/T 15865-1995等相应标准与规范。验证平台正确地实现了特定功能，确定平台软件生存周期中的一个给定阶段的产品是否达到前阶段确立的需求的过程。程序正确性的形式证明，采用形式理论证明程序符合设计规约规定的过程。通过评估、审查、测试、检查、审计等手段，对某些项处理、服务或文件等是否和规定的需求相一致进行判断和提出报告。证实在一个给定的外部环境中软件的逻辑正确性。通过人工或程序分析来证明平台软件系统的正确性。通过执行程序做分析，测试程序的动态行为，以证实平台系统软件是否存在问题。

5.2.2 软件测试方法

1. 平台软件内部结构和具体实现的测试

通过测试检测系统确认每个功能是否都能正常使用。包括对程序接口、输入数据、输出信息、软件界面和软件功能进行测试。对软件结构进行测试，按照程序内部的结构测试程序，检验程序中的每条通路是否都能按预定要求正确工作。对程序所有逻辑路径进行测试，通过在不同点检查程序的状态，确定实际的状态是否与预期的状态一致。输入测试用例，得到测试结果。对比测试的结果和代码的预期结果，分析错误原因，找到并解决错误方法。

2. 平台软件开发的过程的阶段测试

对软件中的最小可测试单元进行检查和验证。在单元测试的基础上，对所有模块按照设计要求组装成的子系统和系统进行集成与系统测试。排除各接口存在的错误，检测程序在某些局部反映不出来，而在全局上很可能暴露出来的问题。进一步验证软件和系统平台的有效性，确认的功能和性能是否满足需求规格说明书列出的需求。对软件系统及工作的硬件环境等进行综合测试，验证系统是否满足技术规格的定义，找出与需求规格不符或与之矛盾的地方，从而提出更加完善的方案。对系统测试发现的问题给出完整的报告，包括经过调试找出的错误原因和位置，然后进行改正，并给出软件系统的修改和优化设计建议。

5.3 林业资源定位方式

针对传感器应用不同领域，研发相适应的传感器数据采集系统、数据传输方式和组网方法；针对传感器在不同工作条件环境和不同分布状态，研究通信模块、定位模块和工控电脑系统的选型和构建，给出系统优化方案；研究无线传感器网络数据采集系统节点汇聚算法，得出影响系统性能和服务质量的重要参数及配置方法。

现场传感器通过串口（RS485、RS232、USB 等，下面提到的串口均一致）接入安卓或 Windows 系统工控电脑，将解读的传感器编号、名称、位置及传感数据等，通过 Wi-Fi 或网线接入互联网络，传送到传感云平台数据服务器。多传感器通过 485 串口转 Wi-Fi，经过无线路由器和网关将传感器数据上传至云平台。

针对无互联网络分立传感器或移动传感信息采集终端设备，接入的传感物联网采用 GPS+GPRS 模块无线传输和跟踪定位，实现数据的采集与传送至云平台。对无电源或供电不方便区域，可采用自带电池和太阳能板辅助发电供电低功耗模组解决。现场多传感器采用群分布式无线通信的方式（Zig Bee、Lo Ra 等）组成传感器网络，转 CPRS 网关，将现场采集传感器数据经网关后上传至云平台。对无线传感组网技术实现方式和优化进行研究，并搭建如图 5-1 所示的高性价比网络硬件平台。工控电脑在现场信息采集装置中为可选择，依据现场信息采集终端构建的经济性、可靠性和适用性选配，开发分别基于

Windows 和 Andriod 两种操作系统的工控电脑软硬件系统。

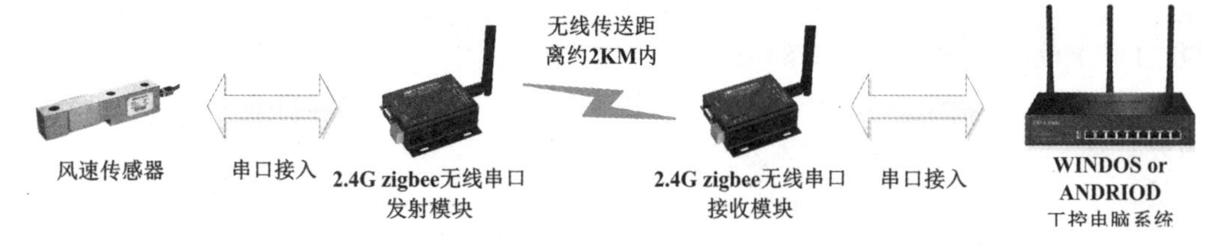

图 5-1　传感器和上位机的无线通信

5. 3. 1　云平台数据库与服务器

1. 数据库与开发语言

传感云端数据库与服务器，基于 Linux 或 Windows NT 操作系统，采用 Apache 网络服务器、MySQL 数据库和 PHP 语言开发。PHP 消耗相当少的系统资源，降低了系统及数据迁移的风险，运行效率更高。PHP+MySQL 的完美搭档，本身是免费开源的。PHP 作为脚本语言，是负责完成 B/S 架构或 C/S 架构的 S 部分，即主要用于服务端的开发。但是 PHP 可不仅只能 web 编程，一个 PHP for Android（PFA）站点表示它们将可以发布编程模型、工具盒文档让 PHP 在 Android 上实现应用。PFA 使用 Scripting Layer for Android（SLFA），也就是 Androd Scripting Environment（ASE）来实现这一点。使用 PHP 开发 API（Application Programming Interface，应用程序编程接口），API 其实就是数据输出，不用呈现页面，直接推送到 App 客户端呈现，而 App 端请求参数都会由客户端传过来，也许是 GET，也许是 POST，有了参数，根据应用需求，完成数据和逻辑处理完之后，返回客户端所需要用到的相关数据，数据返给客户端直接输出的形式，如 JSON、XML、TEXT 等。客户端获取到返回的数据后，在客户端本地和用户进行交互。PHP+MySQL 是目前最为成熟、稳定、安全的企业级 web 开发技术，广泛应用于超大型站点。其成熟的架构、稳定的性能、嵌入式开发方式、简洁的语法，使得系统能迅速开发。PHP+MySQL 运行于 Linux 或 Windows NT 操作系统，执行效率更高、安全性更强。PHP 在安全性的性能表现不俗，账号、密码以及 MD5 数据加密技术的采用，确保数据账号信息安全。关键数据采用多层加密技术，有效保证数据安全。平台开发采用 N 层分布式结构实现，在核心层之上，各项功能按模块进行编写，便于扩展新功能或进行升级。对数据量剧增后对数据库采用垂直拆分方法，从而达到消除数据访问瓶颈的目标。

用 MySQL 创建系统构建用户信息表、用户类型表、传感器基本信息表、用户传感数据表、应用平台传感数据表、应用平台基本信息表、应用平台辅助信息表、公司传感产品信息表、公司基本信息表等 24 个数据表格（各表留有适当空白信息字段，并可根据需求增加，各数据表之间独有关键字段相关联）。

2. 传感云端服务器的构建

在平台开发测试完成后进行部署，建议初期采用阿里云服务器，阿里云服务器配置选择参数标准如下：ECS：1 台；计费方式：包年/包月；地域：华南 1（随机分配）；实例规格：2 核 2GB（系列 I）；I/O 优化：非 I/O 优化实例；网络：带宽 5Mbps（经典网络）；镜像：Windows Server 2016 数据中心版 64 位中心版；系统盘：普通云盘（40GB）；购买量：1 年 1 台；配置费用：￥2784.6 元。

平台正式运营后，根据数据承载量和用户访问量，可以考虑移植到公司自己搭建的云服务器或其他云运营商提供的服务器，并进行最适配的服务器功能拆分，增加服务器数量。

5.3.2 移动智能信息共享平台

该平台是在手机、平板电脑等移动智能终端，构建传感云微信公众号和 App 传感云信息服务平台，其中 App 软件包含安卓与苹果版本，以适应不同用户和应用类型的需要。传感云平台监测数据、应用系统数据和智能分析统计数据，实时推送到手持移动智能终端的传感云微信公众号[①]及 App 信息服务平台，为用户提供分类分级的传感数据资源共享、传感信息监测与管控和信息互动交流等多方位服务功能。

1. 微信系统平台架构

底层采用高性能的 MVC 技术架构，系统采用最新的技术架构（struts2 + spring3 + hibernate3），AJAX 使用 jquery 和 json 实现。基于 JSP 技术开发，继承其强大、稳定、安全、高效、跨平台等多方面的优点。采用全新的 struts 2 的体系结构，以 Web Work 为核心，利用拦截器的机制来处理用户的请求，这样的设计也使得业务逻辑控制器能够与 Servlet API 完全脱离开。运用 spring 特性，方便解耦，简化开发。spring 的注入式加载，将对象之间的依赖关系交给 spring 全全处理，避免了程序的过度耦合。spring 中，我们可以从单调烦闷的事务管理代码中解脱出来，通过声明式方式灵活地进行事务的管理，提高开发效率和质量。这里所有 hibernate 特性对 jdbc 进行了轻量级的对象封装，使得开发可以随心所欲地面向对象编程思维来操纵数据库。

2. 微信公众号主要功能模块描述

（1）自定义菜单系统：分类清晰层次分明，能够按传感信息类别、对象和工作方式分类；功能图表与菜单相结合的 UI 操作界面，支持多种信息文件种类的呈现。

（2）查询系统：关注绑定以后自动推送信息，自适应绑定用户 UI 界面和功能，多种组合方式信息查询和多种类型数据图表格式呈现与分析统计传感信息。

（3）微信发布、互动、操控系统：具有信息发布管理功能，管理员能够自由设定控制不同的形式、位置、大小，支持图片、文字发布，可任意增加多张图片，支持多种图片格式，支持图片放大。各用户可向平台反馈发送信息互动交流，授权用户可移动设备采集的传感信息上传云平台，并能对指定的远程设备进行操控和调试。为管理员提供多种手动信息、记录入库修改方式，能够调整记录显示方式与顺序。

3. 安卓与苹果应用软件开发

Android 安卓和 IOS 苹果 App 开发基本语言分别采用 Java 和 Objective-C。Java 是在 Android 平台开发 App 应用程序做 IAP、广告以及特使系统功能时所需要到的开发语言。

---

① 通过公众号，商家可在微信平台上实现和特定群体的文字、图片、语音、视频的全方位沟通、互动。

一般开发安卓App应用软件主要使用的编程语言也是Java，如果在开发过程中需要切换语言，可以通过JNI来完成。Android开发App软件环境Android Studio是一个Android集成开发工具，Android Studio提供了集成的Android开发工具用于开发和调试。Objective-C是适用于IOS智能操作系统的App开发语言，是苹果App的主流编程语言。

IOS App软件开发使用Xcode可以进行跨平台研发，同时Xcode也是苹果公司开发的编程软件。Xcode可以帮助开发者快速建立OS X和IOS应用程序，它具有统一的用户界面设计，编码、测试、调试都可以在一个简单的窗口内完成。

传感云区域林业信息共享与协同服务云平台的微信公众号与安卓和平台App软件，均可以在已有开发相关智能移动终端服务软件基础上进行移植、修改和优化完成。

5.4　森林火灾监测和定位系统应用

无线传感器网络应用在工业自动控制、远程环境监测和目标跟踪等领域。相似的无线传感器网络系统应用在森林火灾中会有很好的应用前景，可以进行实时监测和检测。在一般情况下，无线传感器网络是由许多小节点组成，这些小节点被部署在偏远、人难以达到的恶劣环境或是广阔的地理环境上。大量小节点感知环境变化，并通过网络架构将其报告给簇头节点，这种部署和维护应该是容易和可扩展的。本研究提出了一种新的森林火灾监测方法，即利用无线传感器网络中的数据聚合技术。该方法能够在消耗无线传感网络能源的同时，对森林火灾做出更快、更有效的反应，并在大量仿真实验中得到验证和评估。

5.4.1　基本相关知识

1. 火灾因素

在世界许多地方，森林火灾是经常发生的现象，无论是自然的还是人为的。易发火灾地区主要位于温带，那里的降雨量高到足以形成大量植被，而夏天非常炎热干燥，造成危险的燃料堆积。全球变暖也将增加这些灾害发生的数量。每个季节，不仅成千上万公顷的森林被野火摧毁，而且资产、财产、公共资源和设施也被摧毁。此外，消防员和平民处于危险之中，每年都有可怕的人员伤亡。

维持一场火灾必须需要三个基本因素，这三个因素必须同时出现。如果缺少任何一个因素，火就会熄灭。一定有可用于燃烧的燃料、促进反应的热源（火本身）和足够浓度的氧气以维持反应。[1]

森林火灾通常是一种动态现象，它会随着时间的推移从一个地方改变到另一个地方。由于给定地点可用的森林燃料有限，火要继续燃烧，就必须蔓延到邻近的燃料。这是通过复杂的热量扩散到邻近的燃料来实现的，这是通过复杂的火灾行为来执行的。[2]

2. 相关工程

无线电声学探测也被提议作为推断森林地区气象流量或温度分布的一种方法。然而，它缺乏分辨率，价格昂贵（需要雷达和声源），并且容易受到干扰，如风向变化。Ganesh

等人[4]描述了一种基于 WSN 和太阳能采集模块的森林火灾探测系统。它应用节点跳跃方案来到达数据服务器。有些系统是基于卫星图像，[5]但由于扫描周期长、分辨率低和成本高，它们不能用于实时应用。目前已经提出使用光学、红外或热图像等基于短程图像等其他系统。然而，这些方法是异常敏感的：阳光直射、光线不足或烟雾，很容易出现虚惊。

5.4.2 森林火灾与无线传感器网络

拟议的森林火灾无线传感器网络有两个目标：一是提供潜在森林火灾的早期预警，二是估计火灾的规模和强度（如果发生）。这两个目标都需要决定对抗森林火灾的必要措施。

其他要求符合标准的 WSN 技术规范：传感器和节点必须便宜、小且节能；它们必须易于部署和配置，并尊重自然环境；网络算法和协议基于能够自组织、重新配置和动态适应的过程。

1. 无线传感器网络的功能要求

为了实现这些目标，我们采用了基于六个组件的传感器网络，有三个燃料代码和三个火灾指数。FWI 系统中有三种燃料代码：精细燃料湿度代码（FFMC）、达夫湿度代码（DMC）和干旱代码（DC）。三种燃料代码代表森林地面有机土壤层的含水量，而三种火灾指数描述火灾行为。FWI 系统利用天气观测估计三种不同燃料类别的水分含量。我们感兴趣的燃料类别是精细燃料湿度规范（FFMC）。该代码用于指示点火的难易程度，并根据温度、相对湿度、风和雨进行计算。

2. 无线传感器网络的架构

我们的方法也是基于 WSN 范式，但它是在一个研究项目的背景下设计和开发的，该项目包括森林灭火行动中的所有关键行为者。这种独特的研究生态系统为我们的解决方案提供了一个整体视角，产生了一系列独特的功能，所有节点类型都可以包括环境和气象传感器。

（1）不需要预先安装通信网络；

（2）网络实时传输数据；

（3）双重功能，即环境监测和火灾早期探测；

（4）不以照相机/图像为基础；

（5）与业务中心整合。

为了成功地解决这些需求，我们采用了一种标准的无线传感器网络方法，对节点、中心节点和传感器节点使用两个级别，并采用一些优化技术来最小化功率需求。这些节点也可以部署在车辆中。这提供了额外的功能：由于对这种节点的功率要求将会更低，远程通信将会更容易，并且网络配备有一定的移动性。

节点结构由两层组成：中心节点和传感器节点；主要用于短程和远程通信和控制目的的中央节点。传感器节点，用于从监控区域收集数据，并将其发送到中央节点。

- 中心节点

根据预定义事件的发生，传感器网络可以处于不同的功能模式。它们只能处于单一模式，并非所有节点都可以处于任何模式，因为这取决于每个节点的配置和外部条件。

每个传感节点都有两种类型的链路：一种是到附近节点的物理链路，用于重新路由；另一种是连接到它所依赖的中心节点的逻辑链路。将有一个内部记录来存储其数据必须以升序或降序进行响应的传感节点的标识。当新节点添加到网络中时，每个可用节点（范围内）也将存储在每个节点上。在每条数据路径的末端，将有一个具有远程通信能力的中心节点。

中心节点比传感器节点具有更强的通信和计算能力。它们的主要作用是从节点传感器收集和群集数据，管理警报和命令，并构建核心网络。它们还可以选择性地包括传感能力。

每个中心节点将说明先前为兴趣区定义的风险图的一个区域。中心节点覆盖的网络区域可以动态更新。中心节点的一个子集将直接链接到控制中心或指挥中心，控制中心或指挥中心被定义为主要的中心节点。

- 传感器网络

虽然所有传感网络都有相同的硬件，但它们在现场网络中可以有不同的功能和角色。现场网络具有树状结构，具有可变的层数。根据节点在网络中的角色和功能，有三种不同类型的节点。A类节点位于树的顶部，通过串行电缆直接连接到网络。它们还提供了一个无线电接口来与现场网络的其他部分进行通信。类型B节点只有一个无线电接口可以通信。除了进行自己的测量之外，它们还能够在网络的两个方向上重新发送路由信息包，从底部到顶部，从顶部到底部。

最后，类型C节点是没有路由能力的普通传感器节点，它们将测量值发送到最近的路由器节点。

所有传感器网络都采用双向通信方案。它们可以接收更改警报阈值或节点工作模式的命令。此功能还可以在大多数设备中节省电能，因为如果一个节点知道它在一段时间内不会发送或接收任何帧，它可能会关闭其无线电模块。所有社交网络都有一个非常低功耗的实时时钟来管理这个时基。具有全球定位系统能力的中枢神经系统提供时间信息，还具有检测来自其他节点的时间漂移的能力。当检测到这个问题时，时钟校正帧被发送到漂移节点。

3. FWI 建模

火灾天气指数（FWI）系统是最全面的森林火灾危险等级系统之一，它是由几十年林业研究的数据总结出来的。首先，我们分析FWI系统在森林火灾建模中的关键方面，这样我们能找到它的不同组件是如何能够用于设计高效的火灾探测系统。通过对FWI系统的分析可以优化通信和传感模块，来适应森林火灾探测系统。

本节介绍了一种用于森林火灾监测的无线传感器网络系统的设计，该系统利用温度、湿度参数进行检测，以防止可能导致大量自然资源损失的灾害（森林火灾）。我们对森林火灾探测问题进行建模，即探测到火灾；每个节点使用数据聚合技术的分类器，通过其簇头节点单独发送警报。无线传感器网络中的簇头节点负责通过网关和其他簇头传递警报信息，这些簇头发送的信息将到达水池以通知消防员。在这个项目中，进行了几次模拟测试，证明了系统的几个方面的可行性。测试结果表明，我们的系统在各种条件下都能很好地向基站直接传播可靠的信息。这种数据聚合方案显著延长网络寿命，因为它只提供应用程序感兴趣的数据。

尽管在过去几十年里，野火防治领域取得了进展，但仍然需要加强救灾能力，包括预警系统和改进森林监测计划所有阶段和级别的实时数据交换。技术突破将是推动野外灭火变革的关键力量。信息和通信技术的最新发展已经产生巨大影响，特别是森林火灾探测系统。

快速有效的检测是森林灭火的关键因素。为了避免森林火灾无法控制的广泛蔓延，有必要在早期发现火灾并防止其蔓延。尽快将足够的消防设备和合格的操作人员转移到火源是很重要的，FWI 是指由加拿大林业局开发的火灾天气指数系统。FWI 可以提供与天气相关的水分含量燃料代码描述林地土壤含量的观察。FWI 指数还包括着火概率和火灾蔓延率。所以我们使用火灾天气指数（FWI）来评估森林火灾发生的可能性和蔓延的速度。

5.5 实验测试和结果分析

1. 实验原理

FFMC 代码和 FWI 指数都是根据四种基本天气条件计算出来的：温度、相对湿度、降雨量和风速。这些天气状况可以通过部署在森林中的传感器来测量。传感器的精度和分布影响 FFMC 码和 FWI 指数的精度。因此，我们需要量化这些天气条件对 FFMC 和 FWI 的影响。使用这种量化方法，我们可以设计我们的无线传感器网络，以在 FFMC 和 FWI 实现所需的精度。为此，我们联系了湖南林业局，以获得描述 FFMC 和 FWI 对天气条件依赖性的封闭形式方程。我们获得了这些方程以及计算它们的程序。[10]

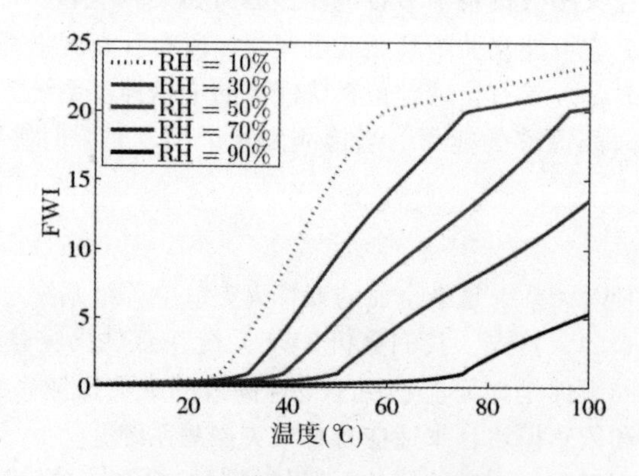

图 5-2　FWI 系统与温度的相对关系

我们用这个程序来研究 FFMC 和 FWI 对气温和相对湿度的敏感性。我们的结果样本如图 5-2 所示，它显示了 FWI 对 5km/h 的固定风速和 5mm 的降水量的温度敏感性；考虑测量任意单元中的温度。我们从单元中取出一些样本来估计实际温度。每个样本都由传感器收集。由于传感器读数的潜在误差，需要多个样本。造成这种误差的因素有很多，包括不同的环境条件（例如，一些传感器碰巧在树荫下，而另一些不在树荫下）、传感器校准不准确、传感器老化以及传感器中电池电量不相等。让我们将随机变量 T 定义为单元内传感器的读数。由于上述几个因素，可以合理地假设检验服从正态分布，这些因素本质上都是随机的。我们将 T 的均值和标准差分别表示为 μT 和 σT。估计平均值 μT，也称为样本平均值，由公式（5-1）给出：

$$\hat{\mu} T = \frac{1}{k} \sum_{i=1}^{k} t_i \tag{5-1}$$

我们使用贝叶斯统计和贝叶斯定理来发现每个实例属于特定类别的概率。训练数据包含属性 x_i，并被分成两类 C_k（火，非），$1 \leqslant k \leqslant 2$。高斯贝叶斯算法的学习依赖于每一类 C_k 类中每个属性 x_i 的平均值 μk 和方差 $\hat{O}_k^2$。直到找到新的感测实例 I 的概率属于特定的 C_k 类。

2. 实验测试

为了评估我们提出的方法，我们已经实施并执行了广泛的模拟实验。为了准确估计所提出方法的能量消耗，我们计算发送/接收、感测和计算中的能量消耗，并且我们没有考虑待机、空闲和睡眠模式中的能量消耗。

为了评估我们的森林火灾探测方法的性能，节点被部署在代表森林的平面中。每个节点的最大通信范围 R_c 设置为100m。每个传感器节点配有电池和多传感器设备，用于收集温度、湿度、光线和烟雾等数据，分别为TMP36、808H5V5、GL5537 IDR和MQ-135。

简单感测的能耗全年保持在相似的水平，因为感测速率全年固定在一个阈值，但是根据我们的提议，能耗随季节而变化，因为我们的方法根据去年每个季节检测到的火灾数量的历史来调整感测速率。

3. 结果分析

森林火灾在许多国家是一个非常严重的问题，全球变暖可能会使这个问题变得更糟。专家们一致认为，为了防止这些悲剧的发生，有必要投资于新技术和新设备，以便能够采取多方面的办法。[11-12]本研究提出了一种利用无线传感器网络进行森林火灾监测的新方法。我们的工作基于测量和组合来自不同传感器（温度、湿度、光线和烟雾）的真实数据。我们的方法考虑了WSN的所有特征，包括低能量容量、计算限制、传感器节点的低存储容量以及可能影响WSN火灾探测和性能的环境条件。同时，我们计算了所需的覆盖度，以便在估计FWI系统的不同组件时达到给定的精度水平。我们的算法实现简单，不需要任何特定的节点部署方案。因此，节点可以统一部署，例如，从飞机上投掷它们。这极大地方便了现实生活中的节点部署。我们还提出了一个基于FWI系统的数据聚合方案。通过仿真表明，我们的算法平衡了所有部署节点的负载，因此保持了可靠的覆盖范围并显著延长了网络寿命。

我们未来的工作将建立在研究和选择最佳分类器的基础上，这些分类器在精度、响应时间和能量方面比较了用于探测火灾的各种数据聚集技术。此外，为了保证传感器节点的有效分布，避免大量传感器节点的大集群，我们打算寻找最佳的聚类算法。我们还希望确保节点之间的消息交换，以便拥有一个受到适当保护的网络。

第6章 总结与展望

林业信息化是实现国家林业现代化的战略举措和当务之急。区域信息共享与协同服务平台体系结构是林业信息化的前提条件和必备基础，其体系结构存在重大缺陷导致林业信息资源利用率不高、存在大量的信息孤岛等问题，严重阻碍了林业信息化的进程。为了破解现有技术架构的制约，提出支持多种数据存储及服务模式的新型区域林业云信息共享与协同服务平台体系结构的构建方法，并进行系统仿真分析与应用验证。本项目给出的系统性网络体系结构的理论分析和研究方法，将为我国林业信息化建设提供必要的理论依据和技术支撑。

6.1 研究成果

本研究的主要工作和重要结论如下：

（1）阐述了区域信息共享与协同服务平台体系结构的性能特征以及当前的发展现状：提出破解现有技术架构的制约的基本策略，提出支持多种数据存储及服务模式的新型区域林业云信息共享与协同服务平台体系结构的构建方法，给出了系统性网络体系结构的理论分析和研究方法。

（2）建立基于混合云的平台云计算部署模型，提出基于工作负载波动的自适应神经网络学习调整私有云、地区云的资源动态分配算法，开展异构林业信息系统数据库的多模式多标准集成方法研究，综合相似匹配、副本管理、优化路径查询等策略，提出基于结点能力和资源索引的P2P林业资源定位方法；分析不同网络结构与系统性能和服务质量的相互关系。

（3）利用大系统理论的分析方法，研究如何对大规模网络进行层次分割，在分布管理的环境下，采用分解协调的方法，对包括虚通路的建立，网络带宽动态分配和流量控制等进行计算，实现对大型网络资源的优化分配。以面向服务为核心设计理念，在体系结构和核心机理层面进行有针对性的研究，解决互联网面临的可扩展性、动态性、安全可控性等问题。在区域林业云信息共享与协同服务网格中，即使在同一个域中，每个节点上信息的共享范围也是不一样的，为此，研究了无线传感网络中TCP协议的公平性，通过实验验证了本研究中提出DCCP算法的公平性，并且具备良好的数据传输性能。

（4）构建了区域林业信息共享与协同服务平台。区域林业信息共享与协同服务云平台的建设是一个复杂的系统工程，涉及传感器、计算机、物联网、互联网、移动网、先进通信、大数据、云计算、人工智能、GIS 与 GPS 及 GPRS、视频图像深度分析、3D 建模与虚拟等众多技术的综合开发与应用。平台建设从用户价值出发，提供多样化、广泛的接入移植服务，为用户构建个性化增值服务，创新生产、经营和管理模式，促进相关行业的高效高质发展。

（5）针对林业资源定位方法进行研究。资源发现与定位机制关系到广域分布式环境中资源共享和协同工作效率，如何能以较小的开销取得满意的资源定位性能，适应林业资源动态变化的特性，解决资源发现过程中的负载平衡问题是保证有效利用信息资源的重要前提；基于普通 TCP/IP 的构建模式已经有比较成熟的方案，但林业机构信息流与其他应用服务信息流性质不太相同，即整个信息服务平台内既存在大量的林业政务数据流，也存在大量的卫星遥感影像数据和远程林业中的视频信息数据流，这为保证服务质量 QoS 带来了巨大的复杂性。

（6）采用本体技术和约束理论对时空数据及时空变化的统一表示、查询等问题进行深入探索，通过时空本体建立时空数据及时空变化的统一语义建模，并采用约束理论解决连续时空变化的建模问题，从而构造可以完备描述和查询时空数据与时空变化的统一时空数据模型。同时以对象关系数据库和中间件技术为基础，深入探讨时空数据库的实现结构、查询处理等问题，解决统一时空数据模型的实现问题。本研究提出了一种新的森林火灾监测方法，即利用无线传感器网络中的数据聚合技术。该方法能够在消耗无线传感网络能源的同时，对森林火灾做出更快、更有效的效果，通过深入的理论分析和大量的实验表明，新的数据库在实现、查询处理等方面性能优越。

6.2　工作展望

现行互联网是基于 TCP/IP 体系结构建立的，其假设用户和终端是可信和智能的，网络本身仅仅需要提供尽力而为的数据包转发服务，区域信息共享与协同服务平台体系结构是林业信息化的前提条件和必备基础，其网络数据传输研究是一个非常困难、具有挑战性的研究领域。其体系结构存在重大缺陷导致林业信息资源利用率不高、存在大量的信息孤岛等问题，严重阻碍了林业信息化的进程。本研究尽量在一定广度上涉及网络数据传输问题。

对于网络数据模型和关键技术进行了深入系统的研究，在无线分析方面取得了一定的成果，同时，本研究也认为这些方向具有很好的发展前景，但是这对于林业资源环境而言是远远不够的，比如：这些问题的理论深度、实践中的可配置性、兼容性等，还有很多与此相关的问题有待进一步研究和完善。现在无线移动环境中新型业务已经成了近年来通信领域中应用最快、学术研究最活跃的领域，因此，针对无线网络的 DCCP 算法是一项备受瞩目的研究内容，尽管本研究基于多模式集成混合云的区域林业云信息共享与协同服务环境，提出了新的思想和改进算法，但是随着研究的深入，我们认识到现有的工作还只是刚刚起步。

通过研究过程的体会并结合目前未来数据传输研究的趋势，我们认为在相关问题的深度上，还有很多极具挑战性的工作需要并且值得去进一步深入研究。计划下一步开展的工作有：

（1）计算机和网络的硬件及软件，兼容现有多品种多规格传感器件及先进传感装置，与资源发现与定位机制关系到广域分布式环境中资源共享和协同工作效率紧密相关，要建立支持多种开放技术标准，平台提供标准的接口程序或预留技术接口标准，唯有这样才便于扩展应用平台功能与其他应用平台的互联互通。比如：远程林业视频信息对延迟、丢包非常敏感，尤其是对林业灾害应该保证其视频的流畅性和准确性；林业图像和视频传输短时期内可能会产生大量数据，其流量峰值可能会对其他网络服务产生巨大影响。

（2）现行互联网是基于 TCP/IP 体系结构建立的，其假设用户和终端是可信和智能的，网络本身仅仅需要提供尽力而为的数据包转发服务，这种理念符合最初以主机互联和资源共享为主要目标的互联网设计需求。随着应用及计算模式的日益丰富及社会对互联网依赖程度的增强，互联网接入方式和网络功能定位发生了巨大的改变，TCP/IP 体系结构已经无法满足互联网持续发展的需求，在可扩展性、动态性以及安全可控性等方面呈现出无法解决的问题。

（3）多模式集成混合云的区域林业云信息共享与协同服务是一个复杂的系统，通常端到端的信息流通常需要经过多个不同的网络自治系统，整个网络的管理与控制本质上是一个基于分布式的管理系统。传统的基于孤立结点的流量分析与控制方法难以保证网络资源的优化利用。本研究旨在利用大系统理论的分析方法，研究如何对大规模网络进行层次分割，在分布管理的环境下，采用分解协调的方法，对包括虚通路的建立、网络带宽动态分配和流量控制等进行计算，实现对大型网络资源的优化分配。

所以多模式集成混合云的区域林业云信息共享与协同服务在理论研究上和应用研究上都还有很多问题没有解决，因此我们今后的研究工作任重道远！

第三部分　5G 关键技术及未来技术展望

摘　要

互联网改变了世界，移动互联网重新塑造了生活，人们对动互联网的要求是更高速、更便捷、更强大、更便宜，需求的更是没有止境的，这促使着移动互联网技术突飞猛进，技术体制的更新换代也随之越来越快，5G 时代已经来到了。

为了从根本上突破传统 IP 承载的能力瓶颈，解决服务适配扩展性差、信息网络基础互联传输能力弱、业务普适能力低、安全可控性差等问题，本项目创立可重构信息通信基础网络理论体系，其中包括网络元能力理论、多态寻址路由机制和网络重构机理。网络元能力构成可重构基础网络体系模型中核心能力增强要素的支撑理论，多态寻址路由是网络动态寻址路由能力的模型，网络重构界定网络功能和结构自调节的本质特征和作用机理。以全新的思想探索一种新型信息通信基础网络体系结构，其核心思想是在构建一个功能可动态重构和扩展的基础物理网络的基础上，为不同业务构建满足其根本需求的逻辑承载网，关键突破思路是增强 OSI 七层网络参考模型中网络层和传输层的功能，以解决目前 IP 网络层的功能瓶颈，与日益增长的应用需求和丰富的光传输资源相匹配。

无线通信网络资源制约系统性能的规律是网络信息理论体系的基石，主要揭示信息容量限、自由度与功率、带宽、能耗、用户行为、时延和移动性等网络要素之间的相互关系。优化资源分配、降低能量消耗、逼近容量限、提高通信效率一直是无线通信网络设计所追求的主要目标。网络信息容量限揭示了系统的性能极限，通过编码逼近网络性能限，通过智能中继与自适应协作提升频谱效率与能量效率以满足各种复杂场景要求，是无线通信网络信息理论体系与实践结合的桥梁。

未来移动通信的发展要求增加网络的覆盖，提高传输速率，支持高移动性，同时要求容纳更多的用户，用户密度的提高导致小区内、小区间和网络间的干扰日趋复杂，移动性的增加进一步加剧了干扰的复杂化和动态化，使其成为严重制约通信系统性能与用户容量提升的瓶颈。

向国家建设资源节约型、环境友好型社会的战略需求，针对无线数据与视频业务的飞速发展及通信业务量的指数增长所带来的频谱和能耗瓶颈，研究并突破可使移动通信系统的能量效率大幅度提高的理论与技术，建立能效与资源优化的超蜂窝移动通信系统体系架构。未来移动通信的业务种类和服务质量需求会越来越多样化，但现有网络基本上还是针对某种特定业务优化的，难以同时满足各类不同业务的需求、或是为了满足最苛刻业务的需求而浪费大量的频谱与能量。为此需要针对多样化的业务需求分别建立高能效的服务机理。

为了解决以上关键科学问题，本研究提出了一个超蜂窝网络的体系架构，通过控制信道覆盖与业务信道覆盖适度的分离引入网络的柔性覆盖、资源的弹性匹配以及业务的适度服务机制，实现能效与资源的联合优化。为此，我们将着重研究控制覆盖与业务覆盖的分离机制与动态设计方法，建立超蜂窝网络的能量效率与各种网络资源之间的理论关系与评价方法，给出逼近其能效极限的资源优化配置方案，并针对多样化业务需求设计差异化适度服务机理。

保障国家公共安全与提高社会管理的科学化水平、支持国家经济建设和社会发展的科学决策、带动新一代信息技术等战略新兴产业的跨越发展是当前和未来一段时间我国的重大战略需求。这些重大需求归结到一个共同的关键科学问题就是复杂感知数据的高效处理与语义理解。从面向公共安全的角度讲，就是要将海量庞杂、异质多源、大范围时空关联的社会感知数据化繁为简，高效地提炼出满足公共安全需求的、人可理解并利用的信息情报和知识资源，从而有效服务于社会公共安全态势的实时监控、预警预报和应急处理。

面向我国海量信息管理基础设施建设重大需求，以海量信息可用性管理的“量质融合管理”“劣质容忍原理”“深度演化机理”三个科学问题为核心，研究海量信息可用性管理的基础理论和关键技术，提出完整的海量信息可用性管理的理论体系、方法学和关键技术，包括从物理信息系统等多数据源有效地获取高质量多模态数据的理论和技术、海量信息可用性和量质融合管理的理论和技术、信息错误的自动检测与修复的理论和技术、海量弱可用信息近似计算的理论和技术、弱可用信息上的知识发现和深度演化的理论和技术、知识可用性管理的理论和技术，解决确保信息和知识可用性的海量信息和知识量质融合管理系统的工程技术问题，研制原型系统，并针对中国数字海洋和社保与经济普查信息，建立两类具有代表性的信息可用性保障应用示范，即复杂物理信息系统的信息可用性保障应用示范和管理信息系统的信息可用性保障应用示范。

第1章 绪　　论

1.1 研究背景

纵观全球，与美国、日本以企业推进5G建设不同，韩国作为一个由政府引领的全域5G商业化的成功范例，韩国政府清晰定义5G生态、清晰规划发展路线、明确指引创新方向、大力促进合作共赢和以布局终端应用的方式促进5G服务的发展落地，其政企合作共赢的经验值得我们充分借鉴。

着眼中国，我国拥有极大的人口基数和密度、多元完善的产业结构、极强的创新基因，是5G技术研发、落地的最佳试验田。对于中国未来5G的发展蓝图和方向，受政策、经济、社会及技术等多重共振，“5G”成为近年来最热话题，尤其2019年被誉为“5G元年”。与此同时，各方对5G的定义和理解不一，罗兰贝格基于全球权威数据库，结合丰富的5G项目经验和遍布全球的5G专家网络，首次撰写了5G生态全景图，将5G这一行业跨度极广、影响极其深远的产业生态进行了清晰的定义。在这个“以标准整合服务，以服务支撑应用，以应用推动颠覆”的5G生态全景图中，5G的本质和基石仍是一套由跨国界、跨行业专家通力协作制定的通信标准。这套标准既是全球通信及相关行业的“通用语言”，也是通信技术发展的“时代切片”。

伴随5G时代的到来，应用场景也实现“从1到3”的跨越，影响和赋能的行业将呈现指数级的增长。基于此，以“大带宽、低时延、泛连接”三大5G核心势能作为评估维度，首次构建了“5G行业影响指数”模型，将5G技术和行业进行了链接，旨在帮助全球及中国企业直观了解5G技术对该行业的影响，并寻找到企业在5G生态中的独特定位和应对策略。

第五代（5G）蜂窝网络即将到来。什么技术可以定义它？5G仅仅是4G的一种演进，还是新兴技术会导致一种需要对根深蒂固的蜂窝原理进行全面反思的颠覆？本研究主要关注潜在的颠覆性技术及其对5G的影响。我们利用亨德森-克拉克模型[1]将新技术的影响分类如下：

- 在节点和架构级别上都有细微的变化（例如，引入码本和对更多天线的信令支持）。我们称之为设计中的进化。
- 一类网络节点设计的破坏性变化（例如，引入新波形）。我们称之为组件更改。
- 系统架构的颠覆性变化（例如，在现有节点中引入新类型的节点或新功能）。我们称之为架构变更。

● 在节点和架构级别都有影响的中断性更改。我们称之为根本性变革。

我们专注于颠覆性（组件、架构或激进）技术，我们相信，5G 所需的极高的聚合数据速率和更低的延迟仅凭现状的演变是无法实现的。我们认为以下五种潜在的破坏性技术可能导致架构和组件设计的改变，如图 1-1 所示。

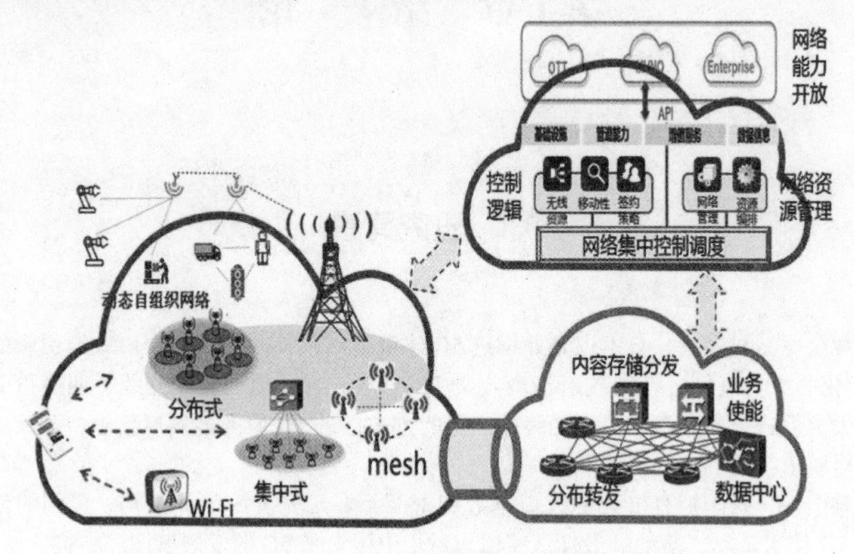

图 1-1　5G、6G 网络逻辑框架

（1）以设备为中心的体系结构：蜂窝系统的以基站为中心的体系结构可能在 5G 中发生变化。现在可能需要重新考虑上行链路和下行链路以及控制和数据信道的概念，以便更好地将具有不同优先级和目的的信息流路由到网络中的不同节点集。我们提出了以设备为中心的体系结构。

（2）毫米波（mmWave）：虽然在微波频率下频谱变得稀少，但在 mmWave 领域却非常丰富。这样的光谱“黄金国”导致了毫米波“淘金热”，不同背景的研究人员正在研究毫米波传播的不同方面。虽然还远未被完全理解，但 mmWave 技术已经为短程业务（IEEE 802.11ad）标准化，并可以为小蜂窝网络中回程基站进行应用部署。我们讨论了毫米波在 5G 中更广泛应用的潜力。

（3）海量 MIMO（massive multiple input multiple output）：提出利用非常多的天线在每个时频资源上为多个设备复用消息，将辐射能量聚焦到预定方向，同时最小化小区内和小区间干扰。大规模 MIMO 可能需要进行重大的架构更改，特别是在宏基站的设计中，而且它还可能导致新类型的部署。我们讨论大规模 MIMO。

（4）更智能的设备：2G-3G-4G 蜂窝网络是在完全控制基础设施方面的设计前提下构建的。我们认为 5G 系统应该放弃这种设计假设，在协议栈不同层中的设备端，例如，通过允许设备到设备（D2D）的连接或利用移动端的智能缓存。虽然这种设计理念主要需要在节点级别进行更改（组件更改），但它也具有架构级别的含义。我们主张使用更智能的设备。

（5）设备对设备（M2M）通信的本机支持：将 M2M 通信包含在 5G 中的本机支持包括满足与不同类型的低数据速率服务相关的三个根本不同的需求，支持大量的低速率设备、在几乎所有情况下保持最低的数据速率以及非常低的延迟数据传输。在 5G 中解决这些需求需要在组件和体系结构级别上有新的方法和思想。

1.2 研究现状

全球通信及相关行业的“通用语言”，也是通信技术发展的“时代切片”，其定下了通信行业的短期技术目标，即增强型移动宽带、大规模机器类通信、超可靠低时延通信。该标准也已下放至机构、企业共同研发技术、制定规范，最终引导、整合各行各业共同开发服务与应用。

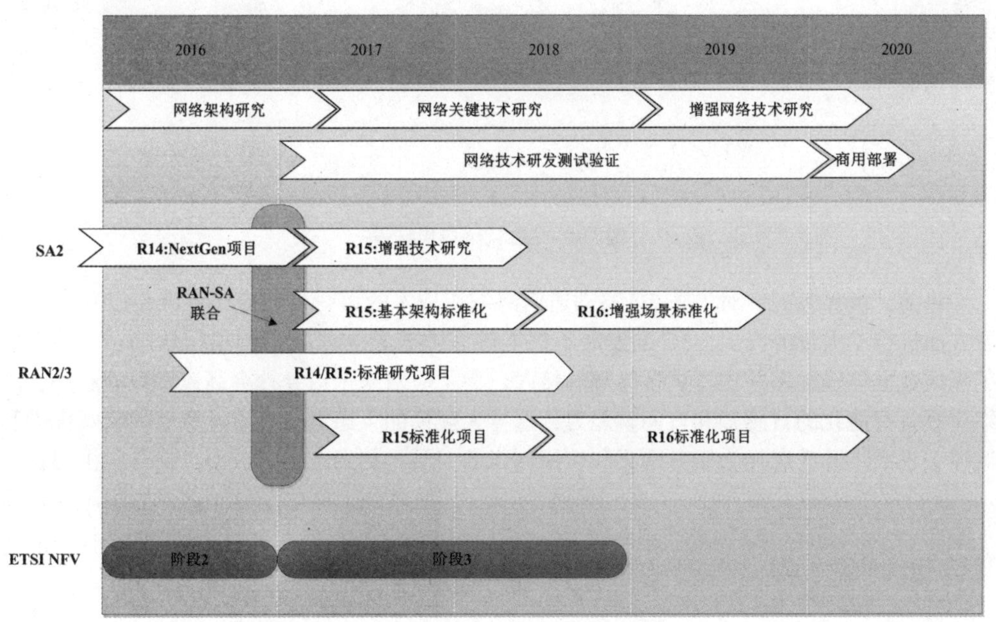

图 1-2 5G、6G 网络发展历程

建立在 5G 标准上的是 5G 服务层，由通信网络设备商和电信运营商组成，这两大类企业通力合作为全社会提供无线通信服务。通信网络设备商包括组成核心网的 5G 设备、组成承载网的光传输设备和天线、基站、光纤等无线接入设备的生产商。这些通信行业企业在标准的指引下推陈出新，共同建设满足 5G 技术目标的服务基础设施，最终提供符合能够支撑颠覆现有通信应用的整体通信服务。

5G 应用层是 5G 最终呈现在人类社会中的表现形式，将极大颠覆现有社会中的生产生活方式，也是标准中的三大技术目标的最终商业化形式。其终端应用可以根据电信服务资源需求被分为大带宽使能的超感体验、多机器使能的万物互联、低时延使能的超秒智能。5G 时代中通信服务的整体创新升级将驱使通信行业承载 AR/VR、物联网、人工智能等尚未规模化的科技新星驶离仅限于消费者的、使能通信、网络容量小的 4G 港湾，驶向覆盖政企商、颠覆行业、广阔波澜的 5G 海域，在未来科技应用的无尽可能中扬帆起航。

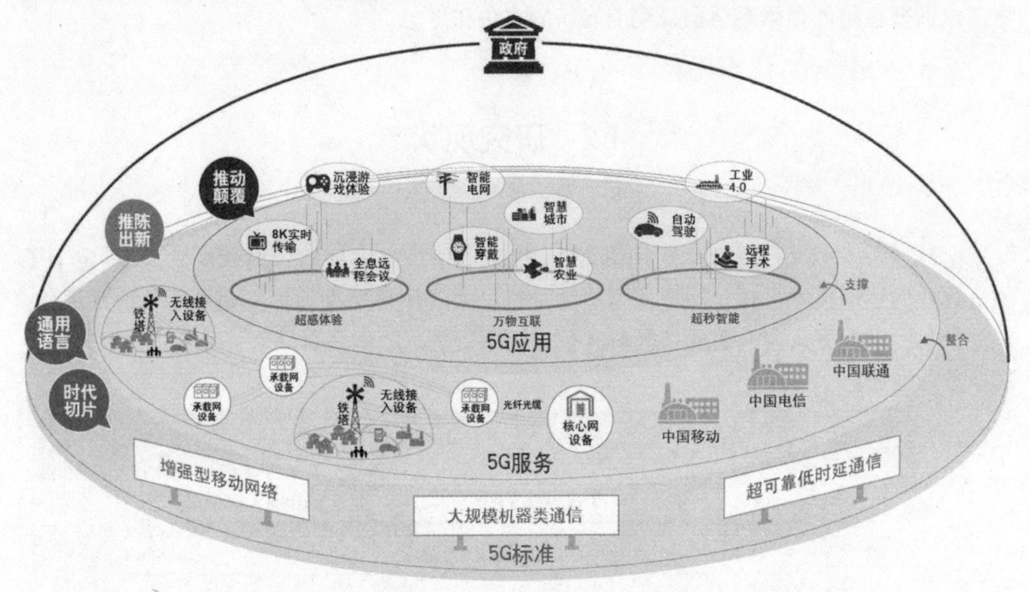

图 1-3　5G 网络应用场景

目前，世界各国针对未来 5G 移动通信网络在技术的可行性研究、标准化以及产品发展方面进行了大量的投入，5G 的发展不仅能够有效改善无线频谱的利用效率，而且加快了无线数据传输速率并支持更多终端的接入。为了应对未来信息社会高速发展的趋势，网络应具备智能化的自感知和自调整能力，这样大规模的生态运行离不开政府的宏观推动和调控，也离不开政府作为服务购买和应用创新的一员，促发产业链成型，提升民生福祉。

1.3　研究内容

现有信息基础网络或者基于现有基础信息网络进行的各种修修补补都难以满足泛在、互联、质量、融合、异构、可信、可管、可扩等信息网络的高等级需求。为了探索网络按照业务需求动态进行结构重组、功能重构的机理与方法，通过网络结构的自组织、功能的自调节和业务的自适配来最大限度地弥合网络能力与业务需求之间的时变鸿沟，使网络能有效适配多变的业务需求。

从根本上突破传统 IP 承载的能力瓶颈，包括信息网络基础互联传输能力弱、解决服务适配扩展性差、安全可管可控性差等问题，创立可重构基础网络的理论体系；构建可重构新型网络体系功能参考模型；通过节点能力和网络资源的组配实现网络结构和功能的按需灵活调整与多态呈现，支持不同业务对网络的不同功能需求；建立可重构基础网络的寻址及路由交换机制，为新型网络的寻址、路由、交换和泛在互联提供基础保证，实现网络对安全性、扩展性和移动性的支持。

针对高速移动与复杂干扰等场景，研究宽带信道不匹配场景下的性能限，研究有限反馈信道、多用户协作信道、干扰信道等网络基本组成单元的信息容量问题。考虑网络综合能耗的能效建模与分析，基于控制覆盖与业务覆盖适度分离的超蜂窝网络架构，基于用户分布动态特性的高能效弹性接入与网络协作方法，基于业务差异性和趋同性的按需适度服务方法，可以大幅度地提高服务质量。

建立多源多模态数据高质量获取与整合的理论和技术，提出完整的海量信息可用性的基础理论，全面系统地认知和解决海量信息可用性问题：以"一致性，精确性、完整性、时效性、实体同一性"为核心，建立海量信息可用性的理论模型、海量信息可用性的公理系统和推理机制、海量信息可用性评估理论、海量信息量质融合管理的模型和理论，并确定海量信息可用性公理发掘问题、可用性评估问题、量质融合管理关键计算问题的可计算性与计算复杂性理论，设计求解这些问题的多模态信息融合计算算法。

提出信息错误检测与修复自动化的理论和技术，解决自动检测与修复信息错误的难题；提出弱可用信息上近似计算的新理念、新理论和新算法，解决信息错误不能彻底修复时如何完成满足精度约束的计算问题，使弱可用信息在实际应用中发挥良性作用；提出海量弱可用信息（即包含部分错误的信息）上满足给定质量要求的近似计算的可行性理论、近似计算问题计算复杂性理论（特别是以可用性为测度的计算复杂性理论）、近似计算结果的质量评估理论、求解近似计算问题的高效算法；提出弱可用信息上知识发现和服务的新理念、新理论和新技术；建立知识可用性评估理论与方法，提出弱可用信息上知识发现的理论和算法、知识错误自动检测与修复的理论和方法、弱可用知识的近似推理和近似计算的理论和算法，使得包含错误的信息能够提供可用的知识，包含错误的知识能够提供有效的服务。

1.4 研究的组织结构

本研究的各章节主要内容安排如下：

第 1 章绪论就是对整部分的工作进行概述。

第 2 章 5G 可重构的网络体系主要阐述了以下内容：

第一，随着 IP 网络业务形态的不断丰富，业务对网络的需求越来越多样和多变，而 IP 网络的服务能力却是有限的和确定的，这就直接导致了业务需求与网络固有能力之间的差距日益扩大，最终将使得网络难以甚至不能支持多样化的业务。解决该问题需要探索网络按照业务需求动态进行结构重组、功能重构的机理与方法，通过网络结构的自组织、功能的自调节和业务的自适配来最大限度地弥合网络能力与业务需求之间的时变鸿沟，使网络能有效适配多变的业务需求。

第二，信息网络所依赖的基础互联传输能力过于简单且长期不变。大量实践已经证明，现有信息基础网络或者基于现有基础信息网络进行的各种修修补补都难以满足泛在、互联、质量、融合、异构、可信、可管、可扩等信息网络的高等级需求。依据“结构决定功能”的物理法则，面对这些高等级需求，重新设计网络体系结构、模型与协议，直接增强网络基础互联传输能力便成为解决上述问题的一个关键切入点和突破口。

第 3 章 搭建可重构的网络体系，主要阐述内容如下：

（1）创立可重构基础网络的理论体系，包括网络元能力理论、多态寻址路由机制和网络重构机理，从根本上突破传统 IP 承载的能力瓶颈，信息网络基础互联传输能力弱、解决服务适配扩展性差、安全可管可控性差等问题。

（2）构建可重构新型网络体系功能参考模型，增强 IP 网络参考模型中网络层和传输层的功能，以解决目前 IP 网络网络层的功能瓶颈问题，与日益增长的应用需求和丰富的传输资源相匹配。

（3）提出业务普适的网络可重构机理和与逻辑承载网构建方法，通过节点能力和网络资源的组配实现网络结构和功能的按需灵活调整与多态呈现，支持不同业务对网络的不同功能需求。

（4）建立可重构基础网络的寻址及路由交换机制，为新型网络的寻址、路由、交换和泛在互联提供基础保证，实现网络对安全性、扩展性和移动性的支持。

（5）创建可重构基础网络的安全和管控机理与结构，保证新型网络具有网络安全、信息安全、用户安全和可管可控的基本属性。

第 4 章 高移动性宽带无线通信网络主要论述：针对高速移动与复杂干扰等场景，研究宽带信道不匹配场景下的性能限，研究有限反馈信道、多用户协作信道、干扰信道等网络基本组成单元的信息容量问题。

第 5 章 能效与资源优化的超蜂窝移动通信系统主要论述了以下内容：

（1）考虑网络综合能耗的能效建模与分析：其主要特色是综合考虑网络中所有能耗（包括基站配套设备能耗以及网络控制覆盖能耗等），并针对网络实际所承载的业务量（网络容量）给出网络能效的定义及其成因关系。与此相比，经典信息论主要关注发射能耗与信道容量的关系。

（2）基于控制覆盖与业务覆盖适度分离的超蜂窝网络架构：其主要特色为网络的柔性覆盖、资源的弹性匹配以及业务的适度服务机理，可以在保证网络无缝覆盖和频谱效率的同时大幅度降低网络的整体能耗，而且不破坏蜂窝网络的基本架构，实现逐步演进。

（3）基于用户分布动态特性的高能效弹性接入与网络协作方法：其主要特色是主动利用用户分布在时域和空域上的动态特性弹性地配置网络资源，并通过网络间的协作引入基站协作休眠机制，使一部分低负载运行的基站可以进入休眠状态，从而大幅度提高网络能效。

基于业务差异性和趋同性的按需适度服务方法，其主要特色是主动利用多业务之间的需求差异性和用户群体行为的趋同性动态地调整服务模式（实时/软实时/非实时，单播/多播/广播等），通过适度的服务提高能效。

第 6 章 面向公共安全的海量数据处理，重点关注以下几点：

（1）提出多模态数据融合计算的新思想，建立多源多模态数据高质量获取与整合的理论和技术；以数据质量最大化和确保物理世界正确重现为目标，提出求解从物理信息系统等多数据源获取高质量多模态数据、多源多模态数据实体识别、多模态数据到信息的高质量整合等问题的多模态数据融合计算的理论与算法。

（2）提出完整的海量信息可用性的基础理论，全面系统地认知和解决海量信息可用性问题；以“一致性，精确性、完整性、时效性、实体同一性”为核心，建立海量信息可用性的理论模型、海量信息可用性的公理系统和推理机制、海量信息可用性评估理论、海量信息量质融合管理的模型和理论。并确定海量信息可用性公理发掘问题、可用性评估问题、量质融合管理关键计算问题的可计算性与计算复杂性理论，设计求解这些问题的多模态信息融合计算算法。

（3）提出信息错误检测与修复自动化的理论和技术，解决自动检测与修复信息错误的难题：以“一致性，精确性、完整性、时效性、实体同一性”为核心，以信息错误检测和修复自动化为目标，提出信息错误自动检测和修复问题的可计算性理论和计算复杂性理论、信息错误自动检测和修复方法的可信性理论、高效实用的海量信息错误自动检测与修复算法，并制定设计可信检测与修复方法的基本准则。

（4）提出弱可用信息上近似计算的新理念、新理论和新算法，解决信息错误不能彻底修复时如何完成满足精度约束的计算问题，使弱可用信息在实际应用中发挥良性作用；提出海量弱可用信息（即包含部分错误的信息）上满足给定质量要求的近似计算的可行性理论、近似计算问题计算复杂性理论（特别是以可用性为测度的计算复杂性理论）、近似计算结果的质量评估理论、求解近似计算问题的高效算法。

（5）提出弱可用信息上知识发现和服务的新理念、新理论和新技术；建立知识可用性评估理论与方法，提出弱可用信息上知识发现的理论和算法、知识错误自动检测与修复的理论和方法、弱可用知识的近似推理和近似计算的理论和算法，使得包含错误的信息能够提供可用的知识，包含错误的知识能够提供有效的服务。

第7章 总结与展望：对这部分工作的总结以及对未来工作进行展望。

第2章　5G可重构的网络体系

互联网改变了世界，移动互联网重新塑造了生活，“在家不能没有网络，出门不能忘带手机”已成为很多人的共同感受。人们对动互联网的要求是更高速、更便捷、更强大、更便宜，需求的“更”是没有止境的，这促使着移动互联网技术突飞猛进，技术体制的更新换代也随之越来越快，5G时代已经来到了。

2.1　面临的科学问题

第一，随着IP网络业务形态的不断丰富，业务对网络的需求越来越多样和多变，而IP网络的服务能力却是有限的和确定的，这就直接导致业务需求与网络固有能力之间的差距日益扩大，最终将使得网络难以甚至不能支持多样化的业务。解决该问题需要探索网络按照业务需求动态进行结构重组、功能重构的机理与方法，通过网络结构的自组织、功能的自调节和业务的自适配来最大限度地弥合网络能力与业务需求之间的时变鸿沟，使网络能有效适配多变的业务需求。

第二，信息网络所依赖的基础互联传输能力过于简单且长期不变。大量实践已经证明，现有信息基础网络或者基于现有基础信息网络进行的各种修修补补都难以满足泛在、互联、质量、融合、异构、可信、可管、可扩等信息网络的高等级需求。依据“结构决定功能”的物理法则，面对这些高等级需求，重新设计网络体系结构、模型与协议，直接增强网络基础互联传输能力便成为解决上述问题的一个关键切入点和突破口。国际上关于新型网络体系结构的研究方兴未艾，但整体上来看这些研究仍处于百家争鸣的初级阶段，尤其是对新型信息通信网络基础理论的研究才刚刚起步，这为我国利用“弯道效应”抢占未来信息技术制高点提供了难得的机遇。

第三，作为支持信息网络泛在互联、融合异构及可信可管可扩等的新型网络服务要素，可重构技术日益成为一个重要的研究和发展方向，但是目前可重构技术的作用范围和固有能力均局限于网络单元层面，不能做到全局意义的网络重构。从节点和局部意义的可重构发展到网络级别的可重构需要机理和机制的创新，其中多维认知协同机理是实现可重构的重要基础。

第四，安全可管可控是信息网络的重要设计目标，网络的安全可管可控直接受制于网络内在功能和结构要素，必须在网络体系结构中内嵌网络安全与管控机制。在可重构信息通信基础网络体系下，需要结合基础互联传输能力的增强及网络的重构，从网络体系结构的层面上探索网络安全可管可控的全新形态、机理与模型。

2.2　可重构网络的解决思路

针对上述关键科学问题及其基本解决思路：

（1）可重构可扩展的基础网络体系结构问题。业务的特征和需求通常是多样和变化的，而网络服务能力却是相对有限和确定的。业务与网络之间这种愈发显著的差异性成为制约网络发展的一个显著瓶颈。这种差异性是信息网络研究与发展的永恒动力。本项目研究这种差距的成因和特性，提出“可重构网络”的核心思想，研究并建立面向业务需求的网络可重构机理、模型与方法。创立网络元能力理论，即通过对各种业务需要提供的服务的基本网络服务元素（元服务）进行聚类构建元服务模型，通过对各种元服务需要网络提供的基本网络功能元素（元能力）构建网络元能力模型，通过元服务与元能力的适配实现网络对多种业务的普适。

（2）信息网络基础互联传输能力的强化机理与模型问题。为了解决 IP 网络层功能单一、服务质量难以保证、安全可信性差、可管可控可扩能力不足、移动泛在支持乏力等瓶颈性问题，在可重构网络核心思想指导下，将网络层和传输层的功能进行有机融合，提出“可重构多态网络层”的概念和功能模型，直接增强基础网络互联传输能力；提出新型多态寻址路由机制，通过定义网络寻址路由机制的基本“微内核”构建基态模型，基于基态模型进行扩展的寻址路由机制构建多态模型，从而使得网络基础互联传输能力得以动态增强，并且支持网络的多模多态共存。

（3）业务普适的网络可重构机理问题。为了解决 IP 网络结构和功能较为刚性、难以支持普适业务的问题，基于元能力理论，对网络节点能力进行组合、对网络资源进行调配，通过资源和节点能力的灵活组合实现网络能力对业务的普适。研究网络重构过程中的资源虚拟管理机制、节点能力组合机制、逻辑承载和控制管理之间的配合机制，构建完整的基础网络重构机理和结构，实现网络层面的结构可重构、资源自配置、能力自调整。

（4）可重构网络的安全可管可控问题。为了实现网络安全管控能力的内嵌，研究“可重构网络”的安全可信模型，建立针对共性安全与管控特征要求而构造的基本安全要素和功能的总和，即安全基片。提出具有多级强度的安全基片结构及安全管控机制，探索逻辑承载网间和逻辑承载网内的业务隔离机制，提出多类安全需求共同依赖的基础安全机制和具体结构，建立基于证据推导的安全强度度量，提出针对逻辑承载网内用户和终端的辨识和管控机制，通过智能的多维态势分析解决安全行为的追踪溯源问题。

上述四个科学问题的研究可以有效地解决现有信息网络存在的主要弊端，将为构建一个支持目前业务和未来新业务的不同服务质量需求，功能灵活扩展，满足泛在互联、融合异构、可信可管可扩需求，支持现有网兼容演进和适于规模应用的新型网络通信信息基础设施提供一种解决途径。

2.3 可重构信息通信基础网络理论

为了从根本上突破传统 IP 承载的能力瓶颈，解决服务适配扩展性差、信息网络基础互联传输能力弱、业务普适能力低、安全可管可控性差等问题，本项目创立可重构信息通信基础网络理论体系，其中包括网络元能力理论、多态寻址路由机制和网络重构机理。网络元能力构成可重构基础网络体系模型中核心能力增强要素的支撑理论，多态寻址路由是网络动态寻址路由能力的模型，网络重构界定网络功能和结构自调节的本质特征和作用机理。从总体上讲，该理论体系是可重构新型网络体系功能参考模型的理论基础，如图 2-1 所示。

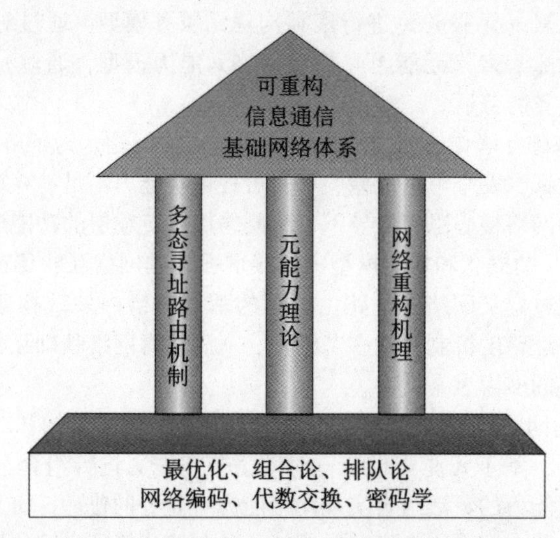

图 2-1　可重构信息通信基础网络理论体系

1. 网络元能力理论

通常，业务的特征和需求是多样和多变的，相对而言，网络的服务能力却是有限和确定的，有效弥合这种差异性的一个可行途径是将业务特征需求与网络承载服务二者抽象成一种特定的“业务—元服务—元能力”模型，即将直接承载一种业务的网络服务分解成一组细粒度的基本网络服务元素 S_{Mi}，称每一个基本网络服务元素为“元服务”，每一种业务由一个元服务集合 $S=\{S_{Mi},\ i=1,\ 2,\ \cdots,\ N,\ N$ 为元服务个数$\}$ 提供服务，该集合是封闭的，其中的元素是有限的。全部业务对应的网络服务元素总和就构成网络的“元服务层”。进一步，每一个元服务需要一组基本网络功能元素 C_{Mj} 予以支撑，称每一基本网络功能元素为一个“元能力”，支撑一个元服务的所有元能力集合为 $C=\{C_{Mj},\ j=1,\ 2,\ \cdots,\ L,\ L$ 为元能力个数$\}$，该集合也是封闭的，其中的元素也是有限的。于是，全体元服务所对应的基本网络功能元素总和就构成网络的“元能力层”。

该“业务—元服务—元能力”模型构成网络元能力理论的核心。业务层通过相应的认知机制对网络业务的特性和要求进行聚类和抽象，提炼出各类业务需要的基本网络服务元素。元服务层利用网络元能力功能层提供的全网范围内的基本承载能力，对基本承载功能组件进行认知适配，针对多样业务的公共承载特性和要求进行聚类从而形成元服务。元能力层表征网络的元能力，它通过动态感知业务、节点资源和网络资源的动态行为特征，对网络提供的基础传输能力进行聚类和组配，在全局网络范围内对能力和资源进行认知协调和动态调节，从而为元服务层提供全网范围内的多种基础承载能力。

网络元能力的两种基本传递模式是分组传递和宏电路，分组传递模式是支持基础数据传递和网际互联的原子功能要素。宏电路是一种全新的基础数据传递模式，它是网络为一组具有共同传输路径的同类业务流而动态建立的自适应型虚电路。宏电路直接表达基础数据传递模式的增强，这种增强可以具体表现为基础网络在性能、安全、组播、移动性、可扩展等方面的功能扩展，使得我们可以将“从基础上增强和扩展信息基础传输能力”作为研究切入点，最终达到满足信息通信网络对多样化业务的承载和服务、多态寻址路由、可信可管可扩展等多重应用需求的目标。

2. 多态寻址路由机制

多态寻址路由是可重构网络动态寻址路由能力的模型。该模型给出宏电路自适应建立机理，描述分组和宏电路共存环境下网络内在形态和行为的新特征，描述对应的寻址和路由交换机理，进而完成业务要求和网络状态共同驱动的自动调节和协同路由，发现分组和宏电路共存对寻址和路由交换的影响，通过网络重构，形成相应的应对机制和方法，实现多态之间的切换。

3. 网络重构机理

网络重构界定网络功能和结构自调节的本质特征和作用机理。它区分并定义网络重构和资源重构两个功能维度，给出多维认知协同机理，基于从网络局部到整体的自学习、自适应、自管理和自进化等固有能力，表达网络与业务之间、网络内部多种单元功能之间的动态感知与智能协同原理，为网络按照业务需求动态进行结构重组、功能重构的机制与方法提供理论依据，实现网络结构的自组织、功能的自调节和业务的自适配。

2.4　网络重构的关键机制及结构形态

在“可重构网络”的核心思想指引下，本研究将探索业务普适的网络可重构机理①这一关键科学问题。主要研究：（1）基于元能力表述的网络重构结构形态，从网络元能力理论和网络可重构技术伊始，深入分析可重构网络中元能力的内在功能和结构要素，提出一种支持全网重构的细粒度的节点资源描述方法；（2）层次化的网络重构机理，从实践出发，通过聚类与抽象业务公共特性和要求，揭示网络业务到重构功能的一般性规律，发

① 可重构机理主要是对网络能耗进行有效控制和管理。（1）通过部件休眠和功率调整等措施实现网络节点的绿色节能；（2）基于网络组件耗能与业务需求变化相一致的新思想，从全网角度优化资源配置，进而降低网络耗能。

现并形成支撑业务普适的网络重构机理，进而为业务、元服务、元能力的重构奠定坚实的理论基础；（3）网络重构中的规范化，通过自顶向下对可重构基础网络体系中的各功能层面进行建模，构建一个重构知识库，帮助管理面实现全网重构，通过定义标准化的管控接口，使得管理面能对网络资源进行统一的控制管理。

2.4.1 业务自适应认知承载机理研究

可重构信息通信基础网络是基于业务特性，在网络元能力理论及重构机制规范基础上，通过构建逻辑承载网的方式为业务提供自适应的承载服务。为此本研究内容为：（1）对业务特性进行研究，通过研究不同业务流量的建模及特征抽取方法，准确把握业务的本质特征及动态行为特性，通过对多样化业务特性的聚类生成元服务，基于元服务与元能力间的适配实现对多种业务的普适；（2）构建逻辑承载网需要对物理网络当前的运行状态及具备的能力进行感知，并可结合相关认知理论及人工智能方法，优化网络重构策略，因此，需要研究多维信息感知与认知重构机理；（3）以业务适配为目标，兼顾资源的高效利用，基于上述认知重构机理及数学规划理论，研究逻辑承载网构建问题的建模理论与方法，分析逻辑承载网生成机理，给出逻辑承载网的构建方法。

2.4.2 元服务驱动的多态寻址及路由交换

为解决现有网络层与传输层提供差异化服务能力不足的问题，研究可重构网络的寻址与路由模型与方法。主要包括：（1）基态寻址与路由机制，探索支持包括基于地址和基于内容等多种形态的共性寻址与路由方式；（2）多态寻址与路由机制，研究基于基态进行多态协议派生与重载的方法；（3）支持元服务的网络交换机制，研究基于代数交换理论的支持宏电路的网络交换基础架构；（4）路由交换虚拟化技术，研究多态协议间、元服务间的资源隔离方法；（5）多态寻址路由机制下的点到多点数据分发，探索利用网络编码等方法建立高效宏电路树的组播机理；（6）可重构网络的移动性支持技术。

2.4.3 可重构网络体系下的安全可管可控机理

为了实现安全可管可控的网络传输，本研究主要研究：（1）基于网络重构的安全可管可控体系，设计具有多级强度的安全基片结构；（2）研究安全可信度量的安全基片构建机理，从密码理论和信任机制角度研究安全强度度量的多样化方法；（3）提出基于用户和终端辨识的安全管控机制，设计符合可重构信息通信基础网络特征的安全协议，以安全基片的安全属性为核心，设计基于多业务接入认证信息的用户和终端辨识，构建基于身份与行为双重信任的逻辑承载网动态管控机制；（4）通过对逻辑承载网内部安全态势的分析，研究面向网络行为的安全态势分析方法和面向业务内容的网络安全态势分析模型，并针对网络异常状态或安全事件，提出层次化多粒度追踪溯源机制。

第3章　搭建可重构的网络体系

突破传统IP承载的能力瓶颈，形成具有重要科学意义的基础理论和方法，创建可重构信息通信基础网络理论体系，形成一系列具有自主知识产权的国家、国际标准，为提高我国信息技术领域的国际竞争力，建设创新型国家做出应有的贡献。①创立网络元能力理论，构建可重构信息通信基础网络体系结构模型，揭示可重构的自匹配机理；②建立基于元能力和元服务的网络资源多尺度多层次描述体系，创建基于元能力理论的多业务普适网络重构机理，形成元能力和元服务的建模规范；③提出面向业务的精细化流量特征分析方法，提出业务自适应的承载重构认知机理及构建机制；④建立面向多态的网络寻址及路由体系结构模型，提出新型网络体系结构下协议寻址和路由机理，构建支持宏电路的交换机制；⑤提出可重构网络的安全可管可控体系，提出具有多级强度的安全基片结构及相关的安全管控机制。新创立包括网络元能力理论、多态寻址路由机制和网络重构机理三个部分的可重构信息通信基础网络理论体系。

3.1　新型基础网络体系

以全新的思想探索一种新型信息通信基础网络体系结构，其核心思想是在构建一个功能可动态重构和扩展的基础物理网络的基础上，为不同业务构建满足其根本需求的逻辑承载网，关键突破思路是增强OSI七层网络参考模型中网络层和传输层的功能，以解决目前IP网络网络层的功能瓶颈，与日益增长的应用需求和丰富的光传输资源相匹配。

（1）采用革命性技术路线，实现基础网络体系结构的创新。多年的实践已经证明，现有信息基础网络或者基于现有信息基础网络所做的各种修补工作都难以从根本上解决信息通信网络在泛在、互联、质量、融合、异构、可信、可管、可扩等方面存在的问题，根据“结构决定功能”的物理法则，信息通信网络的基本体系结构决定了其所有的特征以及所能提供的服务能力。要想从根本上解决上述问题，并且不断满足日益增长的网络新需求，就需要摒弃现有的基于IP网络进行修修补补、“头痛医头脚痛医脚”的技术思路，面对新需求研究全新的网络体系结构，采用自顶向下方法，将泛在互联、服务质量保证、融合异构、安全可信、可管可扩等功能内嵌到网络体系结构中去，从而使得新的信息通信网络具有解决这些问题的“基因”，天然满足这些需求。为此本项目从提升信息通信网络基础数据传送能力的角度出发，针对IP网络层功能单一的问题，提出“可重构多态网络层”的概念和功能模型，增强网络基础数据传送能力。为了支持以后仍然不断出现的新业务，使得网络能力具有动态调整适应的功能，提出一种新的寻址路由机制——“多态寻址路由机制”，包括基态子层和多态子层两层结构，基态子层定义了网络寻址路由功能的“微内核”，多态子层可以基于基态子层进行多态寻址路由协议的派生与重载，支持网络的多模多态共存，从而使得网络基础互联传输能力得以动态增强。

(2) 以可重构网络架构来替代以前试图利用单一网络体制来支持普适业务的技术思路。长期以来，面对日益复杂多样多变的业务需求，学术界和产业界一直试图寻找能够支持普适业务、放之四海而皆准的单一的网络体系，为此付出了艰辛的努力，从 ISDN 到 ATM，再到 IP。本项目通过对利用单一网络体制来适应快速多变的业务的技术思路的反思，以网络对业务需求的灵活适配为突破口，提出网络可重构的核心思想，充分利用在可重构技术方面取得的已有成果，建立新型的可重构网络体系结构，形成满足多样化业务要求的可重构信息通信基础网络结构形态。提出网络元能力理论，对多样业务特性进行抽象聚类形成元服务，对网络能力特性进行聚类形成元能力，通过元服务与元能力的匹配来实现网络对多样业务的自适配。提出“宏电路”的概念，增强和扩展信息基础的传输能力，通过网络可重构和资源可重构为宏电路提供灵活的寻址路由和交换途径，满足多业务承载的应用需求。通过构建具有一定规模的实验平台验证上述新型体系和结构的合理性与有效性。

3.2 网络重构的理论基础

深入分析当前信息网络在性能、安全、组播、移动性、可扩展等方面面临的挑战性问题，揭示当前网络体系结构中的基础互联传输功能的本质特征，发现这些问题的网络体系机制成因，特别是当前网络的基础传输能力对这些成因的固有贡献，有针对性地创立直接破除问题成因的全新的基础网络传输能力，建立以分组传递和宏电路为核心要素的网络元能力理论，提出具有增强型基础传输能力的网络体系结构模型，构造并内嵌与泛在、互联、质量、融合、异构、可信、可管、可扩等高等级要求相称的基础能力，建立以可重构为核心功能要素、满足业务多样要求为目标的新型信息网络结构，最终使得新型的信息通信网络能够内在地支持泛在的信息服务、提供多样化和全方位的网络业务、满足多样性的业务要求、具备高质量的通信效果、确保信息交互的安全可信等。

1. 网络元能力理论

网络元能力理论是为信息通信网络引入新型基础传送能力进而建立新型可重构信息通信基础网络体系的理论基础。首先，它包含业务、元服务和元能力三个层面；其次，元能力层面能够实现分组传递和宏电路两种基本传递模式；最后，它界定上述两种基本传递模式在构成网络新型传输能力意义上的内在逻辑关系。

网络元能力理论中元能力层面的两个要素之间形成依赖支持、联合起效的内在逻辑关系。分组传递能力直接支持网络的可生存性和健壮性，是本项目从现有网络体系中继承的优质基础网络互联传输能力，它构成宏电路和重构的物质基础。基于分组能力，一方面宏电路具有新型信息通信网络基础网络互联传输能力的新内涵并构成一种增强的基础能力；

另一方面，宏电路与分组共同成为重构能力的支撑要素。本项目旨在通过创立网络元能力理论及相关研究，发现网络基础能力的固有要素、揭示要素间的内在逻辑，形成相关的国际国内标准，培育我国在新型信息通信网络体系结构领域的基础研究实力。

2. 多态寻址路由机制

分析未来网络对寻址、路由和交换能力的需求，构建可重构基础网络的新型寻址路由交换模型与结构形态。具体而言，揭示出业务特征要求和网络动态行为驱动的多态寻址特征和模型，给出宏电路自适应建立机理，建立分组和宏电路共存环境下网络内在形态和行为的新特征，描述对应的寻址和路由交换机理，进而完成业务要求和网络状态共同驱动的自动调节和协同路由。

3. 网络重构机理

在局部（即节点级）资源重构的基础上，揭示资源、功能重构的全局（即网络级）特征，建立网络重构机理，形成网络元能力理论、多态寻址路由机制和网络重构机理联合作用的逻辑结构形态。以网络元能力理论和多态寻址路由机制为基础，网络重构界定功能和结构自调节的本质特征和作用机理。区分并定义网络重构和资源重构两个功能维度，给出多维认知协同机理，基于从网络局部到整体的自学习、自适应、自管理和自进化等固有能力，表达网络与业务之间、网络内部多种单元功能之间的动态感知与智能协同原理，界定网络内在功能元素的认知协同组配机理，为网络按照业务需求动态进行结构重组、功能重构的机制与方法提供理论依据，实现网络结构的自组织、功能的自调节和业务的自适配。

4. 可重构网络体系功能参考模型

在可重构信息通信基础网络理论体系的基础上，提出以网络元能力为基础、以可重构基础网络为核心、以满足业务多样要求为目标的新型信息网络体系结构模型。这是一种新型的网络功能分层模型，在数据平面，它具有一个增强型的网际互联传输层——可重构多态网络层，而在管理平面，它在原有五大功能的基础上引入一个全新的认知承载功能。

可重构多态网络层是一个增强型的网际互联传输层，其直接目标是增强基础网络的互联传输能力，其基本功能包括OSI七层网络参考模型中网络层和传输层的功能，并增加了支持业务需求的新功能。可重构多态网络层由基态和多态两个子层构成，基态子层实现基本寻址、路由和交换功能，是同时支持面向连接和无连接分组传递的网际互联传输子层。从满足业务要求的角度看，要求宏电路呈现性能特定、安全特定、组播特定等的多模态特性，即对于具有同类性能（或安全、组播等）要求的一组业务流，通过确保其性能要求的特定宏电路形态予以承载，我们称其为性能（或安全、组播等）特定的宏电路。这样，多态子层就包含各种模态的宏电路。

可重构新型网络体系功能参考模型中的认知功能是位于管理面内的一个全新网络管理功能，它为管理面中的业务承载管理提供对业务和网络的认知服务以及节点与网络之间的协同服务。作为基于认知机理的管理功能，认知功能包含资源虚拟切面、网络重构切面和逻辑承载切面，它一方面为业务承载直接提供基础性的认知功能组件，另一方面还完成对节点资源和网络资源的抽象与汇聚，通过对特征、要求和行为的认知建立柔性重构实现多态的逻辑网络，以满足多种服务需求。

依据节点智能和群体智能的认知机理，认知功能中的资源虚拟切面对网络内节点资源和网络资源的特征及动态行为进行感知，将有形和具体的节点和网络资源虚拟成具有一致性的形式描述和网境语义、全局可见和可用的抽象资源，从而为网络重构切面提供基础重构组件。

网络重构切面是全网范围内的网络重构能力总和。资源虚拟切面向网络重构切面提供的是与设备和特定网络无关的虚拟化抽象资源，网络重构切面则对虽属全网范围内但却是相互分离无关的抽象资源以及对位于数据面的可重构多态网络层提供的分组和宏电路基础传输能力进行认知聚合与组配，形成逻辑承载切面需要的基本重构承载能力。

逻辑承载切面是为多样化的网络业务提供直接承载的网络功能部分，它直接表现为各种具有特定能力的逻辑承载网，从而构成具体承载控制实体运行的直接物理基础。逻辑承载切面基于网络重构切面提供的具有全局意义的网络重构能力，形成为业务构建逻辑承载网而提供的全部基本业务承载服务抽象能力要素的总和，比如，逻辑软交换控制单元、逻辑信令网关、逻辑域内路由协议实体、逻辑域间路由协议实体等。

5. 基于可重构网络体系结构的网络端到端模型

基于本研究提出的网络元能力理论、多态寻址路由机制、网络重构机理，研究数据平面水平分层、管理层面垂直分层的网络端到端模型及工作机理，在新构建的可重构多态网络层中，数据平面的网元功能相对单一，采取分域管理方式，并且逻辑分层和多态重构，可以高效地完成数据包的转发，支持业务普适；管理平面主要由负责管理转发网元的智能体（Agent）组成，Agent 一方面负责本域内转发网元的多维感知、资源管理、网络可重构以及多态网络的生成，另一方面负责域间的智能协调，完成域间寻路、标识映射、资源调度、知识提炼与支撑、构造、维护等工作。

数据平面和管理平面形成了水平分层与垂直分层相结合的网络端到端拓扑结构。数据平面是多模多态的，多模是指数据平面可以基于业务需求通过网络重构实现多种逻辑承载网络的并存；多态是指每个逻辑承载网络中的寻址路由方式可以基于多态寻址路由机制按需进行动态配置，实现逻辑承载网网络形态的灵活配置。在端到端网络转发路径所经过的不同域中所运行的网络协议可以不同，甚至不同域中网络技术体系可以截然不同，如在转发路径需要域 A 的逻辑承载平面 a_1 和域 B 的逻辑承载平面 b_1，a_1 和 b_1 可以分别是 ATM 和 IP，则管理平面中的 Agent A 和 Agent B 负责两个逻辑承载层面的对接，包括寻址路由、资源调度、QoS 匹配等工作。为了提高网络的可扩展性，Agent 间拟采用层次化管理结构，高层 Agent 负责底层 Agent 间的控制、协调与管理。

3.3　实施网络重构策略

3. 3. 1　网络重构的关键机制

为摆脱传统网络技术体系束缚，本项目还将针对重构的关键机制及结构形态展开研究。在网络元能力理论的基础之上，细化“业务—元服务—元能力”的功能模型，提出了“面元能力—点元能力”的元能力结构形态。其基本学术思想及技术途径为：（1）基于元能力表述的网络重构的结构形态；（2）层次化的网络重构机理；（3）网络重构中的规范化研究。

1. 基于元能力表述的网络重构结构形态

网络元能力提出的功能模型从全网重构的角度，在业务、元服务、元能力三个功能层面对网络资源进行了抽象和划分，但是其并未明确元能力的结构形态。本研究从节点支撑全网重构的角度出发，研究性地提出“面元能力—点元能力”的元能力层次划分，如图 3-1 所示，自下而上从点元能力、面元能力、元服务三个层面对网络资源进行多尺度描述。点元能力是对网络节点中异构异质资源进行重构抽象而产生的逻辑实体，通过对节点所具备的网络资源进行优化调度和规划，点元能力对全网的重构提供基础网络承载；面元能力则从全网的角度出发，感知业务并对数据面的网络资源的行为特征进行聚类和组配，适配元服务进而实现对网络多种业务的普适。基于元能力表述的网络重构，其结构形态还表现为对网络元能力的功能要素“宏电路”的多模态特性灵活自适应，面对同类性能要求的一组业务，元能力通过感知全网内节点资源和网络资源的特征及动态行为，积极应对、有选择地构建或复用可确保其性能要求的特定宏电路，最终满足网络对多样化业务的承载和服务的需求。

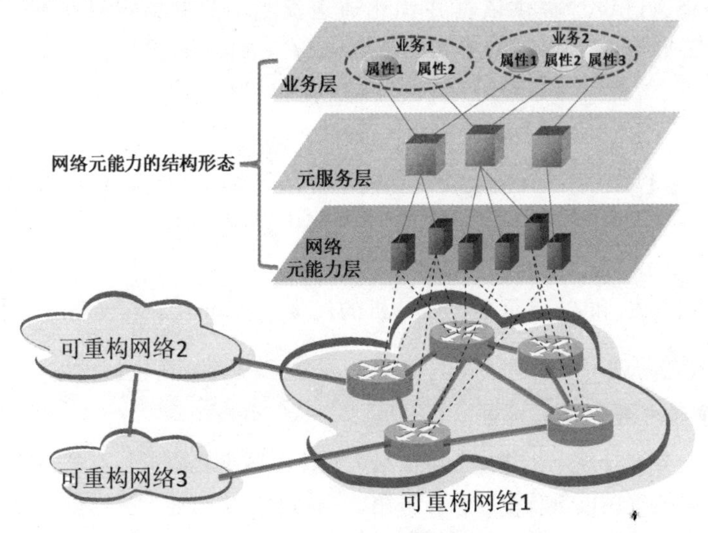

图 3-1　基于元能力的网络重构结构形态

通过规范化的元服务和元能力建模，确立“业务—元服务—元能力”的逻辑映射关系；进一步通过规范化建模点元能力，使管理面能够通过定义标准接口实现对节点进行统一的控制管理。针对一个在物理上异构互联的网络，管理面可以对全网实施重构操作，配置产生支持不同业务的承载网。

2. 层次化的网络重构机理

基于“业务—元服务—面元能力—点元能力”的网络元能力结构形态，对网络重构在多层面上提出了需求。

就元服务而言，它通过对多样化业务的公共特性和要求进行聚类和抽象，可以在最大程度上降低网络资源与业务间的耦合性。元服务利用面元能力提供的全网范围内的基本网络承载能力，通过重构对业务进行适配，其重构过程表现为全网内节点相互协作、节点内部资源灵活组合以实现对业务的普适。

面元能力对元服务的支持应该是全方位的，绝不是简单的一对一的映射，可能的情况有：(1) 一个元服务需要通过集合多个面元能力为业务提供支撑；(2) 一个面元能力也可能要同时为多个元服务提供支持。因此，用于支撑面元能力的各个节点需要充分考虑彼此间的协调及资源共享问题。面元能力从全网的角度出发，感知业务特征并对数据面网络资源的行为进行聚类和组配，以支撑元服务的重构。面元能力的重构表现为适应元服务而整合点元能力的过程。通过对节点所具备的网络资源进行优化调度和规划，为部署点元能力提供最佳的节点资源配置方案。

点元能力是可重构基础网络体系中最小粒度的资源或能力，对全网的重构提供基础网络承载。点元能力的重构是指对节点内的软件或硬件资源（节点的协议实体、表格管理、控制实体、用于分组转发的网络处理器微核等）的重新编程控制甚至包含对软件的完全重载，以实现对该资源模块功能的灵活重构。

点元能力的控制通道性能对全网可重构性具有重要意义，可通过流量矩阵估算建模等方法对点元能力的控制通道的流量进行分析，较完整地估算出控制通道中流量的分布情况，进而给控制通道设计提供依据并优化通道流量。假如给定控制通道的流量序列 $X(t)$，那么在 N 阶次上的多尺度分析的结果 $\gamma(t)$ 为：

$$\gamma(t)=\begin{bmatrix}(X(t)_{L}^{M})\\(X(t)_{H}^{M})\\\cdots\\(X(t)_{H}^{N-2})\\(X(t)^{N}-2_{H})\end{bmatrix}=\begin{bmatrix}H^{M}H^{M+1}H^{M+2}\cdots H^{N-1}\\G^{M}H^{M+1}H^{M+2}\cdots H^{N-1}\\\cdots\\G^{N-2}H^{N-1}\\G^{N-1}\end{bmatrix}X(t)^{N}$$

其中，分别用 H^i 和 G^i 表示多尺度分析的尺度系数和小波系数。通过小波变换后的 Kalman Filter 算法，就可以求得估算值 $\hat{\gamma}(t)$，即求得流量矩阵值。

3. 网络重构中的规范化研究

通过对元服务进行规范化建模，可以最大程度上减少元服务与业务的耦合性。对其进行标准化建模应该遵循以下技术思想：采用统一的形式化描述方法进行描述，以保证业务模型的准确性和一致性；完整地描述元服务包含的各种内容；支持与服务等级承诺之间的相互转化；方便实现元服务和点元能力的映射关系；具有良好的扩展性，能应对业务的演进和不断变化的用户需求。

面对种类繁多的点元能力，从实践出发归纳出典型的点元能力及其与元服务的映射关系，对面元能力模型进行统一描述，并对其标准化，最终构建一个重构知识库，帮助管理面实现全网重构。

点元能力是在对节点功能聚类的基础上抽象出的一组逻辑实体，根据对数据包进行的不同处理操作，可将点元能力进行分类，典型的点元能力有端口、查表等。据此对点元能力外在形态进行统一描述并标准化，其模型描述可包含属性、容量、事件等。

为全面支撑管理面对全网实施重构操作，还需定义相应的标准接口以实现对点元能力进行统一的控制。点元能力的管理规范应包含：（1）对点元能力属性的配置、查询等；（2）对点元能力事件的订阅及查询；（3）对点元能力拓扑的配置及查询；（4）对点元能力容量的查询。

3.3.2　业务自适应认知承载机理

1. 面向业务的精细化网络流量分析研究

本研究将突破传统业务粗粒度流量测量和分析模式，研究面向业务的精细化流量测量、建模、预测和异常检测等系统化方法，从而分别实现网络流量状态精确感知、揭示业务行为规律和特征抽象、网络资源优化配置和提高可管可控性。具体如下：

首先，利用主动、被动及混合方式的智能测量方法进行网络流量测量。应用信息熵理论以及数据挖掘、知识发现、数理统计和可视化等方法对业务行为内在机理与动态规律进行剖析。基于所获得的流量特征，通过多维信息融合，为网络多维感知和智能分析提供基础和依据。

其次，通过对各种业务流量特征的全面提取、分析和融合，建立流量特性模型并抽象和聚类出揭示业务流量共性和规律的各种元服务。对元服务进行规范化建模，在最大程度上减少元服务与业务的耦合性，使得各个异构网络或不同自治系统可进行统一的业务重构操作并实现快速的业务部署。

再次，基于感知得到的流量信息和流量模型，对多时间尺度上的网络业务流量行为进行预先估计和推测。运用统计信号处理、人工神经网络等方法构建预测数学模型，在不同时间尺度上对业务流量行为的动态趋势、方向和可能的状态做出合理的推断，提高新型可重构网络体系下的资源优化配置。

最后，通过对不同情形下的网络流量异常行为，如 DoS 攻击、瞬间流量激增和链路失效等，进行及时感知和快速处理，以提高可重构网络的自愈能力和可控可管性。利用时间序列分析、模式识别、机器学习和数据挖掘等方法分析流量的动态行为特性及其分布，构建业务流量的异常行为模型。通过面向业务的实时流量检测，可快速感知异常事件，并对网络运行状况和业务行为进行诊断，从而及时采取有针对性的措施来提高服务提供能力的稳健性。

2. 多维感知及智能分析

针对现有信息网络由于缺乏感知及智能处理所暴露出的网络层和业务层跨层资源管理

能力弱、网络管控能力差、网络与业务匹配效率低下等问题，拟研究并建立基于智能 Agent 的多维认知体系，探索并形成“业务—元服务—元能力”模型中的多维感知与适配机制、方法。通过智能 Agent 实现网络与业务之间的双向认知、元服务与网络元能力的感知与适配、域间逻辑承载能力的认知等。

本研究拟建立业务资源与网络资源抽象及映射模型，探索业务应用的一般规律和特殊属性，得出普适的管控模型。研究宏电路的网络资源分配机制以及智能管控模型，进一步提高对信息的基础传输能力，满足可重构网络的多类型业务承载、多态寻址、可信可管可扩展等应用需求和目标。

根据精细化流量特性分析，抽象出业务流量的关键特征，同时，对网络资源的特征和状态进行多维感知，进一步通过信息融合、相关认知算法的分析和决策来完成业务聚类，完成业务、元服务与元能力的认知计算和协同计算，渐进优化策略库，策略库的内容包含从多种业务抽象出的各种关键特征集与对应关键元服务及其参数集的规则列表，该策略库能有效地指导宏电路及逻辑承载网的构建和自适应调整，提高逻辑承载网业务适配的有效性及整体性能。在理论研究过程中，结合模拟仿真，并在验证平台上进行检验，不断对模型进行评估和修正，最终得出合理有效的模型。

3. 业务自适应逻辑承载网生成机理

可重构信息通信基础网络基于业务特性，通过构建逻辑承载网的方式为业务提供自适应的承载服务。逻辑承载网的构建机制就是根据“业务-元服务-元能力”间的内在逻辑关系，确定业务承载所需的网络元能力的需求以及物理网络资源的需求，并将逻辑承载网的点到点逻辑链路映射到物理网络的端到端路径，该映射既要考虑逻辑承载网构建的业务需求，又需要结合其拓扑结构特性及资源的高效利用。

此外，为了使得逻辑网构建机制具备扩展性，拟借鉴分层路由的思想，将逻辑承载网的构建问题分为域内构建和跨域构建两个子问题。

- 域内逻辑承载网构建

通过对逻辑承载网的构建需求以及对物理网络的认知，拟提出基于知识的域内逻辑承载网构建机制，以达到构建的逻辑承载网与业务的适配和资源高效利用。为了对上述目标进行定量评价，在对域内逻辑承载网构建机制进行建模前，提出以下三种度量方式：

①对于业务适配，通过感知机制获取路由节点当前的可用资源，根据所需构建的逻辑承载网的业务特性以及智能策略库中的知识，对节点和网络对业务的适配程度进行判定并做出决策，选择能够支持同类业务的宏电路进行传输。

②为了提高物理网络资源的利用率，拟研究负载均衡及其度量。由于逻辑承载网的动态构建和拆除，物理网络的业务负载是随着时间在变化的，因而导致负载均衡也是时变的，我们将研究链路带宽资源占用和时间资源占用相结合的二维负载均衡度量方法。

③逻辑承载网的构建势必消耗链路、节点及网络资源，因而需要以极小化的逻辑承载网构建代价为目标，建立对所消耗资源的代价度量。

在此基础上，拟采用网络最大流理论、多商品流问题模型、跨层联合优化、数学规划等理论与方法，根据逻辑承载网业务需求和物理网络可用资源等约束条件，利用多径映射的思想，建立以业务适配度、网络二维负载均衡和构建代价为优化目标的逻辑承载网构建的建模理论与方法。

● 跨域逻辑承载网构建

跨域逻辑承载网的构建需要解决以下问题：（1）各个域代理之间数据内容的一致性，尤其是具有邻接关系的域代理之间的数据同步。（2）域间服务能力的抽象，建立由各个域构成的整体网络的能力模型。（3）分布式协同策略与机制。研究并提出分布式协同策略和机制以解决同时构建多个逻辑承载网时产生的资源分配冲突问题。

跨域逻辑承载网构建的基本过程是域代理先根据域间拓扑连接关系以及用户的构建需求规划出该业务承载网所覆盖的域，从而将一个跨域逻辑承载网构建需求分解为若干个彼此相对独立的域内构建需求，并将分解后的需求信息分别传递给相关的域代理，再由各个域代理在本域内实施处理。

最后，根据上述构建策略，基于面元能力与点元能力间的适配关系，在相关物理节点上对要求的点元能力进行实例化，从而形成业务自适应的逻辑承载网生成机理，最终支持业务的特征和需求。

3.3.3 可重构基础网络的多态寻址及路由交换

元服务驱动的多态寻址及路由交换主要解决由元服务驱动的，支持多种网络体制并存的网络寻址及路由交换问题，具体技术途径如下。

1. 基态协议体系寻址与路由机制

基态协议是可重构基础网络中核心的网络层协议，设计应重点考虑 IPv4/v6、NDN 等多态体系协议的兼容和特化。在 TCP/IP 网络中，IP 地址既用于位置标识又用作端点的身份标识，这种双重身份不仅限制了网络移动性，也带来一些安全问题，基态协议的设计应集成内嵌的标识与地址分离的解决方案。此外，随着业务需求逐渐由关注通信转变为关注数据内容，新的基态协议必须能够有效支持面向数据内容的寻址与路由。

主要研究思路是将身份位置分离作为基态协议命名系统的基本技术路线，并将面向内容的思想融入基态协议的路由转发机制的设计中。解决其中内容路由带来的网络状态膨胀以及智能多路径转发数据请求的问题。将着重研究路由节点基于局部信息计算名字空间和路由路径的方法以及数据内容名字空间结构和路由拓扑的优化，特定属性确定以及属性生成方法。

2. 多态协议的寻址与路由机制

多态协议是基于基态协议生成的具有多种运行形态的协议，既可表示为通过基态协议特化（specialization）的不同协议体系，也可以表示为一种协议体系的多个运行态。

主要的研究思路是将可重构技术作为网络寻址及路由的重要支撑。通过重构可将网络功能和行为根据用户需求进行动态改变，或根据不同要求在不同协议体系间或相同协议体系不同运行态间进行切换。通过重构可为不同协议体系形成多个逻辑承载网，为元服务的隔离及资源调配提供基础。在多态网络寻址路由体系下，IP 路由转发仅在一个或多个逻辑承载网内实现，物理网络上可同时运行多个不同的协议体系，以承载网的形式为不同特性的业务提供不同的元服务能力。

3. 支持元服务的交换机制

元服务在交换层次上是由宏电路支持的。宏电路代表某种基础数据传递模式的增强，如交换结构对分组传递的低时延线速转发保证，高效组播、安全、移动等特性的增强。

目前大规模交换结构的主流，都采用结合了输入输出排队和每分组时隙调度的原理，其瓶颈是中央调度，且排队使得其转发前等待的时延没有保证。交换结构对组播通常是转化为多个等待调度的单播，不能实现硬件逻辑线速扇出组播。

代数交换以群论中位置换群为模型，系统地描述了多级互联网络（MIN）的模型，考虑作用于整数 1 至 n 上的置换群。类似于群论中常用的循环标记，例如用（321）表示置换 σ，则有 $\sigma(1)=3$，$\sigma(2)=1$，$\sigma(3)=2$ 且 $\sigma(k)=k$，对所有 $k>3$。其中数字表示二进制地址，1 表示最高位地址，n 表示最低位地址。该置换群中的单位元素是整数 1 至 n 映射到自身的映射，记为 id。故置换σ=（321）导出如下 3 位二进制串中一一对应的映射：

$$X_\sigma: b_{\sigma(1)}b_{\sigma(2)}b_{\sigma(3)} \longrightarrow b_1b_2b_3$$

如图 3-2 所示，$X_\sigma: b_{\sigma(1)}b_{\sigma(2)}b_{\sigma(3)}=b_3b_1b_2$ 即等价于：

$$X_\sigma: b_3b_1b_2 \longrightarrow b_1b_2b_3$$

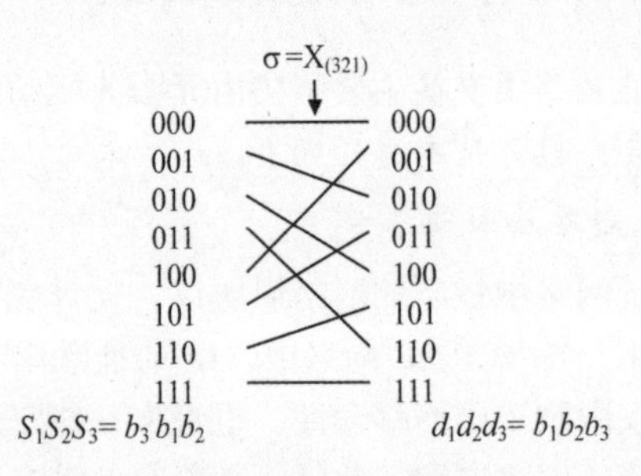

图 3-2　以目标地址为参考点的 2×2 单元级间位置换交换

已经证明了在所有可路由的 MIN 中，分治网络具有高度模块化和布局复杂度最低的特点，表 3-1 列出了部分常见的例子。

表 3-1　部分分治网络的代数模型描述

256×256：[id：(87)：(86)(75)：(87)：(85)(73)(62)(51)：(87)：(86)(75)：(87)：id]；
1024×1024：[id：(10 9)：(10 9 8)：(6 9 7 10 8)：(10 9)：(10 5)(9 4)(8 3)(7 2)(6 1)：(10 9)：(10 9 8)：(6 9 7 10 8)：(10 9)：id]；
4096×4096：[id ：(12 11)：(12 11 10)：(12 9)(11 8)(10 7)：(12 11)：(12 11 10)：(12 6)(11 5)(10 4)(9 3)(8 2)(7 1)：(12 11)：(12 11 10)：(12 9)(11 8)(10 7)：(12 11)：(12 11 10)：id]；

$N=64$ 的分治网络的结构图如图 3-3 所示。

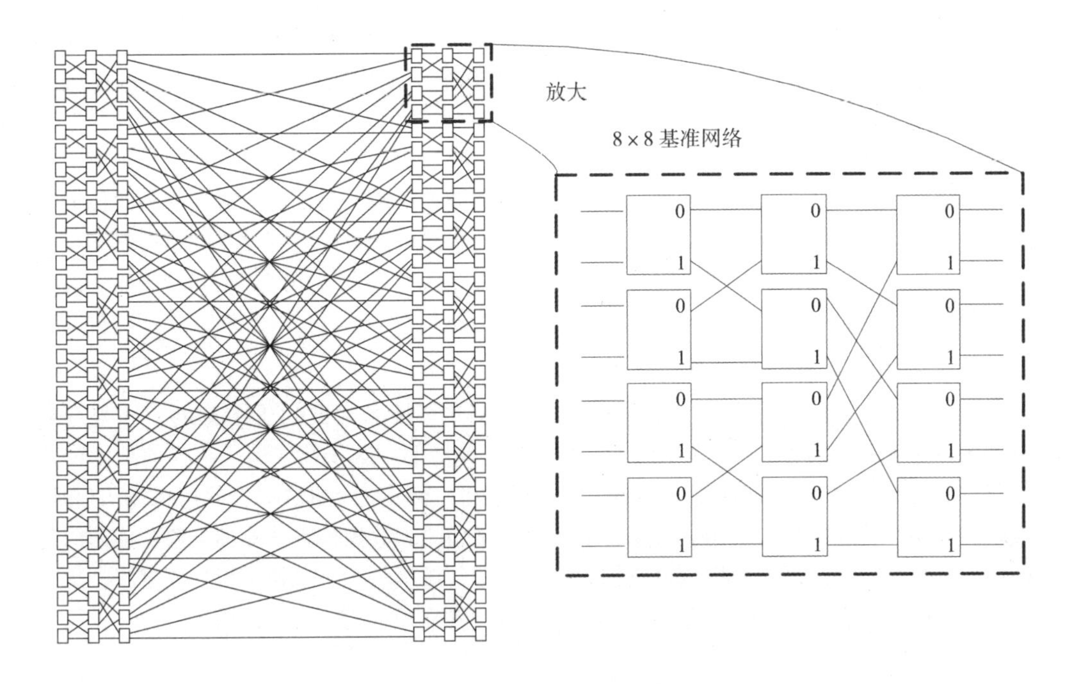

图 3-3　64×64 分治网络及其局部放大图

拟结合自路由集线器及分治网络，支持线速组播的自路由集线器，同时引入带可扩展的线速优先级分组机制，目标是构建一种能够大规模扩展交换容量，面向元服务内部具有优先级划分，以及能够线速支持组播的交换结构。

4. 面向多态的路由交换虚拟化技术

基于虚拟化技术的多态路由交换的实现可具有更好的通用性与统一性，可以为多态协议体系中的每个协议体系提供独立的网络设备，减少了多种网络协议体系聚合时的接入问题。符合项目总体的“业务—元服务—元能力”的思想。

研究的基本思路是提出三层切分模式的网络虚拟化模型，该模型首先利用虚拟化技术将公共承载网络物理资源根据多态协议体系中的不同协议进行切分，为每个协议形成独立的虚拟设备；然后在虚拟设备中按元服务类型进行切分，构建多个基于不同元服务的逻辑承载网；最后在逻辑承载网中对资源进行虚拟化切分，用于满足业务子网中不同元服务特征的服务质量保证。

元服务切割针对每个元服务的特征，例如，时延、吞吐量、容错率等特征，为其划分单独的虚拟网络，使转发策略制定无须兼顾所有的元服务类型。业务切割的主要目的是构建差异性的服务质量保证平面，实现对不同业务流的资源保证。

5. 探索利用网络编码等方法建立高效宏电路树的组播机理

传统网络通信理论把信息流当成管道中流动的水，是不可压缩的，故传统网络节点只是完成存储转发功能。网络编码理论的全新突破在于提出网络路由交换节点对输入的信息流进行编码后再发送，可进一步提升网络吞吐量，从而达到网络最大流最小割的理论上限。它使得组播协议及标准的制定有了理论依据。

主要研究思路是根据组播传输业务模型和特点，建立网络元能力与元服务之间的映射关系，利用本项目提出的宏电路的思想，在分组网络上基于数据分发的链路公因子等信息，通过标签机制建立宏电路树，构建支持点到多点的高效传输路径。其基本原理是在研究元服务、元能力以及节点元能力之间的映射关系时，提取各类业务对网络链路带宽、网络中间结点存储与计算资源、网络端节点功能等方面的需求，为面向海量数据高效传输业务优化的传输功能扩展提供支持。同时，管理平面根据不同业务数据分发的组播树信息及其服务质量要求，建立公用的数据分发路径及宏电路树，探索利用网络编码理论建立高效宏电路树的组播机理。

6. 支持泛在互联的移动性管理模型与机制

目前针对移动性的管理大多仅局限于特定的网络环境和主机/子网移动性，不能应对未来多种接入网络共存、大量移动主机/子网接入等情形。鉴于此，为了在任何地方使用任何主机/子网以及在任何状态下都能不间断地获得一致的 QoS 服务，迫切需要研究和探索新的移动性管理模型与机制，要求它能实现控制功能和数据传输功能相分离，能适应各种接入技术而独立演进。我们以可重构为内在支持，探索基于主机的标识分离方法，研究支持主机或子网移动性的协同操作机制与策略，建立位置管理和协同切换机制。具体如下。

（1）面向泛在互联的移动性管理框架

设计具有较强自组织和自适应能力的移动性管理框架，研究支持用户跨接入技术、跨运营商、跨服务提供商的泛在移动。另外，针对未来网络环境下将存在的多种移动性需求，研究和探索多目标多维度多粒度的移动性支持策略和机制。

（2）异构网络环境下移动性管理互操作控制策略与机制

互操作控制是异构网络环境下移动性管理中最关键的功能。研究支持主机或子网移动性的协同操作机制与策略，重点解决接入技术异构性带来的差异以及移动性管理中的跨层优化策略。通过引入基于主机的标识分离方法，设计一种新的面向异构网络环境安全上下文映射的 AAA 机制；另外，为了透明地向用户提供移动前后一致的 QoS 服务，拟探索适合异构网络环境的 QoS 映射适配模型与机制。此外，针对因无线链路的不稳定性、移动终端无线资源的有限性以及网络间移动性所带来的无线链路特征的变化，还将研究跨层的移动性支持机制及其跨层信息交互机制。

（3）异构网络环境下协同切换机制

在多层重叠覆盖复杂的异构网络环境下，切换指标量化、切换判决、切换协议及链路的转换是解决异构网络切换的核心问题。因此，拟从上述方面研究异构网络环境下协同切换机制，包括：异构环境下，多种网络指标的协同分析决策和网络资源管理机制；可重配置的异构网络间无缝切换策略。

（4）位置管理

移动终端的位置管理是移动性管理的关键技术之一，主要包括位置更新和位置查找两大功能。拟设计一种能完全屏蔽具体的接入技术和移动主机/子网种类的通用位置管理框架；探索在资源占用、网络开销和查找效率之间取得有效平衡的位置更新和查找策略；研究面向无基础设施网络的移动终端位置管理机制。

3.3.4　可重构基础网络的安全可管可控机理

对于可重构信息通信基础网络安全可管可控体系，主要研究基于网络重构的安全可管可控机理，提出具有多级强度的安全基片机制与结构，形成基于安全基片的逻辑承载网结构形态；深入研究基于密码方法和信任机制的安全强度度量模型，提出基于用户和终端辨识的安全管控机制；通过面向行为和内容的态势分析解决安全行为的追踪溯源问题，充分保证可重构信息通信基础网络体系中的用户、网络和业务安全，做到对安全态势的实时感知、预警和处置。具体技术途径如下。

1. 基于网络重构的安全可管可控体系

安全基片是针对共性安全与管控特征要求而构造的基本安全要素和功能的总和。不同的安全基片具有不同的安全强度级别。逻辑承载网以业务承载需求充分满足和网络安全需求合理适配为构建目标，在充分利用网络资源提供最佳服务的同时，利用以分组传递、可重构和宏电路为核心要素的网络元能力，为网络、业务及用户提供安全保障。

2. 基于安全可信度量的安全基片构建机理

（1）安全基片构建模型

目前的网络业务由于没有细分安全性需求，从而导致或者完全忽略可能存在的安全问题，或者盲目追求高安全性而耗费大量网络资源，最终都违背了为用户提供安全、有效服务的网络设计初衷。为解决上述问题，本节针对不同的应用场景和用户需求，将网络安全性划分成多个级别，建立多级网络安全模型，基于多级安全强度构建安全基片，以网络资源充分利用和网络安全合理适配为原则进行优化，避免单一追求高安全级别或高服务质量的简单模式，从而为用户提供服务质量和安全性的保证。

安全基片构建需求可以转化为多个源和目的节点对之间的承载能力需求和安全提供能力需求。综合考虑网络拓扑、资源状态、安全强度等条件，安全基片构建可以抽象成源、目的节点对之间的拓扑规划和资源合理分配模型。

（2）基于密码理论的安全强度度量

逻辑承载网的安全属性可通过网络中使用的保护数据安全的密钥建立协议和加解密算法体现。利用不同安全强度的密钥建立协议得到不同质量的会话密钥，对同一类密钥分发协议得到的会话密钥质量可从密钥熵高低、密钥长度、认证强度（单向、双向）、不可否认性、协议轮数等来进行量化。高质量的会话密钥应用在安全加解密算法中才能得到整个会话安全性的保证，因此需对使用的加解密算法的安全强度进行量化，此过程类似于密钥建立协议，首先对不同类的加解密算法根据其所基于的假设划分安全强度等级，对于同类的加解密算法可以从以下几个指标量化：NIST 测试、抗各种已知攻击能力、密钥长度等。

（3）基于信任机制的动态安全强度度量

信任机制针对更现实、更广泛意义上的可信赖性问题，根据网络节点间直接的或间接的行为接触经验，及时动态地调整更新彼此间的信任关系，从而最大限度地保证节点行为的安全可靠。将信任机制应用到逻辑承载网中某条链路的安全强度量化方法中，能够增强该链路安全强度的可信度。

3. 基于用户和终端辨识的安全管控机制

为了研究接入逻辑承载网的用户和终端辨识的安全管控机制，拟采用的技术途径包括以下关键内容：

- 符合逻辑承载网特征的安全协议

研究在不同应用场合下（终端模式、分等级网络架构、特定攻击模型等）的逻辑承载网的特征，基于现代密码学最新研究成果，设计一系列适合于逻辑承载网特征的安全协议，包括密钥管理、密钥分配、身份认证、权限管理等。

- 基于多业务接入认证信息的用户和终端辨识

逻辑承载网与用户接入网的接入点以及逻辑承载网内部，是多种同类业务融合至某特定宏电路以满足特定传输要求的关键点，也是筛查异常流量、对用户和终端实施管控的关键点。由于用户接入方式的多样化，接入终端的种类大大扩展。在关键点上基于用户接入时的认证信息和授权信息对用户和终端类型进行辨识，能够相对准确地区分其所属的业务类型，可基于认证信息对后续数据进行持续跟踪和控制。同时，分析流入和流出分组流量的时空特性，可判别用户行为合法性，从而做出相应的控制措施。

- 基于身份与行为双重信任的逻辑承载网动态管控

信任分为身份信任与行为信任。身份信任主要负责用户身份验证以及用户权限鉴别等问题，它主要通过加密、数字签名、认证协议以及存储控制方法来实现。行为信任技术主要包括可信计算和信任度模型，将行为信任机制引入安全协议设计中，使其具有更广泛的安全性。

4. 面向行为和内容的态势分析与追踪溯源

为了便于对逻辑承载网安全态势实时感知[①]、预警和处置，可采取安全管控功能结构，整个结构分为管控面和数据面。管控面由一系列前端管控代理和后端管控系统组成，管控代理在逻辑承载网内部分布式采集数据和实施分布式管控，管控系统负责集中式数据分析、安全操作识别以及管控策略维护等；数据面接受管控面的管理和控制。管控面向数据面开放某些接口，从而使得业务能实时感知网络提供能力是否可用，网络可以根据用户要求提供的不同安全级别，有效利用网络中的可用资源达到安全保障。在该结构下，其安全管理和分级的决策依据由安全态势分析提供，并对网络出现的安全事件或异常状态进行层次化多粒度追踪溯源。

如何同时利用网络的正常行为和异常行为特征是提高网络异常行为辨识准确率的关键。在突变理论中，尖点突变模型不连续的突变性和稳态性的平衡状态能准确地描述事物正常状态与异常状态之间的变迁行为，因此可利用尖点突变模型稳态性和突变性等特性，建立一种新的面向网络行为的安全态势分析方法，构建一种能准确描述网络异常行为的模型。另外，除了要求信息传输安全可靠外，还需对业务信息内容本身是否符合一定安全要求进行态势分析，一方面保证业务内容是合法授权、未被篡改的，另一方面保证业务内容的散播是可控的。我们拟采用信息论和统计物理学相结合的方法，从业务内容特征快速提

---

① 态势感知是一种基于环境的、动态的，整体地洞悉安全风险的能力，是以安全大数据为基础，从全局视角提升对安全威胁的发现识别、理解分析、响应处置能力的一种方式。

取方法、内容特征轻量级监测机制以及内容特征精确匹配模型等方面，构建一套业务内容分层次递进式监测与分析的技术体系，从而准确、快速地得到业务内容安全态势图及其散播群体行为态势。

拟采取基于节点摘要的攻击源定位技术方案，根据网络安全态势分析结果，按需提供域间级粗粒度和逐跳节点级精细粒度结合的追踪溯源服务，以便准确地获知网络出现的安全事件或异常状态的源头信息，为实施阻断、隔离或反制等安全措施提供有效决策信息。

3.4 小　结

通过提出“可重构网络”的核心思想，创建包括网络元能力理论、多态寻址路由机制和网络重构机理等在内的可重构信息通信基础网络理论体系，突破传统 IP 承载的能力瓶颈，解决服务适配扩展性差、信息网络基础互联传输能力弱、业务普适能力低、安全可管可控性差等问题。具体包括：

（1）创立可重构基础网络的理论体系，包括网络元能力理论、多态寻址路由机制和网络重构机理，从根本上突破传统 IP 承载的能力瓶颈，信息网络基础互联传输能力弱、解决服务适配扩展性差、安全可管可控性差等问题。

（2）构建可重构新型网络体系功能参考模型，增强 IP 网络参考模型中网络层和传输层的功能，以解决目前 IP 网络网络层的功能瓶颈问题，与日益增长的应用需求和丰富的传输资源相匹配。

（3）提出业务普适的网络可重构机理和与逻辑承载网构建方法，通过节点能力和网络资源的组配实现网络结构和功能的按需灵活调整与多态呈现，支持不同业务对网络的不同功能需求。

（4）建立可重构基础网络的寻址及路由交换机制，为新型网络的寻址、路由、交换和泛在互联提供基础保证，实现网络对安全性、扩展性和移动性的支持。

（5）创建可重构基础网络的安全和管控机理与结构，保证新型网络具有网络安全、信息安全、用户安全和可管可控的基本属性。

第4章　高移动性宽带无线通信网络

如果网络设计不合理，既浪费资源，又不能满足应用需求，还会面临更新换代的压力。因而，要建设经济合理、能效优先的高效网络，必须有坚实的理论支撑和先进的技术支持。本部分的工作就是根据图4-1所示的5G网络端对端技术特征，综合考虑新业务主流应用方向，明确划分当前高移动性宽带无线通信网络中各个网络层次结构部分的关键技术及其应用场景，以此围绕着现在高移动性宽带无线通信网络面临三个最重要的关键科学问题展开全面而具体的研究工作：①无线通信网络资源制约系统性能的规律；②高效的网络传输机理与广义编码方法；③叠信号可分离机理与抗干扰理论。这三个问题的解决直接影响无线通信网络的优化设计和运营成本，与国民经济紧密相关；为了解决这些相关关联的三个科学问题，务必首先重点考虑以下一些因素。

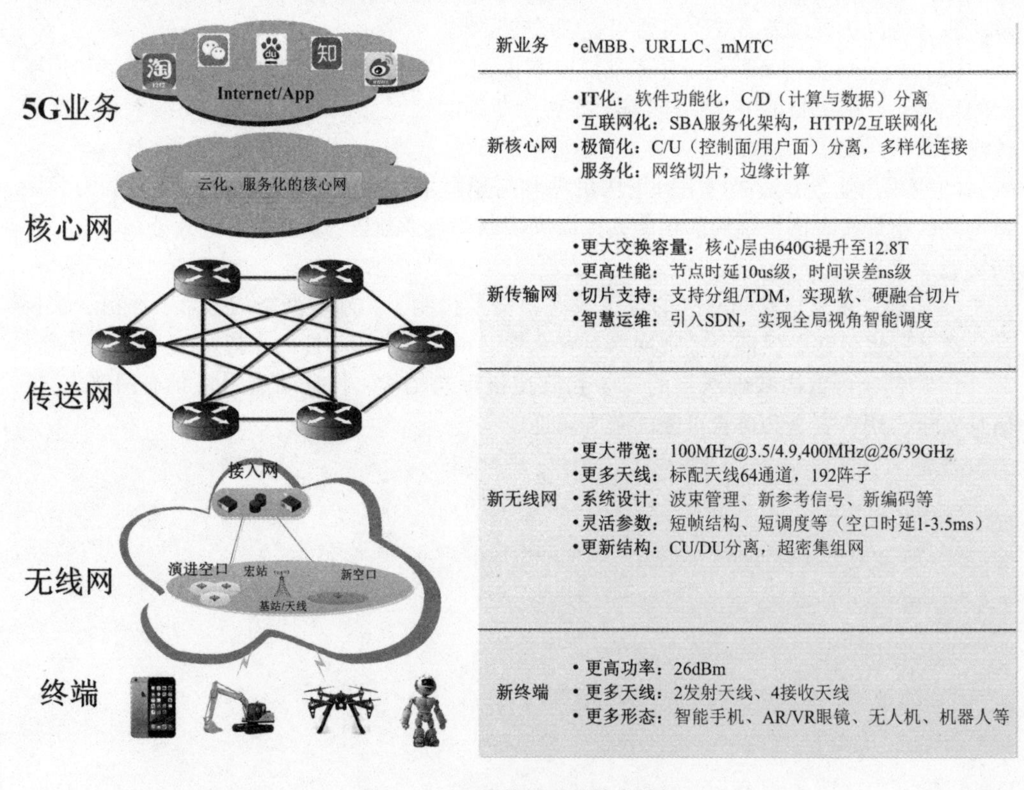

图4-1　5G网络端对端技术特征

（1）面向国家在信息领域方面的重大需求，针对高速运动与复杂干扰等应用环境，为国家中长期信息领域的若干前沿技术和重大专项研究提供坚实的理论基础。在基础理论与关键技术方面取得一批具有原创性的研究成果并达到国际领先水平，面向ITU、IEEE、3GPP、UIC（International Union of Railways，国际铁路联盟）等国际标准化组织，形成具有自主知识产权的国家、国际标准。

（2）基于网络信息容量的认知，建立网络信息容量的数学模型，研究规模化无线网络的动态性能限，并量化无线网络资源、用户行为和通信场景对系统性能的制约，从而获得高速运动与复杂干扰等场景下的无线宽带通信网络设计的理论指导。完善广播、多址、中继、干扰、反馈等网络基本构成单元信息容量域分析，形成较为完整的高速移动等复杂场景下通信极限分析的理论框架。

（3）获得宽带编码调制系统在快速多变复杂环境下的性能限；提出低能耗自适应编码调制方案；完善编码调制系统设计准则和性能分析评估方法。完善移动中继、认知中继协作传输理论，提出支持节点移动性和群移动性的中继网络传输理论。提出高效（低复杂度，低能耗）的信号复用技术和预编码方案，形成一套完善的信号设计与信号分离技术。提出用户间干扰利用理论与方法、小区间普适干扰协调理论与方法和网间干扰避让理论与方法。

4.1　基本理论

4.1.1　科学问题一：无线通信网络资源制约因素

无线通信网络资源制约系统性能的规律是网络信息理论体系的基石，主要揭示信息容量限、自由度与功率、带宽、能耗、用户行为、时延和移动性等网络要素之间的相互关系。

经典信息理论的信道容量概念揭示了简单信道模型下的信息速率与带宽和功率之间的关系，为点到点通信系统的设计提供了理论依据，也为系统优化提出了明确的目标。如Shannon极限揭示了高斯噪声信道在带宽和功率受限情况下的信息速率，而遍历容量（ergodic capacity）和中断容量（outage capacity）刻画了时变信道Shannon极限的统计特性。在实际应用中，利用编码技术较好地解决了深空通信系统的星上系统发射功率受限问题。

反馈、协作、干扰与竞争等无线网络通信特征以及丰富的用户行为与多样化的业务需求加大了网络信息容量分析的复杂性，使得传统的基于无线链路的信道容量概念无法全面刻画网络系统性能，因而需要从网络的角度来重新定义系统容量，揭示网络资源制约系统性能的规律。同时，移动性带来信道的多重选择性（multiple-selectivity），而经典的Shannon信息论目前主要侧重于研究静态链路的极限性能，还没有很好地解决动态链路和动态网络的容量和性能限问题。缓存、接入、多跳、转发和移动等因素带来较长时延，因而不能获取信道的统计变化特性，需用非平衡（non-equilibrium）的思想来描述局部均衡（local equilibria）容量。具体地，针对处于不同场景、承载不同业务、具有不同网络结构和不同用户行为模式的异构的无线通信网络，网络信息理论必须解决的问题包括：反馈能否提高容量；协作通信系统的容量限如何确定；有限反馈机制、不同的协作通信协议以及多样化的干扰形态（用户间干扰、小区间干扰、网间干扰等）等因素如何影响无线通信网络的信息容量；如何分析能量约束条件下的信息容量限；如何刻画宽带无线通信中信息容量的渐进行为——自由度；如何将用户高移动性纳入信息容量限等。

从网络基本构成单元信息容量域的分析与计算出发，基于网络信息容量的认知，建立网络信息容量的数学模型，研究规模化无线网络的动态性能限，并量化无线网络资源、用户行为和移动性等通信场景对系统性能的制约，从而获得高速移动与复杂干扰等场景下的无线宽带通信网络设计的理论指导和优化目标。

4.1.2 科学问题二：高效的网络传输机理与编码

优化资源分配、降低能量消耗、逼近容量限、提高通信效率一直是无线通信网络设计所追求的主要目标。网络信息容量限揭示了系统的性能极限，通过编码逼近网络性能限，通过智能中继与自适应协作提升频谱效率与能量效率以满足各种复杂场景要求，是无线通信网络信息理论体系与实践结合的桥梁。

随着网络通信的发展，一方面网络拓扑结构越来越复杂，另一方面通信对系统能效要求越来越高，通信的带宽越来越宽，使得传统编码理论与技术面临新的挑战，这也为拓展传统编码与协作通信理论与技术内涵带来了新的机遇。从宽带化信息理论的角度需要探讨的未来广义编码问题包括：如何在能量效率优先条件下，研究适合于宽带无线衰落信道的高谱效高能效的编码调制理论与设计方法；如何实现协作、感知与反馈等网络通信机制的有效利用；如何从网络结构出发，拓展适合于具有结构化网络的广义编码理论及方法；如何构建高效可靠的网络编码提升网络通信效能等。

4.1.3 科学问题三：混叠信号抗干扰与可分离机理

未来移动通信的发展要求增加网络的覆盖，提高传输速率，支持高移动性，同时要求容纳更多的用户，用户密度的提高导致小区内、小区间和网络间的干扰日趋复杂，移动性的增加进一步加剧了干扰的复杂化和动态化，使其成为严重制约通信系统性能与用户容量提升的瓶颈。

目前，应对干扰的方法可以从干扰信号分离、干扰避让、干扰博弈、干扰协调和干扰利用等多个角度展开，包括有效的多址接入方式、基于确定与统计特性的干扰分离方法，基于多用户分集的机会式调度算法，以及基于干扰对齐、预编码、协作通信等的干扰协调和基于网络编码的干扰利用技术。随着无线通信系统的发展，现有抗干扰理论面临着高频谱效率与多用户容量巨大需求、各种无线应用需求的多样化以及快速多变的复杂环境等多方面的挑战，需要发展新的抗干扰理论，包括：如何利用信号的不同特征区分不同用户，探索混叠信号的可分离机理与分离方法；如何设计高频谱效率、高用户容量以及低复杂度的新型多址接入方法；如何根据不同干扰环境的本质特征合理提炼干扰网络模型，并发展相应的“干扰避让”、“干扰协调”和“干扰利用”等抗干扰理论和方法，以适应复杂多变的无线干扰环境。

上述三个科学问题是面向高速移动与复杂干扰等场景下无线通信网络重点理论体系不可分割的组成部分。科学问题一重点解决无线通信网络的信息理论限；科学问题二重点解决如何平衡各种资源，提高网络信息传输效能；科学问题三重点解决如何应对无线通信网络的传输瓶颈——干扰问题。三个关键科学问题是相互衔接、相互促进，递进式发展的。一方面，科学问题一的研究结果将给出网络信息容量的数学模型，揭示网络动态容量与网络资源的制约规律，为科学问题二、三的研究提供理论指导。另一方面，通过对科学问题二和科学问题三的研究，也会进一步加深对网络信息容量的认知，改进网络信息容量模型，促进科学问题一的研究。

4.2 基本理论之间的相互关系

4.2.1 资源制约带来的问题

首先，以快速多变与复杂干扰场景下的实际应用环境为研究背景，通过分析反馈、协作、干扰等网络特性，探究宽带无线网络中移动与固定、分集与复用、静态与动态、广度与密度、频谱与能量、正交与干扰、吞吐率与性能、多径与单径、竞争与合作等多类矛盾的辩证统一关系，探索网络资源制约系统性能的规律，从而提出一套分析与计算宽带无线网络基本性能限的理论与方法。其次，在性能限理论的指导之下，研究两种高效的传输方法。一种是宽带编码方法：根据不同的信道环境以及用户之间的合作程度，合理设计编码传输方案，采用编码调制、网络编码、竞争与协作编码等多种技术，逼近网络信息容量限。这两种方法的研究是相辅相成的。例如，多址接入技术既可以从抗宽带干扰的角度研究，也可以从编码的角度研究。一种是抗干扰方法：根据不同网络拓扑结构以及干扰产生的不同机理，合理提炼干扰网络模型，采用干扰避让、干扰协调和干扰利用等多种手段，应对复杂多变的无线干扰环境。

针对科学问题一，围绕无线通信网络的基本特征，研究无线网络资源等制约系统性能的规律；主要研究高速移动等复杂多变场景下点到点、广播、多址、中继、反馈、干扰、MIMO等网络基本单元的信息容量域；以此为基础研究规模化无线网络的动态性能限等。

针对科学问题二，研究提升网络信息传输效能的理论与方法，包括“高谱效高能效信号设计与编码调制理论”和“智能中继与自适应协作通信理论”。

针对科学问题三，研究应对复杂干扰的理论与方法，包括干扰分离、干扰避让、干扰协调与干扰利用四个不同层次。

4.2.2 无线通信网络资源制约系统性能的规律

围绕反馈、协作与干扰等无线通信网络的基本特征，首先针对网络基本单元，研究有限反馈信道、多用户协作通信系统及干扰信道的信息传输容量，研究网络状态信息不匹配条件下的信息容量限，在此基础上，研究大规模网络信息容量的认知。主要研究内容如下：

- 高速移动环境下的性能限
- 有限反馈信道的容量（含 MIMO）
- 多用户协作通信的容量（含 MIMO、多址、广播、中继）
- 干扰信道的容量（含 MIMO）
- 大规模网络的信息容量与动态平衡特征

4.2.3 高频效和高能效传输的信息论机理

在提升无线通信网络信息传输效能方面，从能量效率和频谱效率两个角度，研究高谱效高能效的信号设计与编码调制理论，研究智能中继与自适应协作通信理论与方法。主要研究内容如下：

- 高谱效高能效的信号设计与编码调制理论
- 稀疏调制信号的设计理论与检测方法
- 离散谱传输理论与方法
- 信道预编码理论与方法（含多用户 MIMO 预编码、非线性预失真编码）
- 高频效联合信道编码-网络编码调制理论与技术（MARC）
- 高速移动环境下的自适应调制编码技术
- 移动网络智能中继与自适应协作通信理论与方法
- 移动性增强无线网络容量的机理
- 移动中继（mobile relay）及其协作分集理论
- 认知中继（cognitive relay）及其机会式传输理论
- 支持群移动性（group mobility）的智能协作通信理论

4.2.4 混叠信号可分离机理与抗干扰理论

面向高速移动等快变复杂场景，研究混叠信号的可分离机理与分离方法、新型多址接入理论，从干扰分离、干扰避让、干扰协调与干扰利用展开抗干扰理论与策略研究。主要研究内容如下：

- 基于信号随机以及确定性特征的混叠信号可分离机理
- 基于正交、混叠多址的干扰避让与干扰分离理论与方法
- 基于认知的干扰避让与干扰博弈理论与方法
- 基于干扰信道容量的抗干扰度量理论
- 高移动环境下的抗干扰理论与方法
- 基于网络 MIMO 和干扰对齐的干扰协调理论与方法
- 基于物理层网络编码的用户间干扰利用理论与方法

4.3 基于信息论的性能评估

解决项目的三个科学问题的基本技术途径有所不同，分述如下。

解决科学问题一的基本技术途径是：首先，分析无线宽带通信网络功率、频谱、空间、时间、能耗、移动性、网络拓扑结构以及合作与竞争机制等网络资源的约束条件；其次，利用信息论、测度论、随机矩阵理论、博弈论和排队论等数学工具，通过研究无线宽带通信网络信息容量与网络资源之间的关系，建立无线宽带通信网络信息容量的数学模型；再次，运用容量近似、自由度分析、凸优化、EM 算法与动态规划以及 Monte Carlo 数值计算等方法，分析并计算无线宽带通信网络的信息容量限；在此基础上，获得复杂环境下无线宽带通信网络信息容量限与动态性能限，揭示无线宽带通信网络资源制约系统性能的规律，建立以宽带信息论为基础的系统性能评估与设计准则。解决科学问题一的技术途径如图 4-2 所示。

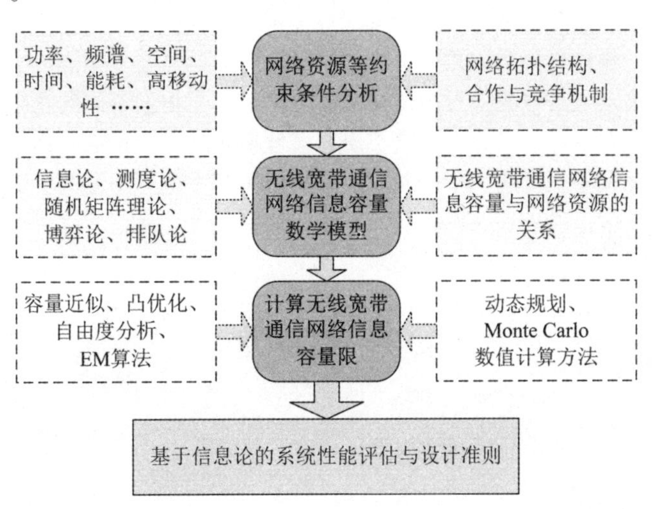

图 4-2 科学问题一的技术途径

解决科学问题二的基本技术途径是：首先，从编码应用模型层面分析点到点宽带通信、小规模网络及大规模网络、低移动性到高移动性下宽带通信的特征，从编码设计层面，根据网络信息容量的理论和随机编码的方法分析好码应具备的统计特性；其次，利用图论、博弈论、概率论与代数方法等数学工具，结合“小结构、大随机”的编码指导思想，构造逼近网络信息容量的好码；最后，通过计算机仿真验证码的性能指标，并根据结果改进码构造方法，实现信息的宽带高效传输。解决科学问题二的技术途径如图 4-3 所示。

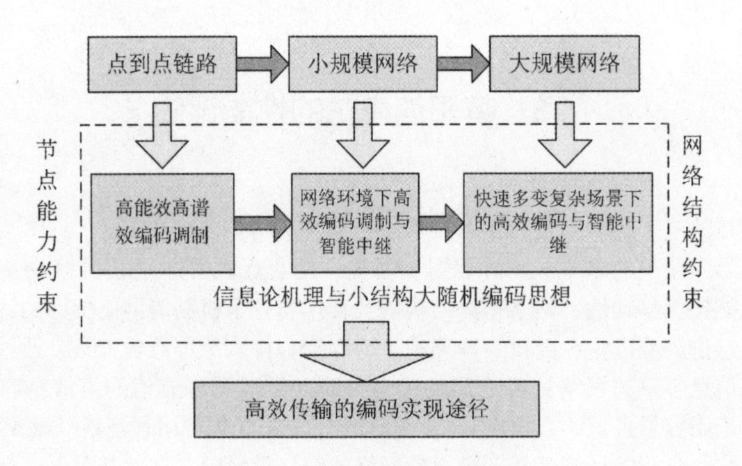

图 4-3　科学问题二的技术途径

解决科学问题三的基本技术途径是：首先，分析高速移动以及复杂干扰等场景中宽带混叠信号各成分信号的来源，根据网络规模和网络拓扑结构探究宽带干扰形成的原因与动态变化特性，根据能够获得宽带干扰信息区分干扰形式并分析干扰结构；其次，利用泛函分析、组合优化、随机控制与矩阵理论等数学工具，通过研究宽带混叠信号在各种变换域中的表现形式，揭示宽带混叠信号的可分离机理；最后，根据不同的宽带干扰成因和干扰结构，基于宽带混叠信号的可分离机理，研究多址接入技术、预编码与检测技术以及资源调度策略，提出宽带干扰分离、干扰避让、干扰协调和干扰利用等抗干扰理论与方法，实现抗宽带干扰的数字信号处理技术和通信系统，如图 4-4 所示。

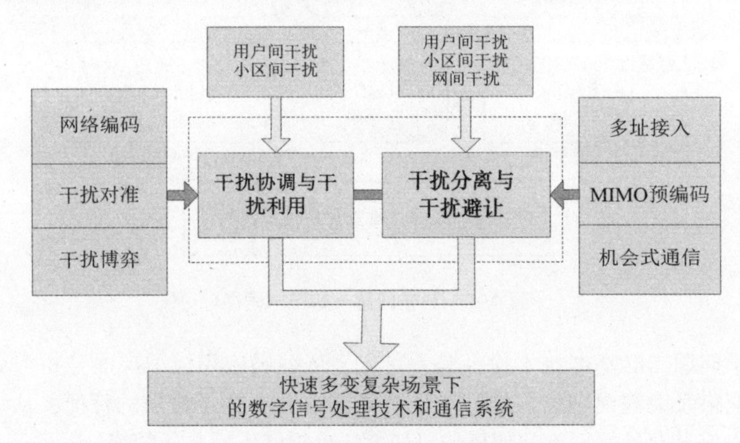

图 4-4　科学问题三的技术途径

4.3.1　网络单元信息容量域的分析与计算

针对高速移动与复杂干扰等场景，研究宽带信道不匹配场景下的性能限，研究有限反馈信道、多用户协作信道、干扰信道等网络基本组成单元的信息容量问题。研究宽带信息容量一般有两种方法：一是理论分析，利用随机编码等思想确定不同网络环境下的信息容量，再应用勒贝格积分等数学理论进一步分析容量函数的特性；一是数值方法，运用线性规划、凸优化、运筹控制等数值方法计算宽带信道容量限。具体的技术路径包括以下几种。

（1）信道不匹配场景下的性能限

无线通信设备的高速移动性带来的突出问题是信道状态快速变化，使得宽带信道参数的估计与真实值之间相差甚远。在这种场景下，我们需要研究未知信道参数场景下的信道容量，研究在接收端选择了错误信道参数进行译码检测给系统性能带来的损失，也需要研究非相干检测译码的极限性能。具体的研究途径是把检测算法作为“人工信道”的一部分，通过分析不同检测算法的统计特性，建立人工信道的模型，然后计算相应的互信息或者错误指数，并与理想情况进行比较，从而指导检测算法的设计与评估。

（2）有限反馈信道的容量

反馈是保证无线宽带通信业务质量的有效手段之一，但是反馈也不可避免地增加系统的开支。因而，我们需要研究反馈对宽带信道容量的提升程度，研究反馈信道容量随反馈信息多少变化的规律。具体的研究方法包括计算是有向信息等。针对有限反馈信道，首先借助于有向信息的概念刻画信道容量，其次将容量计算问题转化为随机控制问题，建立相应的数学模型和框架，然后利用迭代数值算法（如动态规划算法）计算信道容量的数值，最终确定信道容量限。

（3）多用户协作通信的容量

多用户协作是改善通信业务质量的另一个有效手段，典型的方式是中继协作，源用户在中继用户的协作下，克服无线宽带通信信道频谱的不一致性，完成向目的地用户的通信任务。我们拟主要通过分析各种中继协作（如调制信号星座协作）的互信息来研究自适应中继协作系统的信息容量限，以指导高速移动环境下中继策略的选择。在研究过程中，我们着重分析时变带来的影响。

（4）干扰信道的容量

拟采用容量近似法来分析。建立一些特殊的宽带干扰模型，利用有关信息不等式分析宽带信道容量和错误指数，并采用数值计算方法给出数值解。

（5）高移动环境下的宽带信道容量

在高速移动通信场景下，信道切换频繁，参数多变，给接收信道容量的分析和计算带来了新的挑战。我们将针对不同的移动环境，结合快速变换的通信距离、路径衰落、阴影遮蔽效应以及多普勒频移等因素，建立符合实际的宽带信道模型。应用勒贝格积分和动态规划等数学理论，构造相应的容量函数。基于区域划分思想，研究静态区域（如高铁车厢内部用户网络）和快速移动区域（外部网络）之间、区域内部的用户协作、资源调配以及 MIMO 等技术对容量的影响，认知和估算快速移动通信场景下的系统容量并以此来指导和优化新环境下的通信网络设计。

4.3.2 规模化无线网络的动态性能限

无线通信系统网络规模越来越大，与网络扩张相适应的宽带信息理论研究成为通信网络理论研究的一个重要的热点。本研究主要研究大规模移动宽带通信网络的容量问题，提出相应的时变环境下的网络信息容量限的分析理论，给出时变状态下关于无线宽带网络的信息容量和传输容量的动态平衡特征，讨论面向单播和组播的复合业务模式，量化分析部分网络链路状态和网络干扰对网络信息流容量的影响，加强对用户公平性的讨论等，为建立用于实际的理论优化模型提供理论指导。具体的技术路径包括以下几种。

（1）时变状态下无线宽带网络的信息容量和传输容量的动态平衡特征

在传统的有线网络中，网络的拓扑以及每条链路的传输特征是相对稳定的，可以利用图论和信息流的割集理论进行理论分析，给出相应的网络流上界。而无线网络的网络状况存在诸多的不确定性，这是由每天无线链路的时变特征所决定的，因此，难以利用图论和信息流的割集理论进行分析。在此问题的研究中，我们将根据网络的时变特征，建立一定的宽带链路模型，将有线容量因子分解方法推广到无线网络分析中，提出时变状态下无线宽带网络的信息容量因子分析法，研究局部链路的时变状态对整个网络容量特征的变化和影响，给出信息容量和传输容量的理论界和动态平衡特征。同时采用基于随机图论理论和无线信道衰落特征的组合理论方法，利用 Ising 退火理论进行模拟分析和验证。

（2）面向多种业务模式的网络信息流容量

针对信息通信有向传输的基本业务包括单播和组播模式，在复杂无线环境下根据系统的自由度，建立无线宽带链路模型、节点流量模型以及排队模型，利用图论中“最大流-最小割”理论，提出信息流尺度率分析法得出相应的网络信息容量，导出相应的理论界。在此基础上，探讨不同的反馈和合作方式下，分析网络容量与时延之间的量化关系。此外，建立基于部分网络环境认知的确定性网络模型，例如，根据认知无线电对无线环境的先验知识和网络节点的反馈信息、根据移动通信链路特征，设计多约束条件下的网络整体优化问题，研究多用户共存的网络容量限，给出确定性的容量界。同时，利用这些结果加深对认知无线网络理解，并利用 Superposition 编码和网络编码等方法给出信息论层面的可实现编码策略。

（3）基于用户公平性的网络容量优化与分析

在大规模网络中，大量的用户在共享网络的同时需要通信网络系统提供一种相对公平的资源分配，同时也要求网络资源能在提供用户公平性的同时实现效能最大化。在该问题的研究中拟采用整体相对公平性原则，提出一些能反映网络特性的具有多参数特征的网络效益函数（utility function），利用博弈理论和随机鞅论（martingle theory）理论，提出用户公平性的网络容量优化与分析理论，给出网络调度算法的收敛性条件和相应的 Nash 平衡域，并提出相应的分布式可实现的网络接入控制和功率控制方法等。

4.3.3 高谱效高能效调制信号编码调制

高谱效高能效信号设计的总体原则是充分利用信号空间的结构，将代数码与现代图码相结合，将信源编码、信道编码与调制技术相结合、信号处理与译码检测相结合，以达到低复杂度、高能效和高谱效的编码调制传输。具体的技术途径包括以下几种。

（1）稀疏调制信号的设计理论与检测方法

数字调制的本质是通过密集信号空间的稀疏化来实现信息的嵌入和传输。在多用户无线通信系统中，调制信号只有在特定域具有特定的稀疏性才能实现可靠、有效和低复杂度的分离。因此，可以运用最新提出的压缩感知（compressed sensing）或稀疏采样（sparse samping）理论，通过获取多用户无线通信信号在经历空中传播和叠加以及接收变换等过程后等效观测矩阵及其统计特性，采用线性化置信传播（LBP）等稀疏图样检测的方法，从而完成信息矢量的检测。同时，根据稀疏图样检测的必要条件，利用优化理论来设计高谱效和高能效的稀疏调制信号。

（2）离散谱传输理论与方法

研究离散谱信号的最佳设计准则和分析方法是采用喷泉编码、离散多频调制、变换域处理等联合信号设计和联合接收处理方法来实现离散谱物理层聚合，使之适用于频谱宽度和频谱跨度相对适中的离散谱聚合情形；采用高效可靠的调度和汇聚策略以及相应的功率与速率适配机制来实现离散谱链路层聚合，使之适用于频谱宽度和频谱跨度相对较大的离散谱聚合情形。通过研究离散谱聚合传输内在的频率分集与频率复用折中关系和功率与速率适配问题，从而获得离散谱聚合传输容量与可靠性之间的相互影响与平衡准则，为系统的优化设计提供指导。

（3）信道预编码理论与方法

针对衰落信道特别是多用户 MIMO 信道，在发送端已知部分或全部信道状态信息的条件下，可以采用基于信道求逆、广义信道求逆、波束成型、发射机和接收机波束联合迭代优化的线性预编码方法，通过调整码书以适应信道时变特性。另外，当发射机已知信道干扰的情况下，可以采用 THP 预编码（Tomlinson-Harashima Precoding）、基于球型译码的矢量预编码和污纸编码（DPC）等非线性预编码方法。针对分布式天线系统，将研究基于码书和矢量量化的有限反馈预编码方案，以及基于角度域信息的预编码方案。结合信道功率响应和频率响应非线性的无记忆或有记忆模型，分析其对传输性能的影响，利用互补序列等合理设计信号空间结构，以显著提高其功率和频率效率。

（4）高频效联合信道编码-网络编码调制理论与技术（MARC）

以逼近 MARC 和容量限为目标，基于校验比特转发策略（节点对多个用户进行联合编码并转发校验比特），研究联合网络-信道编码理论与设计方法。具体研究思路为：首先，在网络节点正确译码的理想假设下，基于图码研究联合网络-信道编码的基本原理，并针对正交多址接入和非正交多址接入等不同场景，利用非线性规划和凸优化理论，研究可逼近容量限的联合网络-信道编码理论及设计方法，并推广至衰落信道；然后针对中继节点译码出错的情况，设计适用于源节点-中继节点信道特性的目的节点软输出检测-迭代译码算法，并基于此研究联合网络-信道编码的修正设计方法；最后针对多个源节点多个中继节点的复杂情况，研究源节点和中继节点的优化选择算法。通过上述研究，将最终形成一套系统的、可逼近 MARC 的和容量限的高频效联合网络-信道编码理论及设计方法。此外，课题组还将关注信源编码/信道编码/调制解调的解耦合问题及其联合编码问题。对此解耦合问题的解决，将有助于获得系统整体能效和频效的提高。

（5）高速移动环境下的自适应调制编码技术

在高速移动环境下，针对多普勒频移和频展较大、信道快速变化场景，研究对应的高频谱效率的调制与编码方法，以及信道自适应编码调制、解调技术，对编码和调制方式进行联合优化等。

我们拟采用 Rateless FEC 码与 Gallager 映射相结合的方法，一方面研究采用 Rateless FEC 码的高效编码调制技术，使得谱效率能够以很小的颗粒度进行灵活变化，同时编译码简单，处理能耗低；另一方面采用 Gallager 映射实现星座成形，同时获得编码增益与成形增益，达到逼近容量限的通信。

因为现有的 Rateless 码的实现方法（包括 LT 码和 Raptor 码）主要是针对 BEC 信道设计的，在本项目中我们拟基于代数码与 LDPC 码结构提出一种适合于 AWGN 与衰落信道的无码率 FEC 编码方法。在此基础上，针对高移动性设计和优化 Rateless 码的编译码器结构；研究 Rateless 编码调制与 MIMO 相结合的系统设计，研究既可提高频带利用率，又能降低系统复杂度和处理能耗的适合于高速移动无线信道特性的编码调制算法。

另外，在理论上对编码调制系统进行性能分析也是一项很有意义的工作。对基于 Turbo 与 LDPC 码的编码调制系统性能的研究目前在国际上非常活跃，但对实用的有限长编码调制系统的性能分析还没有精确的方法。本项目拟对此问题进行探索。我们拟基于 Gallager 随机编码指数，采用动态规划方法研究随机编码调制方案集合（ensemble）的性能与给定某种具体码结构的编码调制方案的性能界。

4.3.4 移动网络智能中继与自适应协作

如前所述，通过移动中继（mobile relay）和分组接力（packet relaying），可以充分利用移动性来实现对无线网络容量的增强。这种增强依赖于移动节点对分组的协作中继方式。同时移动性本身也对中继网络的中继方式和协作分集性能带来新的挑战，即中继最终提升网络覆盖和容量的性能也受限于节点移动性等诸多因素。因此，本研究将从移动性与协作中继系统相互作用机理出发展开上述研究。具体的技术途径包括以下几种。

（1）移动性增强无线网络容量的机理

尽管 M. Grossglauser 和 D. Tse 证明可利用移动性来显著增强网络容量，但这种增强是基于移动性引起网络拓扑的动态改变，使源—目的传输对之间的信道时变，由此通过连续的分组中继，就可以利用这种时变信道的分集效果使得网络容量得以提升。然而，他们并未具体分析移动中继节点的各种可能的转发机制对网络容量的直接影响，没有考虑移动性对中继转发合并过程所带来的综合影响，也没有获得网络容量与移动性尺度（mobility scale）以及延迟尺度（time delay scale）三者之间的折中关系。只有分析设计最优的转发机制，并综合考虑各种影响，才能全面揭示移动性增强无线网络容量的机理。因此，本研究拟逐一研究中继节点的现有各种转发机制，例如，存储转发、译码/编码、压缩转发等对移动网络容量和延迟性能的影响；拟综合考虑分组转发和接收合并过程中对边信息的要求以及信道衰落所带来的影响，借鉴中继信道、干扰网络以及反馈信道中的 Markov 分组编码、消息分割（message splitting）和反向译码（backward decoding）的思想来设计有可能逼近最佳的分组转发和接收策略；拟研究和分析移动性对信号自由度（degree of freedom）以及网络分集（network diversity）的作用和影响，以进一步揭示移动性增强无线网络容量的机理。

（2）移动中继及其协作分集理论

移动中继是指具有移动性的中继节点。移动中继相对于固定中继具有特定的延迟分集、多普勒分集和空间分集效果。移动中继系统中的多普勒效应会加剧信道时变，但同时也带来信号自由度的增加，对中继协作转发的信号设计、信号合并、信号检测方式带来很大影响，为分集合并提供新的可能。为实现对高速移动用户的有效覆盖，将结合超高速移动环境特点，分析移动性以及移动信道估计误差和信号同步误差对信号传输的影响，充分考虑高移动环境下通信连接切换频繁等特性，研究和设计合理的中继转发方式（如放大转发或解码转发等）和中继选择策略，实现接收信号的延迟分集、多普勒分集和空间分集，进一步结合资源优化分配（功率、带宽等）策略，优化系统分集增益，为适用于高速移动条件下的中继系统设计提供依据。

(3) 认知中继及其机会式传输理论

认知中继是指具有环境认知能力的智能中继。针对快速多变的复杂无线移动通信环境，充分发挥中继在用户协作、频谱感知、频谱协调/干扰协调方面所具有的潜力，利用所感知的频谱活动信息以及当前信道状态、网络状态和业务状态的变化，甚至网络节点能量分布的状态进行适当的主动中继转发和机会式的多用户资源调度，以实现频率分集、用户分集和网络分集。考虑认知代价和传输效能的折中，分析在认知信息不完全情况下的中继转发策略。

(4) 支持群移动性的智能协作通信理论

群移动性是车辆网络和蜂窝移动通信系统某些特定场景的显著特征。群移动性对无线网络的中继协作体制和机制具有重要影响。在具有群移动性的无线网络中，节点可以通过结盟博弈[①]（coalitional gaming）的方式协同获取通信资源，并通过特定的成簇（Clustering）算法完成动态中继的选择或者与固定中继的关联。中继可通过随机博弈的方式完成联盟内或簇内节点信息的机会式转发。将针对具有群移动的无线网络研究结合广播和多接入机制的中继群转发策略，在此基础上研究和分析群移动无线网络中中继的有效分集性能。

4.3.5 无线网的干扰分离与避让机理

如果能够在设备之间实现有效协作进行信道状态与发送信息的交换，就可以利用干扰结构，采用预编码、干扰对齐等技术，在发射端、接收端（或同时）对信号与干扰进行联合处理，实现干扰协调与利用逼近容量限并获得更大自由度。然而，在很多网络场景下，受到能够承受的设备复杂度与信令开销、异构网络间的不兼容性与不开放性、设备间同步误差与信道估计误差、快变信道条件下发射端无法获取准确信道状态信息等现实条件的约束，干扰的协调处理与利用有可能带来能效降低、时延增大、复杂度急剧增加、稳定可靠性下降等问题。本研究拟针对快速多变复杂环境下低复杂度、高能效、稳定可靠的干扰分离与干扰避免技术展开研究，包括基于自由度划分的多址接入技术、基于频谱认知的机会式通信以及各种接收端的混叠信号分离技术等。具体的技术路径包括以下几种。

(1) 混叠信号可分离机理

无线多用户信号的接收解调本质上是混叠信号的分离问题，构造可分离的信号结构并设计与之对应的分离方法是实现无线网络多用户通信的关键。首先研究信号在不同自由度上的叠加特性、信号空间结构、分布特征对可分离性的作用和影响，在此基础上，采用匹配相关检测或 lasso/pursuit/matching pursuit/BP 等迭代检测、方法实现基于确知特征的信号分离或基于统计特征的盲分离。通过评估信号的可分离性，获取信号的相容性从而进一步获得系统容量的有关估计，并据此设计高效可靠的干扰分离与干扰避免方法。

---

① 结盟博弈是指一些参与者以同盟、合作的方式进行的博弈，博弈活动就是不同集团之间的对抗。

（2）基于正交多址的干扰避让理论与方法

对于能够通过协议栈或中心控制器进行统一调度的通信网络，例如，蜂窝系统中的小区内用户通信，将采用正交多址的方式实现多址与复用。正交多址是通过保证信号在空、时、频、码四个域中单个或多个域上的正交性来实现接收端的低复杂度可靠检测，在能耗、复杂度、延时与可靠性方面具有天然优势。将从业务需求、信道条件、网络结构、吞吐量与公平性优化等多个角度出发，优化分配多用户信号在时域、频域以及空域内的自由度，保证信号正交。以自由度正交分配为基础，对多址接入方案、编码调制方案、信号空间结构、多用户功率与速率调度算法的综合设计展开研究，最大限度地实现多用户干扰避免，以降低设备复杂度和能耗，提供低时延、高可靠性通信。将我们提出的时域广义正交概念扩展到频域上，分析高速运动带来的频域正交性损失因子并设计频域广义正交方法以对抗频偏。

（3）基于混叠多址的干扰分离理论与方法

对于难以实现设备间的统一同步与调度，且发送信息与信道状态信息交换需要大量信令开销的无线通信网络，可以采用混叠多址接入技术，即多用户之间不进行空、时、频、码等域上的正交划分，信号在空间传输时相互混叠，在接收端进行单用户或者多用户检测。将研究发射端未知状态信息时优化接收信号空间的多址与信道联合编码方法，基于信号相关特性等统计特征的干扰盲分离方法，针对无速率编码与交织的迭代译码干扰分离方法等，实现多用户信号在时域、频域以及空域上自由度的最大复用，最大程度提升系统容量。对于高速运动场景，研究基于不完整信道状态信息的干扰分离方法，以提供稳定可靠高效的通信链路。

（4）基于认知的网间干扰避让理论与方法

由于异构网的不兼容性和不开放性，网间干扰既不能通过正交多址的方式进行避让，也很难利用接收端的处理进行分离。研究基于认知无线电的网间干扰避让，通过对频谱进行感知并进行频谱决策，实现异构网络之间的共享。研究基于频谱政策的认知无线电网络架构，通过政策装载、业务申请和频谱决策，实现基于业务等级划分和效用函数的无线资源分配策略。

4.3.6 宽带无线网的干扰协调与利用

针对宽带无线通信网络的典型干扰，包括异构网网间干扰、系统多小区间干扰、多用户间干扰等，通过深入剖析干扰环境的本质特征，提出对应的抗干扰理论与方法。在研究抗干扰度量理论的基础上，分别基于“干扰博弈”“干扰协调”和“干扰利用”等不同层次的合作理念，并以能源效率优先的新型信息理论研究为指导，结合高移动通信的特征，提出无线通信网络新的性能指标，研究和分析抗干扰技术。具体的技术途径包括以下几种。

（1）基于干扰信道容量的抗干扰度量理论

将各种干扰信息建模为各种相应信道的边信息，在干扰博弈、干扰协调、干扰利用的处理中，兼顾传输速率、能效和高移动性，提出合理的度量方法：物理层的度量从经典的广播信道 Csiszar 模型入手，研究结合有干扰因素的信道编码定理，并逐步向衰减信道、中继信道拓展；在网络层的度量，利用相对广义 Hamming 重量考察各种边信息与传输效率的关系。

（2）基于频谱共享的干扰博弈理论与方法

在多网共存的高移动电磁环境中，运用博弈论思想，研究干扰效果的动态评估问题。把抗干扰效果作为博弈盈利函数，从时间、空间、频率、能量四个方面对干扰效果进行定量描述，给出干扰效果的综合评估算法，从而建立频谱博弈策略矩阵模型，提出干扰动态效果评估的计算方法，让干扰方根据各自的效用函数进行自主的合作博弈，以形成和谐共存的网络环境。

（3）基于网络 MIMO 和干扰对齐的干扰协调理论与方法

同网小区间干扰与异构网网间干扰的显著不同之处是，前者的干扰方具有统一的传输体制和统一的性能评估系统，因而可以在物理传输层进行资源共享和相互协作。本项目重点研究基于网络 MIMO 和干扰对齐的动态干扰协调理论与方法，有效地解决同网小区间干扰问题。网络 MIMO 技术，包括协作波束形成、联合传输、脏纸编码（DPC）等，可以将系统资源汇总在一起，进行更有效的分配，从而有效控制干扰，大幅度提高频谱利用率；而干扰对齐技术可以把所有干扰信号都“排列”在同一个子空间里，从而使有用信号拥有更多的自由度。

（4）基于物理层网络编码的干扰利用理论与方法

在处理多用户间干扰时，可以把信号的统计结构特征当作一种新的资源有效利用起来。以此为指导，重点研究基于物理层网络编码的干扰利用理论与方法。物理层网络编码利用无线通信特有的广播特性和信号电磁波叠加特性，在不需要额外资源的情况下能成倍地提高无线中继网络的吞吐量。本质上，物理层网络编码是一种人为制造干扰的方法，在空中将不同用户的信号叠加，在接收端进行自干扰消除，从而提升频谱的利用率。

第5章　能效与资源优化的超蜂窝移动通信系统

面向国家建设资源节约型、环境友好型社会的战略需求，针对无线数据与视频业务的飞速发展及通信业务量的指数增长所带来的频谱和能耗瓶颈，研究并突破可使移动通信系统的能量效率大幅度提高的理论与技术，建立能效与资源优化的超蜂窝移动通信系统体系架构，并给出典型网络的低能耗设计，满足未来10~20年移动通信对宽带大容量的迫切需求。

5.1　影响频谱与能效因素

受限的频谱与能量大幅度提高网络容量是一个巨大的挑战。为此需要从系统和网络的角度探索频谱与能量的高效利用机理与方法，并解决以下关键科学问题。

5.1.1　网络能效成因关系与高能效覆盖机理

经典信息论主要关注有效辐射能量与信道容量之间的关系，但蜂窝网络的整体能耗中基站辐射能量只占一小部分，大部分能量消耗在了基站配套设备（基带处理、功放、空调等）和网络基础覆盖上。为此需要从网络综合能耗的角度探索能效的成因关系以及高能效覆盖的机理。

5.1.2　异构蜂窝网络的高能效资源匹配机理

移动通信有限的频谱和能量资源被独立地分割在了功能各异的多个蜂窝网络中，但各种异构蜂窝网络中业务量的时空分布却呈现出越来越大的动态特性，使得每个网络中的频谱与能量资源都无法得到充分利用。为此需要针对异构蜂窝网络环境建立高能效的弹性资源匹配机理。

5.1.3　多样性需求业务的高能效服务机理

未来移动通信的业务种类和服务质量需求会越来越多样化，但现有网络基本上还是针对某种特定业务优化的，难以同时满足各类不同业务的需求或是为了满足最苛刻业务的需求而浪费大量的频谱与能量。为此需要针对多样化的业务需求分别建立高能效的服务机理。

5.2 超蜂窝网络的体系架构

为了解决以上关键科学问题，本节提出了一个超蜂窝网络[①]的体系架构，通过控制信道覆盖与业务信道覆盖适度的分离引入网络的柔性覆盖、资源的弹性匹配以及业务的适度服务机制，实现能效与资源的联合优化。为此，我们将着重研究控制覆盖与业务覆盖的分离机制与动态设计方法，建立超蜂窝网络的能量效率与各种网络资源之间的理论关系与评价方法，给出逼近其能效极限的资源优化配置方案，并针对多样化业务需求设计差异化适度服务机理。

5.2.1 网络能效理论与超蜂窝体系架构

按照能效优先的原则重新审视无线通信与网络的体系架构与运行机理，从网络整体能效的角度研究网络能量效率的成因关系，并在此基础上建立能效与资源优化的移动通信系统体系架构与理论体系。

(1) 网络能效建模与成因关系分析：明确网络能效的定义，建立无线通信链路的信息处理和信令开销能耗的理论模型，分析网络能效与网络覆盖能力、频谱效率、用户群体行为、业务特征及其服务质量要求之间的成因关系，探索超蜂窝网络的能效极限，给出网络能效与系统容量的协同优化方法。这里最核心的是要建立网络能效与频谱效率、以及网络能效与业务延迟之间的互换关系。

(2) 超蜂窝网络架构及其理论基础：探索超蜂窝网络的架构，建立超蜂窝网络柔性覆盖、弹性匹配及适度服务的理论基础，给出低能耗控制覆盖及能效与资源联合优化的业务覆盖的设计准则，并提供实验室演示验证系统。

5.2.2 超蜂窝网络的柔性覆盖与控制理论

针对未来移动通信业务在时域和空域上大范围动态变化且服务质量要求越来越两极分化的矛盾，深入挖掘网络覆盖的能效潜力，建立兼顾能效与容量的智能柔性覆盖与控制理论，为超蜂窝网络体系架构下的物理层与链路层的能效优化提供理论基础。主要研究内容如下。

控制覆盖与业务覆盖分离机制及优化研究：通过控制覆盖与业务覆盖在业务级、设备级、协议级的逐级分离，研究两种覆盖的合作机制和演进方法，探索在公共控制覆盖基础上的异构业务覆盖机理和控制方法，以及公共控制覆盖的异构实现方法。进一步探索上下行覆盖分离的机制、能耗理论和相应的控制方法。

柔性覆盖中控制覆盖的能效优化方法：探讨未来无线接入对控制信道需求的发展趋

---

① 超蜂窝网络是指在原有蜂窝网络的基础上，单独建立一个信令控制层，来实现对蜂窝基站的智能控制，从而达到节省能耗实现绿色通信的目的。

势，研究系统同步、信道估计、定位、寻呼、随机接入等控制功能在超蜂窝架构下的能效优化机制与方法，给出控制覆盖强度的理论描述。

柔性覆盖动态小区形成方法研究：研究下行动态功率控制和天线形态调整在动态小区形成中对容量和能耗的影响，以及在不同信道条件下分布式天线协作覆盖虚拟小区成形方法，建立分布式覆盖容量与虚拟小区形态、回程链路能耗、处理能耗、传输能耗之间的折中关系，进一步研究动态小区构建的能效优化准则、优化方法以及规模化实现方法，探索新型天线和新频段在动态小区覆盖形成方面的解决途径。

5.2.3 能效优先的传输理论与弹性接入方法

研究超蜂窝网络中非协作的传输理论与接入技术，即假定各蜂窝小区基站不交互信息、不使用中继协作或用户协作机制完成无线传输。

(1) 综合链路能效优化的传输机制及与频谱效率的理论关系：针对非协作蜂窝网络，分别考虑不存在小区间干扰时的单小区多用户及存在小区间干扰时的多小区多用户系统，研究多天线、多载波系统能量效率与频谱效率之间的理论关系，分析链路能量效率与功率、带宽、收发天线数等无线资源以及与干扰、用户数和业务动态变化特性之间的内在联系，建立优化链路能量效率的无线传输理论模型。

(2) 能效与资源联合优化的弹性接入机制：针对具有高频谱效率的 MIMO 和 OFDMA 技术，研究高能效无线传输与资源分配的优化准则；提出能充分利用信道/干扰/业务的动态变化特性、满足网络和用户服务质量要求的高能效最优接入方法；分析高能效资源分配与接入机制对系统频谱效率的影响及其与系统参数和信道环境间的关系；研究低复杂度、高能效的最优接入算法。

(3) 高能效传输与弹性接入机制演示验证系统：构建超蜂窝高能效无线传输与资源分配的系统级仿真和测试平台，评估不同无线传输技术的链路能量效率，平台的系统参数将参考下一代移动通信系统标准。

5.2.4 超蜂窝网络协作机制与资源优化方法

针对复杂的干扰环境及动态的业务需求，研究超蜂窝网络的协作机制与资源优化方法，建立同构蜂窝与异构蜂窝的小区之间或小区内多个传输节点之间的高能效协作机制，并在此基础上给出能效与资源联合优化方法。

(1) 高能效异构节点协同传输理论：给出协作开销及相应回程能耗的模型，建立发射能效与协作开销以及能效与协作基站或天线站数目之间的理论关系，研究不同载荷下的动态协作理论以及降低传输开销和基带复杂度的方法，从而确立在动态协作下能效与系统容量、传输开销、基带处理复杂度之间的理论关系。对于基于小区内天线站的多点协作，建立小区内干扰与系统能效的理论关系。对于基于中继的协作系统，建立能效与中继密度、传输开销及系统载荷的理论关系。

(2) 超蜂窝网络能效与资源联合优化方法：研究超蜂窝网络资源的优化配置方法，并通过学习和预测链路层、网络层以及用户业务的动态特性，实现在能效优先条件下网络资源与用户需求的实时自适应匹配，从而建立基于能效优先的动态资源匹配理论。

（3）网络节点协作算法的演示验证平台：借助“国家自然科学基金（No. 31870532）”中的演示平台构建一个超蜂窝网络协作传输演示系统，验证以上理论与方法对能效提升的作用。

5.2.5　用户群体行为建模与高能效服务方法

通过对实际运营的移动无线通信系统中常见业务的采集和测量，分析移动网络中多种类型业务在时域和空域分布的动态特征以及内容属性等方面的变化规律，挖掘用户群体的行为模式，建立并针对不同的群体行为特征给出高能效服务方法。

（1）移动无线网络业务采集与分析：研究移动无线网络中业务数据采集和测量方法，研究移动网络多业务在时间、空间和相关性方面的特征分析，给出多种典型业务的流量分布函数以及多类型业务统计模型。

（2）多维度用户群体行为分析与建模：通过业务特征分析，研究用户以群体为单位在活动规律、业务需求、接入频率、用户关联关系、聚类特性等多维度下的行为模式和特征规律，对业务内容上的相关性及用户群体行为的趋同性等进行分析，通过概率统计和数据挖掘等手段对用户群体行为进行认知与数学建模，指导超蜂窝的资源配置。

（3）面向用户群体行为的高能效服务机理：建立用户群体行为与网络高能效的内在联系，研究面向用户群体行为的高能效服务机理与智能动态适配技术，构建面向用户群体行为的高能效服务体系。

5.2.6　业务特征认知与高能效差异化服务方法

基于不同业务之间在业务特征与服务质量需求上存在的差异，按照按需适度服务的原则建立差异化的服务体系与评价方法，为高能效移动通信服务系统的设计与优化提供理论基础。

（1）业务特征感知与业务建模理论与方法：基于业务抽象化的感知方法，从业务的实时/非实时的时间特性、点对点/点对多点/广播的传输特性以及人与人/人与机器/机器与机器的参与者特性等多个角度对业务进行特征分析、分类与建模，并据此进行网络流量中的业务类型测量，给出不同类型业务的行为模型。

（2）高能效的业务差异化服务机制与方法：基于用户行为的统计趋同性和业务需求差异性的特点，结合单播、多播与广播等多种传输手段，设计面向不同类别业务的差异化服务机制，实现资源与能效的联合优化。具体包括：具有实时大容量对称特征的业务；具有软实时高速率特征的业务；具有周期性低速率特征的业务等。

5.3　柔性覆盖与弹性资源

未来无线通信业务需求的发展趋势是业务总量和用户峰值速率均呈指数增长，且业务类型及业务需求的动态范围不断扩大。一方面，随着智能手机与视频业务的大量出现，用户对峰值速率的需求还在不断上升；另一方面，各种物联网应用的快速普及又会给网络带来海量的中低速率业务，它们每次请求的业务量很小，但却会很频繁。如此两极分化的业务实际上都会消耗大量的基站能量。

由经典信息论可知：在高频谱效率的点对点链路中，对于给定的带宽，无线传输容量的提高需要指数倍地提高传输功率，即无线传输的频谱效率与能量效率是一对天然的矛盾。因此，要想在不牺牲频谱效率，甚至还需要提高频谱效率的前提下大幅度地提升能量效率，即能效与资源的联合优化，单靠物理层传输技术的提高是很难实现的。为此，我们需要从系统和网络的角度寻找解决途径。

众所周知，现有蜂窝网络提高容量和降低功耗的主要手段就是不断地缩小蜂窝尺寸。但这不仅会增加小区的密度，占用更多的站址资源，提高网络覆盖的成本，而且也会加剧小区间业务量的不平衡，并带来更多的小区间干扰，可见这条路径很快就会走到尽头。究其原因，这主要是源于现有基站的多重身份，它不仅要负责无线信号的收发，还要负责收发信号的处理、本小区的资源调度以及为本小区用户提供同步、唤醒、切换等控制服务，即网络的控制覆盖与业务覆盖是紧密耦合在一起的（以下简称“硬性覆盖”），难以根据业务的动态特性进行柔性的改变。

另外，现有蜂窝网络采用以基站为中心的静态设计理念，通常根据业务的峰值流量和网络的无缝覆盖需求配备基站资源，以保证用户在任何时间任何地点都可以获得满意的服务。这对于以语音业务为主的宏蜂窝网络而言是可以接受的，因为一般来讲每小区用户数足够多、且小区业务量在空间和时间上的起伏（动态性）不大，完全可以通过静态的基站规划使每个基站接近满负荷工作，基站的能耗损失不大。但随着各种非话业务（数据、视频等）的大量涌现以及蜂窝尺寸的不断缩小，使得每小区业务量在空间和时间上的起伏急剧加大，如果仍然延续传统的静态设计方法，将会导致许多基站在相当长的时间内处于低负载运行状态，浪费大量的基站能量。

还有，现有蜂窝网络的服务模式基本上是固定的，针对不同种类的业务组建不同的网络（如 GSM 主要针对语音业务、LTE 主要针对数据业务而设计与优化），因此当不同种类的业务在同一个网络中传输时势必会造成网络资源和能量的浪费。举例来讲，如果数据业务要在语音网络中传输的话，由于其突发性较大，必然会导致其阻塞率的上升。由于语音业务无法忍受任何延迟，因此语音网络解决这个问题的唯一手段就是不断地提高传输容量，这必然会导致能耗的增加。但实际上，一般来讲数据业务是可以容忍一定的延迟的，因此网络完全可以通过缓冲的方式令其避开网络的繁忙期和信道的衰落期，或是等用户移动到离基站较近区域时再开始通信的方式降低阻塞率，这样就可以在不增加网络资源和能量的情况下获得满意的服务。

由此可见，我们需要转变一味地追求小区内无线信道容量的思路，而是着眼于通信系统所服务的对象（即“用户”）和通信系统所传递的对象（即“信息”）本身，主动利用用户分布的动态性、业务特征的差异性以及信息内容需求的群体趋同性等特征，通过多小区协作和异构蜂窝网络融合等手段，从网络的角度创建一套根据实际业务量与不同业务需求提供柔性覆盖和适度服务的能效优先设计理念和理论体系，即在满足用户需求的前提下通过减少资源和能量的浪费来实现能效与资源联合优化。排队论的知识告诉我们：业务的动态性和差异性越大，传统固定服务方式的浪费就越大，我们所能得到的能效增益也就越大。

为了实现上述转变，首先需要将现有蜂窝网络中紧密耦合在一起的控制覆盖和业务覆盖进行适度的分离，否则的话两者相互制约，无法灵活地应对环境与需求的变化。然后在此基础上引入网络的柔性覆盖、资源的弹性匹配以及业务的适度服务机制，从而实现能效与资源的联合优化。这就是本申请提出的超蜂窝网络的核心思想，其主要特征可归纳为以下三点。

5.3.1　两种适度分离的柔性覆盖思路

通过对网络中的控制信号和业务数据分别提供覆盖服务，网络只需以较低的能量维持控制信号的覆盖以保证用户的可连通性即可（“覆盖优先”），而在网络覆盖得到了保障的基础上，业务覆盖则可以根据实际业务需求柔性地进行布置（“能效优先”），并随时根据网络的状况及业务需求的变化调整其覆盖模式（2G/3G/4G）、覆盖范围（微蜂窝/皮蜂窝/微微蜂窝）和服务方式（单播/组播/广播）。传统以语音业务为主的网络，由于语音业务本身的速率也较低，将两者分离的必要性不大。但未来移动通信系统中会出现大量的高速数据和视频业务，使得这种分离变得越来越必要。图 5-1 是根据实际业务需求动态地调整覆盖模式与范围的柔性覆盖示意图。

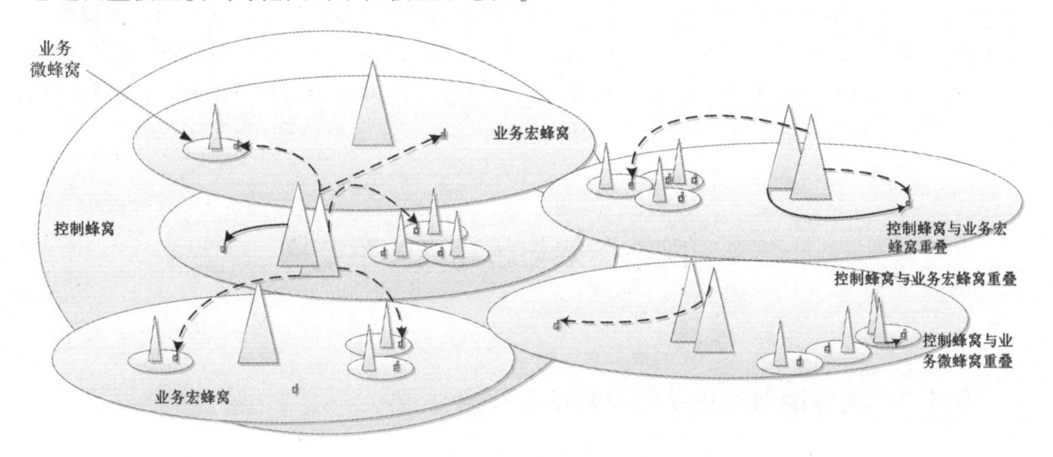

图 5-1　超蜂窝网络架构

5.3.2　基于基站和网络协作的弹性资源匹配

在超蜂窝网络的架构下，由于同一业务覆盖的相邻小区之间以及不同业务覆盖的异构小区之间往往是密集和重叠覆盖的，因此完全可以通过邻小区基站之间或是异构小区之间的协同传输来应对网络中业务量分布的时空起伏，不必为每个小区都过度地匹配资源。也就是说，多个相邻小区或是异构小区之间可以形成一个簇，通过协同的方式为用户提供服务。反过来，用户则可以根据实际业务需求以及不同小区的负载状况等从某个簇中动态地选择一个合适的小区进行接入（即“弹性接入”），从而避免了网络资源和能量的浪费。当然，小区簇的形成也应该是动态的。

5.3.3 基于差异化服务的按需适度服务思路

如前所述，无线数据和视频业务无论是在业务特征（不同类别的用户对数据和视频业务的需求存在较大差异，用户启用数据和视频业务的随机性和突发性也非常大）、还是在业务需求（数据业务可以忍受一定的延时，视频业务则对延时抖动非常敏感）上都与语音业务存在很大的差异，如果此时仍然采用传统的归一化服务方式，则势必会造成网络资源和能量的极大浪费。另一方面，无线数据和视频业务还会出现一定的群体性，即很多用户在相同的空间范围和时间范围内可能会对网上的同一个数据或视频内容感兴趣，而且越是热点的内容其群体趋同性越明显。因此如果仍然沿用像语音那样的点对点服务模式，同样的数据和视频内容会在网络中被多次重复传输，浪费了大量的网络资源和能量。特别是一般来讲数据和视频业务的数据量都是非常大的，因此其所造成的浪费也是巨大的。

为了节省能量，我们实际上可以主动利用业务内容的差异性和趋同性，通过引入差异化服务机理来为不同的业务提供按需适度服务，从而提高网络资源和能量的利用率。举例来讲，如果业务可以容忍一定延迟的话（非实时业务），完全可以通过主动改变调制方式（如从 64QAM 降到 QPSK）等手段，以一定的延时来换取能量效率。实际上，运用排队论的知识可知：将非实时业务按照实时业务的方式进行服务的话，在相同阻塞率的情况下需要大幅度地增加网络资源和能量。反之，针对趋同性的业务需求则可以通过引入多播或广播通道，或是将广播网络融合到通信网络中，将很多用户在一定时间内共同感兴趣的信息以广播或多播的方式分发下去，从而减少同一信息在无线网络中的传输次数，在减轻网络负载的同时大幅度地提高能量效率。

5.4 网络能效与超蜂窝体系结构

5.4.1 网络能效理论及超蜂窝体系架构

1. 网络能效建模及其成因关系分析

为了全面反映网络各部分的能耗，首先给出一个“网络能效”的定义，并分析其成因关系。对于给定的频谱资源、网络覆盖范围、用户分布、业务模型及服务质量要求，网络能效定义为：网络承载的用户业务总量与所消耗的总能量之比，即单位能量平均所承载的用户业务量（bits/J），或是用频谱和覆盖区域归一化后的单位面积和单位带宽的能量效率（bits/J/Hz/area）。很显然，与经典信息论中的比特能量效率相比，它有以下几个特征。

（1）它是从网络整体（一定的覆盖区域）的角度来定义的，不只是单条链路或是单个小区的能效。因此在覆盖区域内通过更高效的频率复用、基站协作或是负载均衡等手段都有可能大幅度提高网络能效。与此同时，它关注网络所有设备的整体能耗，包括协议与信号处理设备能耗、外围辅助设备能耗等，而非仅仅是无线传输能耗。

(2) 它是针对实际承载的用户端业务吞吐量定义的 (bits 或是 erl)，而非网络内部各链路上的信息传输总量①，更非各链路上的总容量 (bits/s)②。因此不仅可以通过减少同一信息在网络中的传输次数或是将不同用户的信息融合为一路信息发送等手段来降低能耗，还可以根据实际业务需求的变化自适应地匹配资源和能量（即弹性接入和按需适度服务）的方式提高网络能效。

由此可见，网络能效是一个新的概念，它可以有效地反映各种不同特性（实时、非实时；单播、多播等）的业务以及业务实际需求的不均匀性和动态特性对网络能效的影响，为研究大幅度提高能效的机理与方法指明了方向。为此，需要研究网络能效与网络覆盖能力、频谱效率、用户分布、业务特性等的理论关系，即在给定频谱资源和业务覆盖需求下的最小能量理论（以下简称“网络能效理论”），包括：如何以最小的能量实现所需的网络覆盖及业务服务需求？网络能效与频谱效率之间存在什么样的理论关系？业务的随机性和动态特性究竟会如何影响网络能效？具体地，本研究拟重点研究以下两个基础理论问题。

(1) 网络能效与频谱效率的理论关系。如果只考虑单链路的发射功率，则经典信息论告诉我们：链路能效与频谱效率之间存在单调的折中关系。但如果额外考虑信息处理等能耗，则这种折中关系就会变得非常复杂，至少不再单调。[1] 进一步地，如果将链路频谱效率也改成“网络频谱效率”，即以给定的带宽在一定覆盖范围内所能传送的业务量，则两者的关系会变得更加复杂，至少不再是简单的折中关系，因为我们完全可以通过频率复用、基站协作或是负载均衡等手段，在不牺牲频谱效率的前提下提高能量效率。为此，我们拟将信息论与动态规划理论相结合，以动态优化的思想并从系统的角度分析能量效率与频谱效率的关系，借助马尔可夫决策过程的理论与方法给出该动态规划问题的数值解。

(2) 网络能效与业务延时的理论关系。如前所述，为了提高网络能效，无论是引入柔性覆盖、弹性接入，还是适度服务的机制都可能会给用户带来额外的延时。但究竟多大的延时能够换来多少的能量节省还是一个亟须解决的基础理论问题，因为网络延时性能是度量服务质量和用户体验的重要指标，而且额外的延时还会带来额外的处理能耗。经典信息论一般只考虑某条链路上发射功率与传输延时之间的折中关系，未针对全网的总能耗与端对端延时（包括排队延时、处理延时等）来考虑。而且，已有的结果大都只关注平均延时，未能将延时抖动考虑进来。实际上，对于大部分实时业务而言，延时的抖动是更重要的性能指标。

为此，我们拟将信息论与排队论相结合，以随机服务的思想并从业务端对端性能的角度分析能量效率与业务延时及其抖动的理论关系，借助矩阵几何解析的理论与方法给出网络能效与可容忍延时之间的定量关系。

2. 超蜂窝网络架构及其工作原理

本申请提出了超蜂窝的网络架构，即为控制信号提供服务的控制覆盖和为用户提供数据服务的业务覆盖需要分开进行设计，但具体如何进行设计和优化还缺乏相应基础理论的支撑，包括：为了保证给定覆盖区域内所有用户的可连通性（基本控制信号的可达性）至少需要多少能量？它与哪些因素有关？如何逼近该能效极限？如果有业务需求产生时，

---

① 同一信息在网络内部的多次重复传输将不会带来相应的吞吐量。

② 容量表述的只是一种传输能力 (capacity)，并非业务的实际传输量。

如何根据网络状况和具体的业务需求为其设计适当的业务覆盖？各种业务覆盖之间存在哪些制约关系？在业务服务终了之后何时令其转入休眠状态为最佳？休眠时间又该如何设计？

为了回答这些问题，迫切需要建立超蜂窝网络的基础理论体系，并在此基础上指导超蜂窝网络的建设。具体地说，超蜂窝网络中可能存在不同用户共享无线信道、多小区之间相互干扰与协作、多跳传输之间相互影响等，不同队列之间相互影响，形成交互式队列（interactive queue），使得队列的延时性能变得异常复杂。而信道的时变以及用户的随机到达特性还会使得问题变得更加复杂。为此，可能需要主动利用队列长度、信道状态以及排队延时等实时信息，研究信息如何在超蜂窝网络架构下进行交互，从而设计出高效的控制算法，实现延时和能量的联合优化。

3. 基于能量效率优先的典型绿色无线网络演示

基于能量效率优先的典型绿色无线网络演示验证系统将以校园局部区域为典型场景，建立分布式天线前端或节点与蜂窝广播相结合的演示环境。演示环境采用以大区广播覆盖、蜂窝无缝覆盖、分布式覆盖构成的三层覆盖形式。

大区广播覆盖可基于数字电视地面广播设备建设，蜂窝小区覆盖可基于 3G 网络或较大功率的 Wi-Fi 设备（模拟蜂窝网络协议）实现无缝小区覆盖，分布式前端采用专用分布式天线或者小功率 Wi-Fi 设备实现岛状覆盖。同时系统设有软实时业务服务器提供软实时信息传输服务管理功能以及能耗管理服务器进行系统能耗的管理与测量。

5.4.2 超蜂窝网络的柔性覆盖与控制理论

在柔性覆盖中，应尽可能多地体现以用户为中心的理念，根据业务需求智能地提供所需的覆盖和能量，从而实现干扰的抑制和能效的提升。

1. 柔性覆盖与控制体系结构研究

结合蜂窝网络技术及电路和处理能耗的发展趋势，充分考虑无线接入中各种可能的能耗（功放、信息处理、回传链路、待机、检测、中继链路等），并考虑到未来各种小区形态和信道传播特性，深入研究网络传输中的能效机理，包括：覆盖能力和能效之间的关系、能效与系统参数之间的关系等，并在此基础上给出最优的覆盖方式和相应的控制方法。

2. 柔性覆盖的实现框架及优化研究

通过控制覆盖与业务覆盖在业务级、设备级、协议级的逐级分离，研究两种覆盖的合作机制和演进方法，探索在公共控制覆盖基础上的异构业务覆盖机理和控制方法以及公共控制覆盖的异构实现方法。进一步探索上下行覆盖分离的机制、能耗理论和相应的控制方法。

（1）控制覆盖与业务数据覆盖分离与解耦

控制与业务覆盖分离是一种面向未来服务的架构理念，从根本上是对现有蜂窝架构的突破，但并不排除相应的逐步演进的可能性。例如，在现有蜂窝架构下，其实已经有了控制面和业务面的分离，尽管这只是在逻辑上的，而不是物理上的。进一步，在不改变现有通信体制的前提下，可以开展一定程度上的物理分离，如控制信道和业务信道可以在具体实现时使用不同的功放，这样可以让两个功放都工作在最佳效率。再进一步，就可以考虑

控制和业务在空间上的分离和优化。

（2）天线/射频前端与信号/信息处理分离或解耦

为了减少网络空载时的处理能耗，节省和共享处理资源，同时也为了实现动态的联合覆盖，在柔性覆盖架构下，应尽可能地将天线/射频前端与信号/信息处理功能分离或解耦。也就是说，不再像传统基站那样在同一地点完成无线信号收发和处理功能，而是将多个分布式天线上的无线信号的信号与信息处理功能集中在一些处理节点完成；当处理任务量很大时还可以进行节点间的协作和分布式处理。这样，信号和信息处理能力就不再绑定到某个具体区域，从而可以实现大范围覆盖内处理资源的统一调配和统计复用，不再需要每个基站都针对峰值流量配备资源，从而实现设备的大幅度节省和处理能耗的大幅度降低。

（3）上行覆盖与下行覆盖分离解耦

传输蜂窝覆盖中基站不仅是数据与控制共址，同时上下行覆盖也是共址的，即基站所处小区的上行覆盖和下行覆盖是完全对称的。然而如前所述，未来无线数据和视频业务的一个突出特征就是上下行流量及所需服务模式的不对称性，因此上下行业务的最优覆盖形态也应该是不对称的。例如，当一个区域以下载、浏览业务为主时，其下行业务会比较密集，需要密集分布的小区覆盖；而由于此时上行业务量较低，基站接收设备的使用率就会很低，从而造成较大的能量浪费（即使在DWCS或C-RAN等处理设备集中的场景中，接收天线/射频/回程链路的功耗也是需要考虑的）。反之，在一些区域（如体育场、展览会等）的某些时段，上传业务较多，下行业务较低，如果按最密集的上行业务进行下行覆盖，又会导致下行设备运行的能量浪费（特别是此时功放效率很低）。

为此在本课题所提出的柔性覆盖中，将尽可能地将上下行覆盖分离，即允许同一个用户从不同的基站/天线实现上行和下行的接入。这样上行业务覆盖和下行业务覆盖就可以分别进行独立的优化，从而能在确保覆盖服务的前提下实现最大限度的能量节省。当然，这种上下行分离也是一个未来的理念，需要分步骤逐步演进。在当前的蜂窝体制中，可以通过在业务层面的代理，将一些明显的上下行可分离的业务（如网页浏览等）分解成单向业务，然后在不改变现有基础设施的前提下予以逐步实现。

3. 柔性覆盖动态小区形成方法研究

研究在不同信道条件下分布式天线协作覆盖虚拟小区成形方法，建立分布式覆盖容量与虚拟小区形态、回传链路能耗、处理能耗、传输能耗之间的折中关系，给出动态小区构建的能效优先准则及资源优化方法，分析下行动态功率控制和天线形态调整在动态小区形成中对容量和能耗的影响，探索新型天线和新频段在动态小区覆盖形成中的应用前景。

（1）基站/天线选择性启用和关闭

传统基站在低负荷时的能效非常低，因为即使业务量很小甚至没有任何业务量，基站为了提供必要的覆盖都必须维持一整套信号和信令处理电路的运转，同时为了其覆盖范围内随时有可能发生的用户随时接入，还必须维持一整套控制信号的发送和接收设备运转，如导频、系统同步信号、小区识别信号、公共控制信道、寻呼信道、随机接入信道等。在现有体制中，这些控制信道是与业务信号进行一体化设计，在实现中也是与业务信号一起发送的，这样当该基站的实际业务量很低甚至没有的时候，消耗的能量与其提供的服务相比就太浪费了。为此，可以考虑将轻负载基站中的少量业务（通过基站协作等方式）转移到其他小区中，进而将该基站关闭或是转入休眠状态，以此换取能效的提高。这与传统以性能为优先的负载均衡概念正好相反，它是通过负载聚合与基站协作换取的能量效率。

当在较大区域内总的业务量比较小的情况下，可以采用较大的小区覆盖；而当用户数不变，每用户业务量增加到一定程度时，需要将原来的大蜂窝分裂成若干个小的蜂窝；而如果这些业务量聚集到某个热点区域或是某个超级用户身上时，就需要一个大容量的微蜂窝以提供尽可能小的接入距离。

(2) 基站/天线动态形成智能扇区和智能虚拟小区

在用户密度和业务强度都很大的情况下，单天线覆盖难以满足覆盖需求。而且由于小区尺寸已经很小，相互间的干扰很大，需要多个天线或多个基站联合发送与接收，形成虚拟小区，以减少覆盖区的干扰。显然，这种虚拟小区的构成与形状应该根据用户数、位置分布、业务量等动态地确定。

(3) 下行功率控制

为了实现不同尺寸小区的覆盖，下行功率控制至关重要。当某小区业务量较小使得基站处理能耗占主导地位时，可以通过加大周边基站的发射功率以提供更大范围的覆盖来关闭该基站，从而减少额外功耗（此时功放的效率也会更高一些）。当业务量变大时，则可以减少下行功率以减少干扰。

5.4.3 能效优先的传输理论与弹性接入方法

面向超蜂窝网络，在非协作传输的多小区架构下建立高能效无线传输与资源优化的理论框架，分析网络能效与频谱效率之间的理论关系，在此基础上提出能量与频谱资源联合优化的设计准则，并给出可扩展的低复杂度传输与资源分配算法。本研究待研究内容的技术研究途径包括以下几种。

1. 无线传输综合链路能效的理论分析与传输机制

由于 MIMO 与 OFDM 技术已成为下一代蜂窝网络的核心技术，并从数学角度可表征利用空域与频域资源的一般模型，所以本研究将分别以单小区 OFDMA、MIMO-OFDMA 和干扰受限 OFDMA 系统为例，对单/多小区多用户、多天线、多载波系统开展能效与频谱效率的理论分析。

首先需要建立一个合适的能效函数，尤其是对多用户系统以及无线衰落信道。对于蜂窝下行系统，为了实现调度和预编码，在 TDD 和 FDD 系统中分别需要上行训练或上行反馈。在考虑了上行训练或反馈资源后如何计算下行传输的有效容量是尚未解决的问题。为此，我们将考虑电路能耗和信道训练/反馈开销基础上，建立单天线 OFDMA 以及 MIMO-OFDMA 系统在衰落信道下的能效函数。在计算衰落信道下的平均能耗时，我们将根据用户的业务类型考虑对能效函数、数据率、或者功耗的折中。在干扰受限系统中，功率分配和其他资源分配不仅要考虑提高本小区的能效，还要抑制对其他小区的干扰，即考虑其它小区的能效。因此需要综合、折中地考虑 MIMO-OFDM 技术带来的容量增益、额外电路损耗和其抗小区间干扰的能力。针对能量效率与频谱效率的理论关系和高能效的无线传输机制，拟采用以下技术途径。

(1) 分别针对单小区单/多链路、多小区单/多链路的多天线多载波系统，定量分析能量效率与频谱效率的理论关系，定量分析能量效率与带宽、多天线配置等物理层资源以及用户 QoS 要求之间的关系。

（2）针对单小区单/多链路、多小区单/多链路的多天线多载波系统，研究给定系统或用户的服务质量要求使能效最高的子载波分配、功率分配、速率的联合分配和/或发射预编码方法。

（3）针对单小区闭环多用户 MIMO-OFDMA 系统，考虑训练或反馈带来的频谱、功率和电路能耗，研究能效优先的 MIMO 传输技术、导频资源分配以及收发机联合优化设计。

（4）在上述优化结果的基础上，分析这些系统能量效率与频谱效率之间的内在联系及其与系统参数、电路能耗、信道环境、用户个数和业务需求之间的关系；分析能量效率优化所带来的频谱效率损失以及能量效率增益和频谱效率损失对资源的敏感程度。

2. 基于链路自适应与跨层优化的高能效传输与弹性接入

现有的研究工作以提升频谱效率为目标，对多载波、多天线系统的自适应编码调制、速率分配、功率分配等跨层优化方法进行了大量的研究。然而，由于考虑了电路等额外系统能耗后能效函数与传输方式和无线资源参数间的关系更为复杂，若以能量效率为目标，已有的系统模型需要重新设计。为了充分利用信道信息、物理层资源及业务状态在空/时/频域的动态变化特性，以实现“弹性”高能效接入，需要探索新的传输与资源优化机制。拟采用以下技术途径。

（1）根据单小区 OFDMA 和 MIMO-OFDMA 系统的高能效资源优化模型，充分利用信道与业务的动态特性，利用跨层优化方法、提出可以进行能效与资源联合优化的设计准则，在满足给定吞吐量需求的前提下最大程度地节省系统的能量消耗，从而根据系统或用户的不同要求进行适度服务，根据信道与业务的动态特性进行多用户高能效弹性接入。

（2）根据用户需求及系统的多址和其他资源配置情况，建立考虑 RF 链路关断后 MIMO-OFDMA 系统的优化模型，提出有效的求解方法；然后，考虑非理想信道状态/统计信息时，研究实现能量效率最优的传输方法。

（3）充分利用认知无线电领域的频谱感知理论，研究基于干扰感知的分布式 OFDMA 和 MIMO-OFDMA 系统的高能效无线传输技术；分析感知干扰的过程所带来的频谱和能量消耗，在此基础上设计干扰受限多小区多用户系统的能效资源优化。

3. 次最优、高能效的低复杂度算法与性能评估

因为最优的高能效无线传输与资源分配方法往往需要多次迭代，实现复杂度过高，从而导致发射端能耗与接收端处理能耗增加，因此，需要设计低复杂度的高能效算法。为验证与评估上述研究内容中的各项关键技术与算法，我们还将研究与开发可评估不同无线传输技术的能量效率的系统仿真与测试平台。拟采用的技术途径如下。

（1）将通过减小需要优化的变量个数或者通过分析收发机的结构，降低算法的复杂度。

（2）为了降低实现的复杂度，将至少在电路能耗占主导、发射能耗占主导等特殊情况下得到问题的显式解。

（3）考虑较为实际的电路能耗和不同的用户数，基于 3GPP LTE 的信道模型和系统参数，建立超蜂窝高能效无线传输与资源配置的技术验证平台，验证高能效无线传输与资源优化算法在不降低数据速率的前提下能够提高的能量效率。

5.4.4 超蜂窝网络协作机制与资源优化方法

1. 高能效异构节点协同传输技术

(1) 基站间动态协作与能效优化

通过综合考虑基站间（包括扇区间，宏小区基站、微小区基站之间）多点协作传输所获得的能效增益和其带来的系统开销，研究不同协作传输方案能取得的净能效增益与系统开销、系统载荷、基带处理复杂度、协作基站集合的选取和系统容量的关系，为超蜂窝系统的协作传输方案设计提供理论依据。

对不同的基站间协作传输方案，基站间需要交换的信息内容也往往不同。例如，一类基站间协作方案要求各协作基站共享信道状态信息和用户数据（即基站间干扰协调技术）；而另一类基站间协作方案却只要求基站间共享信道状态信息而无须共享用户数据（即基站间联合处理技术）。进一步，对于信道状态信息的共享程度，也可分为部分共享和完全共享两个级别。故在研究基站间协作传输与能效的关系时，可以针对具体的基站间协作方案，尽可能地对基站间需要交互的信息及开销进行压缩或采用适当的分布式算法，以便更加有效地利用有限的基站间或回传信道容量，并可以降低与开销有关的能耗及减小传输时延。

同时，为降低协作开销，我们拟引入基站动态分簇的理念，探讨其形成机制以及簇的规模与能效的理论关系。此外，不同系统载荷将产生不同的基站间干扰，因而其最佳的协作范围也会不同，需要研究针对不同系统载荷的基站间多点协作传输方案。

(2) 中继传输与能效优化

传统中继节点的选择均以提高小区边缘用户的性能为目标，很少考虑能效的约束和优化，通常是用最大功率发送。但事实上，已有研究表明，在点对点通信时最节能的传递方式是在满足业务需求的前提下使用最小功率发射。那么在有固定中继的超蜂窝系统中，如何既保障用户对性能的要求，又可以最大限度地减少能耗呢？本研究拟就中继信道中延时与能量的关系开展研究，通过数学建模和动态规划理论探索在各种负载情况下的高能效中继选择策略。然后，应用网络信息论等工具对干扰信道的容量加以描述和求解，研究在有小区干扰情况下的最节能中继传输策略。

2. 高能效异构节点协同资源调度与优化

基站协作依赖于基站之间的信息交换（如共享信道信息、发送数据和基站状态信息），使与中央处理单元的回程及反馈传输开销增大，从而加大基带信号处理的复杂度与能耗。通过分析比较各联合传输方案的回程及反馈传输的开销，给出基于业务需求和系统载荷状态自适应选择能效最优的联合传输和功率控制方案，实现超蜂窝系统内网络资源的最优化配置。另外，网络中总是存在多个用户业务流的传输需求，有限的回程链路容量和反馈协议开销必须在用户业务流之间进行分配，因此将根据业务流的动态特性对有限的回程及反馈传输开销进行实时自适应分配，以达到统计复用从而降低协作节点端计算处理能耗的目的。

中继协作技术不仅可以获得一定的物理层空间分集/编码增益，还可以扩大小区覆盖范围，从而提高系统容量。由于传输环境与用户业务需求的不断变化，中继的选择也将不断变化，导致系统额外开销增加，因此制定以能效优先的中继选择策略尤其重要。在优化问题中，将设计中继协作节点的智能关断机制，根据用户业务需求的动态变化，设计中继节点的开关过程，从而达到最大化网络能效的目的。另外，不同的中继处理方式（放大转发、解码转发或压缩转发）也会影响各个中继节点的复杂度与系统功耗，应当根据复杂度和性能的折中来自适应地进行资源匹配。

5.4.5　用户群体行为建模与高能效服务方法

用户群体行为按照观察尺度的不同可以分为大尺度行为和小尺度行为。一般来讲，大尺度行为模型可以指导网络的规划、设计与部署，而小尺度行为模型则可以应用于网络资源的动态匹配。

1. 移动通信网络业务采集与分析

为了全面详细地掌握移动网络在典型区域、典型时间段和典型业务的特征，本研究中拟使用分布式多次、多点采样的方法来获得实际网络的业务数据。在采样的过程中，首先需要通过计算机编程获得网络的流量信息，然后通过 DPI 和 DFI 等工具来获取业务的种类信息以及各种业务所占比例的数据信息。为了更好地研究业务在时空域上的大尺度和小尺度特性，采集工作需要在广域范围内持续较长时间，且在对业务信息进行抽样的过程中重点提取数值之间的变化规律，关注数值变化较大的转折点，以方便数据域的划分。

不同的业务呈现出的业务特征会有很大不同，但在实际网络中呈现的都是多种业务或者是多个业务汇聚之后形成的混合流量模型，在该模型中业务的种类以及每种业务在混合流量中所占的比例都会影响模型的形状，因此，可根据业务采集过程中获得的业务种类以及所占的比例来对业务特征进行分析。进一步地可以通过多种分布函数拟合的方法来建立如图 5-2 所示业务模型。

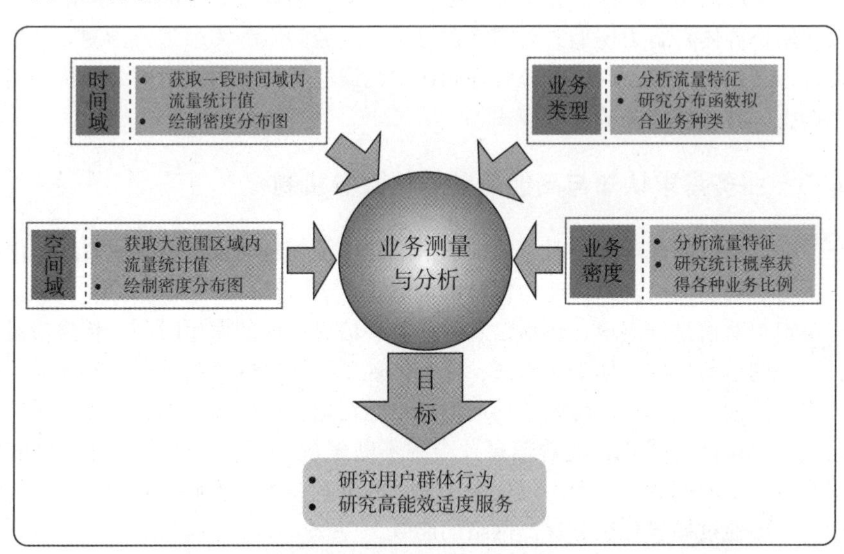

图 5-2　业务测量与分析实现

2. 多维度用户群体行为分析与建模

用户群体行为包括群体移动性、业务趋同性等，从统计角度来看并不是杂乱无章的，有其内在规律可循，可以借鉴数据挖掘、机器学习等理论以及信息论中熵的概念来反映用户行为的规律和可预测性。

首先，我们从不同的维度（时间、空间）颗粒分析用户群体的流动性。从时间维度上分析，大尺度分析可以描绘出用户群体的长期移动特性，得到用户群体的一个固定的行为规律，进行用户群体的流动性预测；小尺度分析可以描绘出用户群体移动在短时内的移动特性。从空间维度上说，大尺度分析得到用户群体的一个宏观模型，小尺度分析即得到微观模型。更进一步地，通过对不同空间尺度的用户群行为进行分析与建模，可以得到不同空间尺度的用户行为模型，并结合时间的大小尺度综合研究用户群的移动性。从空间维度上分析用户群的移动性，用户群体行为的熵是表征一个时间序列可预测程度的最基本的量。在信息论中，熵是不确定性大小的度量。熵值越低表示用户群体行为的可测性越高，用户群体行为的规律性也就越明显。

其次，生活环境大体相当的用户群体在业务需求上可能也会有一定的趋同性。因此可以通过数据挖掘等手段分析不同用户在业务需求上的趋同规律，然后将具有相同兴趣的用户群体划分为一类，当某个时刻同一业务在用户群中被大量申请时，则可以使用多播或广播等手段取代大量的单播传输，从而大幅度地提高能效。如果某个业务与此时用户群中正在广播的业务在内容上有强相似性的话，也可以通过业务协同等手段只传输用户申请业务与广播业务中不同的部分，其余部分则正常接受广播业务。最后，我们将采用 K-means 算法对于用户群体的地理区域（如市区、校园区、居民区、郊区等）、移动特性、业务需求等进行聚类分析。

本研究所获得的用户群体需求行为的模型分析可以为项目组其他研究提供依据。具体而言可基于大尺度的用户群体行为模型，指导基站分布的规划和小区资源的配置。然后基于小尺度的用户群体移行为模型，对网络在时域、空域的服务需求进行预测，并根据预测结果，通过采用协同通信、联合资源管理和认知无线电等技术手段对网络架构和网络资源进行动态调整，并调整业务的服务模式。

5.4.6 业务需求认知与高能效差异化服务机制

信息是通信系统承载传递的对象，由于信息源以及信息的发送与接收者之间内在属性的区别，决定了通信网络所需传递的信息可以通过“用户”和“业务”两个维度进行刻画。用户决定了对信息的需求，包括信息的内容、信息传递的发生时刻、传递质量的主观要求等；业务则是信息的具体表达形式，业务体现了对信息内容的抽象、涵盖对信息传递过程和传递质量的量化表示。传统移动通信网络是在语音通信需求的驱动下，进行服务机制与网络技术的设计与优化；随着信息社会的不断发展，用户产生了多种多样的信息需求，映射为各类不同的业务，而不仅仅限于单一的语音业务。本研究着眼于不同业务需求的差异性，力图通过差异化服务提高网络的能效。

1. 业务特征提取与需求认知理论

我们首先提出一种基于智能机制（感知环路）的多用户业务感知模型，通过对不同用户的业务需求、节点能量分布、所处无线环境以及业务特征的智能感知，建立一个能效优先的多用户多域业务特征感知和分类识别理论框架。然后，按照以下步骤研究相关模型和算法。

(1) 研究不同类型业务的抽象化模式和方法。

(2) 研究快速、具有自主学习能力的应用层业务流量识别算法。

(3) 研究多维业务类型信息的数据融合问题：网络中的并发业务流往往可能在多个节点检测到，业务类型的参数需要融合多维推演结果。为此需要深入研究多维测量数据的挖掘和分类聚合方法，提出高效的数据融合算法。

(4) 研究不同类型业务流的行为模型、演变模式及其预测方法：根据测量得到的不同类型业务流的各种参数，采用数据挖掘、统计分析和进化预测的方法，建立不同类型业务流的行为模型。

与业务感知紧密相关的是网络状态的认知，包括业务类型和需求、网络的流量、交换与路由的行为、网络的链路状态以及网络的 QoS 等。由于网络的各个部分是相互关联的，这些网络的基础状态量之间也存在相互影响和相互作用，局部的状态感知所获取的信息是片面的、不准确的，而对全网的所有状态的感知并汇集到一个中心的集中式方法在很多情况下是不现实的。因此，需要着重考虑对网络的各个层面的网络状态感知，也需要着重考虑不同的状态感知节点之间的感知信息交互问题。

2. 基于业务需求的差异化服务机制

用户所产生的不同类别的业务具有不同的特征属性，因此在信息的传输与服务方式上，应该充分利用这种统计趋同性和差异性特点，结合单播、多播与广播、智能推送等多种手段，设计面向不同类别业务的差异化服务机制，实现网络能效与资源的联合优化。

考虑各类业务的时间特征，包括业务的信息源产生时刻与业务的传递开始时刻之间的相对关系、业务传递的时延要求等，可以将通信网络所承载传递的信息归纳为以下主要的业务类别，并设计相应的信息服务机制。

(1) 软实时高速率业务

随着互联网的迅速普及，以图像、视频、数据为主的多媒体信息内容占据了无线通信网络的主要流量份额，并且较语音业务具有更为深厚的发展潜力，例如，文件传输、网页浏览、视频点播、手机电视等业务形式。在一定的时间范围内，这类业务所承载的数据信息内容的可用性与用户实际获取信息的时间无关；当用户发起业务请求时，业务所承载的信息内容实际上早已产生，这里称为“软实时业务”。而源于现有网络针对语言业务的服务模式，即使对于上述软实时业务，现有网络仍采用当用户请求时才开始进行信息传递的服务模式，并且当不同的用户在不同的时刻请求相同业务内容时，仍通过独立的多条传输链路资源提供信息传递服务，这极大地浪费的网络传输资源。针对这类业务的特征，可以设计对应的软实时服务模式，其主要技术思路包括以下几点。

首先，用户终端根据用户访问互联网获取多媒体信息的历史记录，采用数据挖掘技术，分析用户对信息内容的偏好，自动形成用户对信息内容的定制需求，并发送至系统软实时服务器。

第二，系统软实时服务器统计网络中各用户的信息内容定制需求，并对互联网进行智能信息内容搜索，利用移动通信网络空闲的无线广播与多播传输通道或者数字广播网络的广播通道将信息内容主动推送至感兴趣用户的终端存储器内。

第三，由于此类业务传递可以容忍一定程度的延时，则可根据用户终端的运动轨迹，在传播环境较好的接入点覆盖区为用户高速推送所需的信息内容，以非实时信息的传输换取能量效率。

第四，当用户访问互联网发出获取信息请求时，用户终端首先在本地存储器内搜索，对于预先已推送至用户终端的信息则直接调用已存储的数据，对于未推送的信息，则通过移动网络的单播数据传输通道完成数据传输。

第五，用户终端对终端存储器内的预先推送的数据进行智能管理，定期删除用户未使用的过期数据，更新接收新的推送数据，并更新用户的信息定制需求。

第六，考虑到实际业务运营中需支持信息的收费和用户访问鉴权管理等，在上述软实时服务模式中，系统预先推送至终端存储空间的信息可进行数据加密，当用户发出信息请求时，首先与系统通信完成鉴权过程，获取信息解密的密钥，然后再调用本地存储器的信息内容。

“软实时服务模式”利用无线广播多播传输技术，借助无线传输天然的广播特性，实现了具有相同信息需求的多个用户对相同无线传输资源的共享，极大地提高了无线频谱利用效率和网络功率效率，降低了无线信息传输成本；依赖数据挖掘、智能搜索与智能管理技术，进一步降低了用户实际体验的平均信息传输延时，提高对服务质量的用户满意度。

（2）实时大容量对称业务

话音服务、多人参与的交互式游戏、音视频会议、服务器接入退出时的鉴权认证过程等信息传递可归纳于此类业务。其时间特征在于业务的信息源产生与业务的传递同时发生，或者几乎同时发生；其信息内容具有严格的时效性，并且一般均具有双向交互特征，因此要求在极短的时间内完成信息传递，即实时传输。

对于实时大容量业务，由于其对端对端延时有非常高的要求，将通过不断地提高链路传输容量的方式来保证服务质量，这也是无线通信系统技术发展过程中一直存在的主线并将持续演进。

（3）周期性低速率业务

指在统计上有时间周期性的数据通信业务，例如，机器与机器之间的信息交互、传感器节点产生的传感类业务等。这类业务的信息传递具有一定的时延容忍，但其每次每链路的平均数据包长度一般较短，造成网络的接入控制开销较大。

针对此类业务，则可以通过压缩感知和信息融合等手段将海量节点所产生的冗余信息进行局部区域的压缩采样，再进行传递，进而提高网络信息传递的能量效率。

5.5 小结

（1）考虑网络综合能耗的能效建模与分析：其主要特色是综合考虑网络中所有能耗（包括基站配套设备能耗以及网络控制覆盖能耗等），并针对网络实际所承载的业务量（网络容量）给出网络能效的定义及其成因关系。与此相比，经典信息论主要关注发射能耗与信道容量的关系。

（2）基于控制覆盖与业务覆盖适度分离的超蜂窝网络架构：其主要特色为网络的柔

性覆盖、资源的弹性匹配以及业务的适度服务机理，可以在保证网络无缝覆盖和频谱效率的同时大幅度降低网络的整体能耗，而且不破坏蜂窝网络的基本架构，实现逐步演进。

（3）基于用户分布动态特性的高能效弹性接入与网络协作方法：其主要特色是主动利用用户分布在时域和空域上的动态特性弹性地配置网络资源，并通过网络间的协作引入基站协作休眠机制，使一部分低负载运行的基站可以进入休眠状态，从而大幅度提高网络能效。

（4）基于业务差异性和趋同性的按需适度服务方法：其主要特色是主动利用多业务之间的需求差异性和用户群体行为的趋同性动态地调整服务模式（实时/软实时/非实时，单播/多播/广播等），通过适度的服务提高能效。

第 6 章　面向公共安全的海量数据处理

面向我国海量信息管理基础设施建设重大需求，以海量信息可用性管理的“量质融合管理”“劣质容忍原理”“深度演化机理”三个科学问题为核心，研究海量信息可用性管理的基础理论和关键技术，提出完整的海量信息可用性管理的理论体系、方法学和关键技术，包括从物理信息系统等多数据源有效地获取高质量多模态数据的理论和技术、海量信息可用性和量质融合管理的理论和技术、信息错误的自动检测与修复的理论和技术、海量弱可用信息近似计算的理论和技术、弱可用信息上的知识发现和深度演化的理论和技术、知识可用性管理的理论和技术，解决确保信息和知识可用性的海量信息和知识量质融合管理系统的工程技术问题，研制原型系统，并针对中国数字海洋和社保与经济普查信息，建立两类具有代表性的信息可用性保障应用示范，即复杂物理信息系统的信息可用性保障应用示范和管理信息系统的信息可用性保障应用示范。

6.1　海量信息可用性

第一，提出新理念，发现新问题，探索新理论，开创新技术。从海量信息可用性的自然特性出发、从海量信息管理的需求出发、从海量信息可用性管理与知识管理等其他学科交叉所产生的科学问题出发，以中国数字海洋和社保信息与经济普查信息为背景，研究海量信息可用性管理的挑战性问题，解决传统方法无法解决的问题，建立海量信息可用性管理的完整全新的理论体系和方法学。

第二，明确科学问题，选择突破点，合理确定研究内容。以“量质融合管理”“劣质容忍原理”“深度演化机理”三个关键科学问题为核心，在基础理论、方法学、实用技术三个层面，确定关键突破点，选择具有共性和普遍意义并有望在五年内获得重大进展的问题，形成具体、明确、创新的研究内容。

第三，理论联系实际，以应用驱动基础研究，以基础研究提高应用水平。从实际出发，在实际应用中发现科学问题，以应用示范验证研究成果、反馈需求、推动基础研究不断深入，初步产生社会和经济效益。

第四，出国际一流成果，培养国际一流团队，进入国际先进行列。在五年内提出完整的海量信息可用性基础理论与关键技术，取得一批海量信息可用性管理方面的国际一流研究成果，并取得部分引领国际研究的国际领先成果，培养一支国际一流的创新研究团队，为我国在该领域中的基础理论和关键技术研究打下深厚的基础，为国民经济提供强有力的支持。

6.1.1　量质融合管理

量质融合管理是指数据、信息和知识三个层面上的量与质的融合管理机制。现有的海量信息基础设施只关注信息的规模、系统的处理能力和可扩展性，重在“量”的管理，忽视了信息“质量”（简称“质”）的管理。目前，劣质信息普遍存在，已经在实际应用中产生了严重后果，造成了巨大损失。信息质量的管理已经成为目前的巨大挑战问题。为此，我们必须研究信息“质”的管理问题，将信息管理从“量”的管理拓展到“质”的管理，最终实现“量”与“质”的融合管理。信息来源于数据，知识来源于信息。数据的质量决定了信息的可用性，信息的可用性影响知识的可用性。为了彻底实现量质融合管理，我们必须在数据、信息、知识三个层面研究量质融合管理问题，提出完整的理论体系，解决关键技术问题。

6.1.2　劣质容忍原理

劣质容忍原理是指在包含错误的信息和知识上完成正确或近似计算和推理的原理。数据、信息和知识的错误几乎无处不在已成为不争的事实。“劣质容忍”是指在信息和知识存在错误的情况下，如何完成正确或相对正确的计算。为了实现劣质容忍，我们必须完成如下两个挑战性任务：第一，自动发现并修正信息和知识的错误，将可校正的劣质信息和知识修复为完全正确的可用信息和知识，支持正确的计算和推理。第二，很多信息和知识的错误无法完全修复，经过部分错误的修复后，这些信息成为部分正确的弱可用信息和知识。在这种情况下，我们必须解决如何在弱可用信息和知识上完成满足应用精度要求的近似计算和近似推理，取得满足用户质量要求的相对正确结果。

6.1.3　深度演化机理

深度演化机理是指信息和知识的多维度、全方位演化的内在机理。信息不是一成不变的，它会随着时间和物理世界的变化而发生演化。源于信息的知识会随着信息的演化而进化。现有海量信息和知识管理在演化方面只关注完全正确的信息和知识，并仅限于探索随时间演化的过程。实际应用要求我们探索信息和知识的深度演化机理，即以可用性为核心的多维度、全方位、趋利、竞合演化机理。在信息的深度演化方面，我们需要研究多源信息在时间、空间、形态、粒度等多个维度上正向协同的演化机理。在知识的深度演化方面，我们需要研究由原始物理数据到有简单语义的信息，再到有丰富语义的知识的纵向演化机理以及知识被不断发现、聚合、更新的横向演化机理。

6.2　海量信息的特性分析

本研究将围绕“量质融合管理”“劣质容忍原理”“深度演化机理”这三个关键科学

问题，针对各种类型和不同形式存储的海量信息，以一致性、精确性、完整性、时效性和实体同一性为核心，沿着“数据→信息→知识→应用”的路线，深入系统地研究多模态海量数据高质量获取与整合的理论和技术，海量信息可用性与量质融合管理的基础理论，海量信息错误自动检测与修复的理论和技术，海量弱可用信息上的近似计算的理论和算法，海量弱可用信息上知识发现、演化与服务的理论和技术，提出完整的海量信息可用性的基础理论和关键技术，并将基础研究成果转换为有效的实用技术和算法。

6.2.1 高质量多源多模态海量数据

由于信息源于数据，本研究将在数据层面围绕数据的“量质融合管理”“劣质容忍原理”与“深度演化机理”这三个科学问题，针对数据的多源性和多模态性，以最大化数据质量为目标，以多模态数据融合计算为核心，研究高质量多源多模态海量数据的获取与整合的理论与方法，实现高质量的数据到信息的整合，在信息和知识的源头设置质量关，继而研究信息演化的机理。具体研究内容如下。

1. 高质量多源多模态数据获取的多模态数据融合计算的理论与方法

首先，研究数据源的质量评估模型理论，包括物理信息系统等多数据源的综合质量评估、高质量数据源的选择方法等。

其次，研究多模态数据的质量评估模型理论，包括一致性、精确性、完整性、时效性、实体同一性等单指标质量评估模型以及多指标质量评估模型。

最后，针对各种模态数据的特点，研究高质量多模态数据获取的多模态数据融合计算方法，包括支持物理世界高精度重现的高质量多模态数据采集的理论与技术、多模态数据的保质转换模型及算法、多模态数据真实性验证的理论与技术、多模态数据错误校验技术、缺失值估计的理论与技术等。

2. 多源数据实体识别的多模态数据融合计算的理论和算法

首先，研究来自物理信息系统等多数据源的多模态数据的实体识别模型，包括多模态数据的关联模型、多源数据的关联模型。

其次，研究多源多模态数据实体自动识别的多模态数据融合计算的理论和算法，包括：物理信息系统中的实体特征表达和建模，针对多模态数据实体识别的高效、实时、分布式多模态融合计算的算法等。

最后，研究多模态数据实体识别效果的评估理论和算法，包括：实体识别效果评估模型、评估测试算法。

3. 数据到信息整合的多模态数据融合计算的理论和算法

首先，研究多源多模态信息集成模型，包括：支持物理信息系统复杂语义的多层整合模型，以及信息整合的可用性模型和评价方法等。

其次，研究多模态数据融合计算的理论与算法，包括：动态多模态数据智能转换模型、多模态信息融合的智能模式抽取和模式匹配算法、自动的容错映射和转换模型、支持动静态数据结合的多模态数据融合计算方法等。

最后，研究融合信息的正确性验证和保证的理论和方法，包括：信息整合的正确性模型和评价方法、多维度多目标清洗技术、分布式近似推演技术和延迟乱序纠正技术等。

4. 可用性驱动的海量信息演化机理

以最大化海量信息可用性为目标，研究海量信息的演化过程，建立海量信息演化的世系模型及追踪技术，主要包括时空、多粒度、多路径和不确定的海量信息演化的理论模型；演化模式的正向性评估模型与方法；演化的可逆性判定与近似求解算法；演化描述的复杂性理论和低复杂性演化描述方法；网络化、多粒度、概率化的世系追踪技术。

5. 研制多模态海量数据获取与整合原型系统

把上述基础理论研究成果转化为高效实用的算法和技术，研制一个多模态海量数据获取与整合原型系统，验证基础研究成果的可用性和有效性。

6.2.2　海量信息可用性与量质融合管理

围绕信息的“量质融合管理”“劣质容忍原理”与“深度演化机理”这三个科学问题，以各种类型和不同形式存储的海量信息为对象，针对海量信息可用性与量质融合管理的关键问题，建立统一的逻辑框架，提出完整的理论体系，为海量信息可用性管理奠定坚实的理论基础。具体研究内容如下。

1. 海量信息可用性的理论模型

首先，以各种类型和不同形式存储的海量信息为对象，分别研究海量信息的一致性、精确性、完整性、时效性、实体同一性这五个特性的理论模型，分别解决这五个特性的判定问题及其计算复杂性理论。

其次，研究海量信息一致性、精确性、完整性、时效性、实体同一性的理论模型之间的交互影响。

最后，基于五种理论模型及其交互关系，在统一的逻辑框架下，综合这五种理论模型，建立海量信息的综合可用性理论模型，研究海量信息可用性判定问题的计算复杂性理论及其求解算法。

2. 海量信息可用性公理系统与推理机制

首先，根据海量信息的可用性理论模型，以各种类型和不同形式存储的海量信息为对象，以信息一致性、精确性、完整性、时效性、实体同一性为核心，研究海量信息可用性语义的表示机理，建立海量信息可用性公理系统，分析其描述语言的表达能力，研究公理系统的一致性、完备性、独立性，并研究信息可用性公理存在性问题和相关计算问题（如最大一致性规则子集求解问题）的计算复杂性和有效算法。

其次，研究从各类海量信息中自动发掘可用性公理问题的可计算性与计算复杂性，并设计从各类海量信息中自动发掘公理的有效算法。

最后，建立海量信息可用性推理机制，研究海量信息可用性自动推理问题的可计算性与计算复杂性，并设计有效的自动推理算法。

3. 海量信息可用性评估理论

首先，以各种类型和不同形式存储的海量信息为对象，分别建立海量信息的一致性、精确性、完整性、时效性、实体同一性这五个特性的单指标定量评估理论。

其次，研究上述五种单指标评估理论之间的相互影响，提出海量信息可用性的综合定量评估理论。

最后，研究海量信息可用性定量评估问题的可计算性理论与计算复杂性理论，并设计有效的海量信息可用性定量评估算法。

4. 海量信息量质融合管理的理论和算法

首先，研究支持海量信息“质”管理的信息模型和理论，包括信息的逻辑结构、信息的运算系统、信息的语义约束理论。

其次，研究信息“质”管理的模型和理论与传统信息管理模型和理论的融合问题，建立海量信息量质融合管理的模型和理论。

最后，研究海量信息量质融合管理关键计算问题的可计算性和计算复杂性理论，并设计求解这些问题的有效算法，包括信息逻辑结构的物理实现问题、信息运算系统的实现算法问题、数据定义与操纵语言的优化处理算法问题等。

6.2.3 海量信息错误自动检测与修复

围绕海量信息的“量质融合管理”和“劣质容忍原理”这两个科学问题，针对各种类型和不同形式存储的海量信息，以海量信息可用性与量质融合管理的理论为基础，在高质量多模态数据获取与整合的前提下，研究海量信息错误自动检测和修复的可计算性理论和计算复杂性理论、信息错误自动检测和修复方法的可信性理论、高效海量信息错误自动检测与修复的算法。具体研究内容如下。

1. 海量信息错误自动检测和修复的可计算性理论

首先，以各种类型和不同形式存储的海量信息为对象，分别确定信息的一致性错误、精确性错误、完整性错误、时效性错误及实体同一性错误（以下统称这些错误为个性错误）自动检测和修复的关键问题，研究每个关键问题可解的充分必要条件，建立每个关键问题的资源需求模型，判定每个关键问题的可计算性。

其次，以各种类型和不同形式存储的海量信息为对象，确定多种个性错误同时发生的错误（以下简称“综合错误”）的自动检测和修复的关键问题，研究每个关键问题可解的充分必要条件，判定每个关键问题的可计算性。

2. 海量信息错误自动检测和修复的计算复杂性理论

首先，以各种类型和不同形式存储的海量信息为对象，分别针对每类信息的各种个性错误自动检测和修复的关键问题，研究每个关键问题的计算复杂性，包括所属复杂性类及计算复杂性下界等，为设计个性错误检测和修复关键问题的高效求解算法奠定基础。

其次，以各种类型和不同形式存储的海量信息为对象，研究每类信息综合错误自动检测和修复的关键问题的计算复杂性，包括所属复杂性类及计算复杂性下界等，为设计综合错误检测和修复关键问题的高效优化求解算法奠定基础。

3. 海量信息错误自动检测和修复的可信性理论

首先，以各种类型和不同形式存储的海量信息为对象，分别针对每类信息的各种个性错误，建立描述个性错误检测与修复结果的可信性①模型，研究个性错误检测与修复结果可信性的定量评估方法，进而建立信息个性错误自动检测与修复方法的可信性评估模型，给出设计可信的个性错误检测与修复方法的基本准则。

其次，以各种类型和不同形式存储的海量信息为对象，分别针对每类信息的综合错误，建立描述综合错误检测与修复结果的可信性模型，研究综合错误检测与修复结果可信性的定量评估方法，进而建立综合信息错误自动检测与修复方法的可信性评估模型，给出设计可信的综合错误检测与修复方法的基本准则。

4. 海量信息错误自动检测和修复算法

首先，以各种类型和不同形式存储的海量信息为对象，分别针对每类信息的各种个性错误自动检测和修复的关键问题，设计有效的精确或近似求解算法，并分析其计算精度、时间复杂性、空间复杂性和相对于复杂性界限和精度界限的优化性。此外，还研究海量信息个性错误的弹性修复方法，探索个性错误监测和修复结果的质量与修复成本的关系，设计优化的个性错误检测和修复算法。

其次，以各种类型和不同形式存储的海量信息为对象，分别针对每类信息的综合错误自动检测和修复的关键问题，设计有效的精确和近似求解算法，并分析其精度、时间复杂性、空间复杂性和优化性，并探索综合错误监测和修复结果的质量与修复成本的关系，设计优化的综合错误检测和修复的算法。

5. 研制海量信息错误自动检测和修复原型系统

把上述基础理论研究成果转化为高效实用的算法和技术，研制一个海量信息错误自动检测和修复原型系统，验证基础研究成果的可用性和有效性。

6.2.4 海量弱可用信息近似计算

当海量信息中的错误不能彻底修复时，这些信息则成为弱可用信息。针对这种情况，我们将围绕信息的“劣质容忍原理”这个科学问题，以各种类型和不同形式存储的弱可用海量信息为对象，研究直接在弱可用信息上进行近似计算的理论和算法，包括弱可用信息近似计算的可行性理论、弱可用信息上近似计算问题的计算复杂性理论、弱可用信息上近似计算结果的质量评估理论、弱可用信息近似计算的算法。

1. 弱可用信息近似计算的可行性理论

以各种类型和不同形式存储的弱可用海量信息为对象，分别针对各类海量弱可用信息上的各种计算问题（如各类查询、分析、挖掘问题）和给定的质量要求，研究弱可用信息上满足给定质量要求的计算问题的近似解存在性判定的理论和方法。当计算问题的近似解存在时，研究问题的可计算性。

2. 弱可用信息近似计算问题的计算复杂性理论

首先，以可用性为复杂性测度，建立弱可用信息计算的以可用性为测度的新计算复杂性模型，研究这个复杂性模型与传统计算复杂性模型的关系，探索最小化可用性需求、时

---

① 此处可信性包括可靠性、可用性、恢复性、维修性等。

间复杂性和空间复杂性的多目标优化问题的理论。

其次，以各种类型和不同形式存储的弱可用海量信息为对象，分别针对各类海量弱可用信息，研究各种海量弱可用信息计算问题（如各类查询、分析、挖掘问题）的计算复杂性，特别是以可用性为测度的计算复杂性，包括所属复杂性类、计算复杂性下界、精度界限以及近似计算结果精度与计算复杂性的相关性。

3. 弱可用信息近似计算结果的质量评估理论

以各种类型和不同形式存储的弱可用海量信息为对象，分别针对各类海量弱可用信息，建立近似计算结果的质量评测指标，创建近似计算结果质量评估的理论和方法。

4. 弱可用信息近似计算的算法

首先，以各种类型和不同形式存储的弱可用海量信息为对象，以最小化可用性需求、时间复杂性和空间复杂性为目标，分别针对各类海量弱可用信息，设计求解各类问题（如各类查询、分析、挖掘问题）的近似计算的算法，包括不一致海量信息近似计算的算法、不精确海量信息近似计算的算法、不完整海量信息近似计算的算法、弱时效性海量信息近似计算的算法、实体不同一的海量信息近似计算的算法，探索弱可用信息近似计算算法的设计原理。

其次，以各种类型和不同形式存储的弱可用海量信息为对象，以最小化可用性需求、时间复杂性和空间复杂性为目标，研究同时存在多种类型错误的海量弱可用信息近似计算的算法，探索这类算法的设计原理。

6.2.5 海量弱可用信息上知识发现、演化与服务

海量信息的可用性问题必然导致源于信息的知识的可用性问题。围绕知识的“量质融合管理”“劣质容忍原理”和“深度演化机理”这三个科学问题，针对弱可用信息，研究知识可用性评估理论与方法、弱可用信息上知识发现的信息完整性理论、弱可用信息上的知识发现算法、知识错误自动检测与修复的理论和方法、弱可用知识上的近似推理的理论与算法、源于弱可用信息的知识深度演化机理。具体研究内容如下。

1. 知识可用性评估理论与方法

知识的可用性受以下四个因素的影响：信息可用性、知识发现过程、知识演化过程、应用需求。针对这四个影响因素，研究知识可用性的评估理论和方法，包括知识可用性模型和度量标准、知识可用性的评估机制、知识可用性溯源管理的理论和技术。

2. 弱可用信息上知识发现的理论和算法

首先，研究各种知识发现问题所需要的最小信息集和最小可用性，建立面向每类知识发现问题的信息完整性理论，判定能否在给定的海量弱可用信息中求解给定的知识发现问题，确定弱可用信息上知识发现的可计算性和计算复杂性。

其次，研究弱可用信息上知识发现的理论体系，提出适用于弱可用信息的知识发现方法，设计弱可用信息上的高效知识发现算法，并对发现的知识进行可用性和有效性评估。

3. 知识错误自动检测与修复与弱可用知识推理计算的理论和方法

针对信息错误必然导致知识错误的问题，研究知识错误的自动发现和修复的理论和

方法。

当知识中的错误不能彻底纠正的时候，则知识成为弱可用知识。针对弱可用知识，研究弱可用知识的近似计算与推理的理论和算法。

4. 源于弱可用信息的知识深度演化机理

知识演化对于知识错误的检测和知识的应用具有重要意义。知识的演化沿着两个维度进行。一个维度是由原始数据到有简单语义的信息，再到有丰富语义的知识的纵向演化过程。另一维度是知识被不断发现、聚合、更新的横向演化过程。

首先，针对知识演化的两个维度，建立可溯、趋利、竞合的知识演化模型，研究知识演化的趋利策略框架，建立知识演化过程的跟踪与引导方法。

其次，研究追溯知识演化过程的理论与方法，包括知识纵向演化溯源的理论模型和方法、知识横向协同演化溯源的理论模型和方法。

6.3　不同层面的策略

本项目按照“数据→信息→知识→应用”的路线开展研究，在数据、信息、知识、应用四个层面上解决“量质融合管理”“劣质容忍原理”与“深度演化机理”这三个科学问题。在数据层面，针对数据的“量质融合管理”“劣质容忍原理”与“深度演化机理”这三个科学问题，研究从物理信息系统等多数据源获取与整合高质量多模态海量数据的理论和技术。在信息层面，针对信息的“量质融合管理”“劣质容忍原理”与“深度演化机理”这三个科学问题，研究海量信息可用性与量质融合管理的理论基础、海量信息错误自动检测与修复的理论和技术、海量弱可用信息上的近似计算的理论和算法。在知识层面，针对知识的“量质融合管理”“劣质容忍原理”与“深度演化机理”这三个科学问题，研究海量弱可用信息上的知识发现、演化与服务的理论和技术。

6.3.1　数据层面中的策略

在数据层面，本项目将针对数据的“量质融合管理”“劣质容忍原理”与“深度演化机理”这三个科学问题，集中研究从物理信息系统等多数据源获取与整合高质量多模态海量数据的理论和技术，以多模态数据融合计算为核心，解决多数据源多模态数据的高质量获取、多源多模态数据的实体识别、多模态数据到信息的高质量整合等问题，在信息的源头把住质量关，分别拟采用如下技术路径。

（1）在物理信息系统等多源多模态数据的高质量获取研究中，采用灰色关联分析等方法进行多数据源质量的综合评价，重点研究分析序列的确定及决策矩阵的构建，运用信息熵理论，建立数据源质量评估的理论与方法；针对各种模态数据的特点，基于最大似然估计、时间维概率平滑、空间小组关系和有效路径统计信息反馈等途径，研究高质量多模态数据获取的多模态融合计算方法。数据获取方法要确保物理过程的正确重现。

（2）在物理信息系统等多源多模态数据的实体识别研究中，采用如下方法探索求解多源多模态数据实体识别的多模态数据融合计算方法：基于启发式规则和信息挖掘、非监督学习等方法，针对所有可能的关联链分析，检测实体的语义关联；采用近似函数依赖挖掘技术，结合多模态特征，提出新的相似性匹配算法；采用序列模式挖掘和匹配技术，基于行为和传播模式，准确识别实体。

（3）在多模态数据到信息的高质量整合的研究中，基于数据源质量设计多模态数据融合模型，研究求解多模态数据整合的多模态数据融合计算方法，实现高质量的数据到信息的整合。整合过程与信息可用性评估理论和公理系统紧密结合，提高整合信息的正确性和可用性。

6.3.2 信息层面中的策略

信息层面的研究是本项目的重点，将针对信息的“量质融合管理”“劣质容忍原理”与“深度演化机理”这三个科学问题，研究三方面的问题，即海量信息可用性与量质融合管理的理论基础、海量信息错误自动检测与修复的理论和技术、海量弱可用信息上的近似计算的理论和算法，拟采用如下技术路线。

1. 海量信息可用性与量质融合管理基础理论研究的技术路线

主要解决海量信息可用性理论模型、海量信息可用性公理系统与推理机制、海量信息可用性的定量评估模型、海量信息量质融合管理的基础理论、海量信息演化机理等问题，分别采用如下技术路线。

（1）在海量信息可用性理论模型的研究中，首先用一阶逻辑、时序逻辑、误差估计理论、随机过程等不同数学方法建立海量信息的一致性、精确性、完整性、时效性和实体同一性的理论模型，然后在统一的逻辑框架下把用不同数学方法建立的理论模型融合成为一个完整的海量信息可用性理论模型。

（2）在海量信息可用性公理系统与推理机制的研究中，为了有效表达海量信息可用性公理，设计表达能力强、兼容多种类型信息、具有低计算复杂性的逻辑语言和逻辑框架，建立推理机制，并证明其正确性，分析其计算复杂性和可近似性，设计相应的算法。在公理发掘算法设计中，重点解决从海量弱可用信息中挖掘高可用公理系统以及提高算法效率的问题。

（3）在海量信息可用性的定量评估模型方面，研究两种模型，即以可用性公理的最大满足子集作为评估测度的绝对可用性模型和面向应用需求的相对可用性模型，重点解决最大满足子集求解难题和应用需求可满足性判定问题，并设计高效求解算法。

（4）在海量信息量质融合管理基础理论的研究中，将沿着“质管理理论→量质融合管理理论→实现技术与算法”的路线开展研究。首先，解决海量信息“质”管理的核心理论和模型问题，建立海量信息“质”管理的逻辑信息结构、信息运算系统、信息约束理论；其次，研究海量信息“质”管理的理论和模型与传统信息“量”管理理论和模型的“融合”问题，建立支持海量信息量质融合管理的逻辑信息结构、信息运算系统、信息约束理论；最后，设计量质融合管理的信息定义与操纵语言、逻辑结构的物理实现技术、运算系统的实现算法、语言的优化处理技术与算法。

（5）在可用性驱动的海量信息演化机理研究中，采用随机过程的分析方法，利用极限理论和多元分析技术研究信息的演化机理。在多模态海量信息演化的世系模型方面，建立信息描述复杂性理论，分析信息质量导致信息之间的跃迁关系，建立时空逻辑演变模型。在多模态海量信息演化的世系追踪技术方面，应用非经典测度论、贝叶斯推理及突变理论等工具，建立世系的导出规则，进而提出信息演化过程的追踪技术。

2. 海量信息错误自动检测与修复的理论和技术研究的技术路线

主要解决海量信息错误自动检测和修复的可计算性与计算复杂性理论、海量信息错误自动检测和修复的可信性理论、海量信息错误自动检测和修复算法的设计等问题，分别拟采用如下技术路线。

（1）系统、全面、形式化地定义信息错误自动检测与修复问题，包括一致性错误、精确性错误、完整性错误、时效性错误、实体同一性错误等个性错误自动检测和修复问题以及多种个性错误同时发生的综合错误的自动检测和修复问题，给出这些问题的数学模型；

（2）在海量信息错误自动检测和修复的可计算性与计算复杂性理论的研究中，研究求解每个问题所需要的信息完整性和信息可用性，确立每类信息错误自动检测和修复问题相对于信息完整性和信息可用性的可解充分必要条件。对于可解问题，判定其可计算性。对每个可计算问题，研究其所属复杂性类，确定其时间复杂性下界和精度界限，为设计高效优化算法建立理论基础。

（3）在海量信息错误自动检测和修复的可信性理论研究中，拟采用基于信息可用性公理系统来确定错误检测与修复结果的可信性定量评估方法，将检测与修复结果可信性的评估问题转化为求解信息可用性公理集合的最大可满足子集问题，从而建立错误检测与修复的可信性评估模型和评估方法；在可信性评估模型的基础上，建立原始信息可用性与检测和修复结果可信性的函数关系，采用蒙特卡洛法和最大似然估计理论建立检测和修复方法的可信性评估理论和方法，继而确定可信检测与修复方法的设计准则。

（4）在海量信息错误自动检测和修复算法的研究中，根据不同的信息类型和不同的错误类型，采取不同的技术路线，如基于信息可用性理论模型和公理系统的方法、基于规则和信息语义约束的方法、基于有限状态机理论的方法等，设计不同的算法，解决不同类型信息和不同类型错误的自动检测和修复问题。

对于综合性错误，在统一的逻辑框架下抽取检测和修复所需要的基本操作以及操作间的依赖关系，建立信息修复成本与回报的代价模型，设计修复结果可用性最大化和数据操作成本最小化的操作序列优化算法。

当信息完整性和信息可用性不满足信息错误自动检测和修复问题的可解的充分条件时，研究其可近似性。对于可近似问题，研究近似错误检测和修复算法，通过信息丢失估计、基于语义标示等方法实现错误近似检测和修复，并确定信息完整性和信息可用性对检测和修复精度的影响，提出近似错误检测和修复算法的误差估计方法和质量评估方法。

在信息错误自动检测和修复算法设计中，除了时间和空间复杂性最小化以外，也把信息完整性和可用性需求最小化最为优化目标。

3. 海量弱可用信息近似计算理论与算法研究的技术路线

主要解决海量弱可用信息近似计算的可行性理论、弱可用信息近似计算问题的计算复杂性理论、弱可用信息上近似计算结果的质量评估理论、弱可用信息上近似计算的算法设计等问题，分别拟采用如下技术路线。

(1) 在海量弱可用信息近似计算的可行性理论研究中，首先，以可用性为主要因素，建立弱可用信息上满足给定质量要求的近似解存在的充分必要条件；其次，研究该充分必要条件的可计算性。

(2) 在弱可用信息近似计算问题的计算复杂性理论研究中，首先，定义以信息可用性为测度的弱可用信息计算复杂性模型及其与时间和空间复杂性的关系；其次，针对广泛应用的代表性近似计算问题（如查询、分析、挖掘等问题)，研究每个问题的计算复杂性，特别是以可用性为测度的计算复杂性，所属的计算复杂性类。对于 P 类问题，确定其计算复杂性下界；对于非 P 类问题，确定其可近似计算性和精确度界限。

(3) 在弱可用信息上近似计算结果的质量评估理论研究中，首先确定近似计算结果质量评估的参照系；其次，建立近似计算结果的质量评测指标及其数学模型，并设计近似计算结果的评测指标计算方法；最后，根据评测指标的数学模型建立近似计算结果的综合质量评估模型，并设计其计算方法。

(4) 在弱可用信息近似计算算法研究中，运用随机采样技术选取质量评估参照系，在该参照系上，运用各种近似算法设计技术，如本项目申请人提出的海量信息 ε-近似计算技术、(ε，δ) -近似计算技术等，设计各种具有代表性的近似计算问题（如查询、分析、挖掘等问题）的高效近似算法。

6.3.3 知识层面研究中的策略

在知识层面，本项目将针对知识的“量质融合管理”“劣质容忍原理”与“深度演化机理”这三个科学问题，集中研究海量弱可用信息上的知识发现、演化与服务的理论和技术，主要解决知识可用性评估理论与方法、可用性知识发现的信息完整性理论、弱可用信息上的知识发现算法、知识错误自动检测与修复的理论和方法、知识服务、源于弱可用信息的知识深度演化机理等问题，分别拟采用如下技术路线。

(1) 在知识可用性评估理论与方法的研究中，首先广泛调研不同知识管理与服务应用对知识可用性的要求，在此基础上总结出知识可用性的构成要素；其次，运用信息可用性的基础理论研究方法，结合知识发现过程的理论模型，建立知识可用性模型、度量标准、评估机制；最后，在 RDF 知识表示模型的基础上，通过扩展描述逻辑，研究支持可用性管理的知识表示方法和知识评估理论。

(2) 在知识错误自动检测与修复的理论和方法的研究中，首先扩展信息错误自动检测与修复的理论和方法，结合知识管理与服务的实际需求与特点，在知识可用性评估理论的基础上，提出知识错误自动发现和修复的理论和方法。我们将知识错误检测分为两类：关联知识错误检测和逆向知识错误检测。关联知识错误检测依据知识之间的关联关系，检测到某些知识的错误；而逆向知识错误检测则通过检测推理得到知识中的错误，通过溯源找到原输入知识的错误。在检测到错误知识后，可以通过知识之间的关联关系等方法来进行自动修复。其次，针对无法修复的知识，我们研究弱可用知识的近似推理的理论和算法，尽可能利用已有知识中的正确知识，最大化推理结果的可用性。

(3) 在源于弱可用信息的知识深度演化机理的研究中，我们将结合信息演化机理的研究结果和知识可用性的特有要素，建立知识纵向溯源演化和横向协同演化的表示模型。在知识纵向演化机理的研究中，我们将研究知识可用性随信息可用性变化而演变的规律。在知识横向演化机理的研究中，我们将探索不同来源知识间竞争与协同的演化规律。结合这些规律，我们将建立有效的知识演化的管理理论和方法，确保知识的演变过程朝着增强可用性的方向发展。

(4) 在可用性知识发现的信息完整性理论与弱可用信息上的知识发现算法的研究中，首先针对海量弱可用信息上具有代表性的知识发现问题，建立知识发现的信息及其可用性需求模型，称为（ε，δ）-框架，其中ε是为作为知识发现算法输入的信息集的可用性度量，δ是知识库的可用性度量；其次，在该需求模型的基础上，研究知识发现问题所需要的最小信息集和最小可用性，继而判定能否在给定的海量信息中求解给定知识发现问题；最后，结合现有知识发现理论体系和算法，引入弱可用信息和知识的特有要素，设计弱可用信息上的知识发现算法。

(5) 在需求驱动的知识服务体系的研究中，首先探索知识服务需求的主要特征和建模方法，在其基础上定义知识服务的目标和收益函数，从而设计一套面向知识服务的激励机制。其次，在该激励机制的基础上，研究需求驱动的知识服务聚合算法和知识服务多方协商机制，以确保知识服务能够实时、最大化地满足应用的动态需求。与此同时，我们将通过扩展自动机理论，采用状态转换方法，解决知识服务在动态环境中的自适应问题。

6.3.4　小结

(1) 提出多模态数据融合计算的新思想，建立多源多模态数据高质量获取与整合的理论和技术：以数据质量最大化和确保物理世界正确重现为目标，提出求解从物理信息系统等多数据源获取高质量多模态数据、多源多模态数据实体识别、多模态数据到信息的高质量整合等问题的多模态数据融合计算的理论与算法。

(2) 提出完整的海量信息可用性的理基础理论，全面系统地认知和解决海量信息可用性问题：以"一致性，精确性、完整性、时效性、实体同一性"为核心，建立海量信息可用性的理论模型、海量信息可用性的公理系统和推理机制、海量信息可用性评估理论、海量信息量质融合管理的模型和理论，并确定海量信息可用性公理发掘问题、可用性评估问题、量质融合管理关键计算问题的可计算性与计算复杂性理论，设计求解这些问题的多模态信息融合计算算法。

(3) 提出信息错误检测与修复自动化的理论和技术，解决自动检测与修复信息错误的难题：以"一致性，精确性、完整性、时效性、实体同一性"为核心，以信息错误检测和修复自动化为目标，提出信息错误自动检测和修复问题的可计算性理论和计算复杂性理论、信息错误自动检测和修复方法的可信性理论、高效实用的海量信息错误自动检测与修复算法，并制定设计可信检测与修复方法的基本准则。

(4) 提出弱可用信息上近似计算的新理念、新理论和新算法，解决信息错误不能彻底修复时如何完成满足精度约束的计算问题，使弱可用信息在实际应用中发挥良性作用：提出海量弱可用信息（即包含部分错误的信息）上满足给定质量要求的近似计算的可行性理论、近似计算问题计算复杂性理论（特别是以可用性为测度的计算复杂性理论）、近似计算结果的质量评估理论、求解近似计算问题的高效算法［如ε-近似算法和（ε，δ）-

近似算法]。

（5）提出弱可用信息上知识发现和服务的新理念、新理论和新技术：建立知识可用性评估理论与方法，提出弱可用信息上知识发现的理论和算法、知识错误自动检测与修复的理论和方法、弱可用知识的近似推理和近似计算的理论和算法，使得包含错误的信息能够提供可用的知识，包含错误的知识能够提供有效的服务。

第7章　总结与展望

7.1　总结

现有信息基础网络或者基于现有基础信息网络进行的各种修修补补都难以满足泛在、互联、质量、融合、异构、可信、可管、可扩等信息网络的高等级需求。为了探索网络按照业务需求动态进行结构重组、功能重构的机理与方法，通过网络结构的自组织、功能的自调节和业务的自适配来最大限度地弥合网络能力与业务需求之间的时变鸿沟，使网络能有效适配多变的业务需求。

从根本上突破传统 IP 承载的能力瓶颈，根据信息网络基础互联传输能力弱、解决服务适配扩展性差、安全可管可控性差等问题，创立可重构基础网络的理论体系；构建可重构新型网络体系功能参考模型；为新型网络的寻址、路由、交换和泛在互联提供基础保证，实现网络对安全性、扩展性和移动性的支持；针对高速移动与复杂干扰等场景，研究宽带信道不匹配场景下的性能限，研究有限反馈信道，多用户协作信道，干扰信道等网络基本组成单元的信息容量问题。考虑网络综合能耗的能效建模与分析，基于控制覆盖与业务覆盖适度分离的超蜂窝网络架构，建立多源多模态数据高质量获取与整合的理论和技术，提出完整的海量信息可用性的理基础理论，全面系统地认知和解决海量信息可用性问题。以“一致性，精确性、完整性、时效性、实体同一性”为核心，建立海量信息可用性的理论模型、海量信息可用性的公理系统和推理机制、海量信息可用性评估理论、海量信息量质融合管理的模型和理论，并确定海量信息可用性公理发掘问题、可用性评估问题、量质融合管理关键计算问题的可计算性与计算复杂性理论，设计求解这些问题的多模态信息融合计算算法。

提出信息错误检测与修复自动化的理论和技术，解决自动检测与修复信息错误的难题；提出海量弱可用信息（即包含部分错误的信息）上满足给定质量要求的近似计算的可行性理论、近似计算问题计算复杂性理论（特别是以可用性为测度的计算复杂性理论）、近似计算结果的质量评估理论、求解近似计算问题的高效算法。

面向我国公共安全实时监控与应急处理的重大现实需求，瞄准智能信息处理的学科前沿，以物理空间和网络空间的社会感知数据（包括海量视觉数据、多模态生物特征信息和海量网络非结构化数据）为研究对象，以建立复杂感知数据高效处理的理论与方法为科学目标，深入系统研究复杂感知数据处理的认知机理和计算理论、跨场景复杂视觉数据的计算与理解、跨媒体复杂网络数据的计算与理解以及跨物理与网络空间感知数据的协同计算与理解等关键问题并取得突破，从而将复杂的社会感知数据化繁为简，高效地提炼出满足公共安全需求的、人可理解并利用的情报和知识，提升我国在智能信息处理领域的国际学术地位和影响力，为国家公共安全的实时监控、预警预报与应急处理提供理论基础和技术储备，服务我国社会的科学化管理。

7.2 展望

• 服务国家需求。通过本项目的实施，我们预期为提高我国的社会感知数据有效利用和公共安全的实时监控、预警预报能力提供更加坚实的理论基础与技术储备。预期将建成一个社会感知数据处理的示范平台，并将研究成果得到转化和实际应用，满足国家公共安全领域的一些紧迫现实需求。

· 发展创新理论。通过本项目的实施，我们预期在社会感知数据智能处理的若干方向上提出和发展具有重大创新意义和国际影响的理论和方法。预期在社会感知数据处理的认知机理和计算理论、跨场景视觉计算、跨媒体语义计算与融合、基于多媒体数据分析的网络内容挖掘、物理与网络空间的协同感知等方面取得重要进展与突破，建立原创理论与方法。

参考文献一

[1] 国家林业和草原局 . http：//www. forestry. gov. cn.

[2] 湖南频道_ 红网 . http：//hn. rednet. cn/.

[3] 侯瑞霞，孙伟，曹姗姗，等 . 大数据环境下林业资源信息云服务体系架构——设计与实证 [J]. 中国农学通报，2016，32（2）：170-179.

[4] 庞丽峰，唐小明，刘鹏举 . 基于 WebGIS 省级林业信息共享平台的研发 [J]. 西北林学院学报，2017，26（2）：180-184.

[5] 朱颖芳，张贵 . 基于 SOA 的数字林业业务定制技术研究 [J]. 中国农学通报，2016，28（28）：81-86.

[6] 白立舜 . 森林资源监测子系统间集成与协同平台研究 [D]. 北京林业大学，2015.

[7] Stula，M.，Krstinic，D. & Seric，L. Intelligent forest fire monitoring system. Information Systems Frontiers（2012）14：725. https：//doi. org/10. 1007/s10796-011-9299-8.

[8] 吴鹏 . 移动终端和互联网卫星影像在林业生产中的应用 [J]. 林业调查规划，2014，39（6）：10-15.

[9] Simonson，W. D.，Allen，H. D.，& Coomes，D. A. Use of an airborne lidar system to model plant species composition and diversity of Mediterranean oak forests. Conservation Biology，V26，2012，840-850.

[10] 刘波云 . 基于 WebGIS 的将乐林场森林多功能评价研究 [D]. 北京林业大学，2015.

[11] Subhendu Barat；Amit Kumar；Ashok Kumar Pradhan；Tanmay De，A light-forest approach for QoS multicasting in WDM networks，IEEE 13th International Conference on Industrial and Information Systems（ICIIS），2017，1-6.

[12] Tsung-Han Lei；Yao-Tsung Hsu；I-Chih Wang；Charles H. -P. Wen，Deploying QoS-assured service function chains with stochastic prediction models on VNF latency，IEEE Conference on Network Function Virtualization and Software Defined Networks（NFV-SDN），2017，1-6.

[13] Rajesh Challa；Seil Jeon；Dongsoo S. Kim；Hyunseung Choo，CentFlow：Centrality-Based Flow Balancing and Traffic Distribution for Higher Network Utilization，V5，2017，17045-17058.

[14] 刘凤媛，蓝海洋，李昀 . 基于云计算木材采伐运输物联网管理系统的设计开发 [J]. 中南林业科技大学学报，2014（6）：129-133.

［15］刘军，张伟岩，刘侠，等．基于移动 GIS 的林业有害生物普查信息管理系统研究与应用［J］．中国森林病虫，2015，34（3）：32-37.

［16］刘赟．林业位置服务（LBS）系统构建技术研究［D］．北京林业大学，2016.

［17］Christian Fiegla，Carsten Pontow，Online scheduling of pick-up and delivery tasks in hospitals，Journal of Biomedical Informatics，V42（4），August 2014，624-632.

［18］Jiajun Wu；Binqiang Chen；Chenyang Yang；Qi Li，Caching and bandwidth allocation policy optimization in heterogeneous networks，IEEE 28th Annual International Symposium on Personal，Indoor，and Mobile Radio Communications（PIMRC），2017，1-6.

［19］Fancheng Kong；Xinghua Sun；Y. Jay Guo；Hongbo Zhu，Queue-Aware Optimal Bandwidth Allocation in Heterogeneous Networks，IEEE Wireless Communications Letters，V6（6），2017，730-733.

［20］Jiyan Wu；Bo Cheng；Ming Wang；Junliang Chen，Priority-Aware FEC Coding for High-Definition Mobile Video Delivery Using TCP，IEEE Transactions on Mobile Computing，V16（4），2017，1090-1106.

［21］Jiyan Wu；Chau Yuen；Ming Wang；Junliang Chen；Chang Wen Chen，TCP-Oriented Raptor Coding for High-Frame-Rate Video Transmission Over Wireless Networks，IEEE Journal on Selected Areas in Communications，V34（8），2017，2231-2246.

［22］Deng Li-qiong；Wu Ji-xiang；Shan Yu-jun，Design of architecture and function for distributed communication network simulation training system（DCSS），1st IEEE International Conference on Computer Communication and the Internet（ICCCI），2016，108-111.

［23］毛炎新．全国林业资源信息服务体系结构研究［D］．中国林业科学研究院，2013.

［24］常原飞，武红敢，董振辉，等．国家级林业有害生物灾害监测与预警系统［J］．林业科学，2011，47（6）：93-100.

［25］Thuong Van Vu；Nadia Boukhatem；Thi Mai Trang Nguyen；Guy Pujolle. Dynamic coding for TCP transmission reliability in multi-hop wireless networks. Proceeding of IEEE International Symposium on a World of Wireless，Mobile and Multimedia Networks，2014，P：1-6.

［26］崔福东，乔彦友，常原飞．基于 BPEL 的 Web 服务快速组合框架［J］．计算机工程，2010，36（7）：262-264.

［27］孙伟韬．基于 Web Services 的森林火险预报系统研究［J］．北京林业大学学报，2016，32（2）：88-96.

［28］Sunil Kumar Mohapatra；Sukant Kishoro Bisoy；Prasant Kumar Dash，Stability analysis of active queue management techniques，International Conference on Man and Machine Interfacing（MAMI），2015，1-6.

［29］Ladan Khoshnevisan；Farzad R. Salmasi；Vahid Shah-Mansouri，An adaptive rate-based congestion control with weighted fairness for large round trip time wireless access networks，24th Iranian Conference on Electrical Engineering（ICEE），2016，124-129.

［30］Wei Wang；Xiaoxiang Wang；Dongyu Wang，Energy Efficient Congestion Control for

Multipath TCP in Heterogeneous Networks. IEEE Access, Vol. 6, 2018, pp. 2889 -2898.

[31] Paton, N. W., Fernandes, A. A. and Griffiths, T. Spatio-Temporal Databases: Contentions, Components and Consolidation. Int. Workshop on Advanced Spatial Databases (ASDM), 11th DEXA Workshop. A. M. Tjoa et al. (eds), IEEE Press, 851-855, 2000.

[32] Sellis, T. K. CHOROCHRONOS: Research on Spatiotemporal Database Systems. DEXA Workshop 1999, 452-456, 1999.

[33] Gruber, T. A Translation Approach to Portable Ontology Specifications. Knowledge Systems Laboratory-Stanford University, Stanford, CA, Technical Report KSL, 71-92, 1992.

[34] Tryfona, N., Pfoser, D. Designing Ontologies for Moving Object Applications. International Workshop on Complex Reasoning on Geographic Data. Paphos, Cyprus. 2001.

[35] Frank, A. U. Ontology for Spatio-temporal Databases. In Spatiotemporal Databases: The Chorochronos Approach. (Koubarakis, M. e. a., ed.), Lecture Notes in Computer Science, Berlin, Springer-Verlag, 9-78, 2003.

[36] Bittner, T. and Smith, B. Granular Spatio-Temporal Ontologies. 2003 AAAI Symposium: Foundations and Applications of Spatio-Temporal Reasoning (FASTR), AAAI Press, 12-17, 2003.

[37] Chomicki, J. Spatiotemporal Data Models and Languages, ICLP 2001 Workshop \ \ Complex Reasoning on Geographical Data, Paphos, Cyprus, 2001.

[38] Langran, G. Time in Geographic Information Systems [M]. Taylor & Francis Ltd. 1992.

[39] Renolen, A. History graphs: Conceptual modeling of spatiotemporal data. In Proc. of GIS Frontiers in Business and Science [C]. Brno, Czech Republic: International Cartographic Association, 1997.

[40] Claramunt, C. and Thériault, M. Toward Semantics for Modelling Spatio-temporal Processes within GIS. In Advances in GIS Research, M. J. Kraak and M. Molenaar Eds., Delft, Taylor and Francis, 47-63, 1996.

[41] Hornsby, K. and Egenhofer, M. Identity-based change: a foundation for spatio-temporal knowledge representation. International Journal of Geographical Information Science [J]. (3), 207-224, 2000.

[42] Worboys, M. A Unified Model for Spatial and Temporal Information. The Computer Journal [J]. 37 (1), 26-34, 1994.

[43] Forlizzi, L., Gueting, R. H., et al. A Data Model and Data Structures for Moving Objects Databases. SIGMOD Conference, 319-330, 2000.

[44] Peuquet, D. J., et al. An Event-based Spatiotemporal Data Model (ESTDM) for Temporal Analysis of Geographical Data. International Journal of Geographical Information Systems [J]. (1), 7-24, 1995.

[45] Chen Jun (陈军), et al. An Event-Based Approach to Spatio-temporal Data Modeling in Land Subdivision Systems. GeoInformatica [J]. (4), 387-402, 2000.

[46] 郑扣根，谭石禹，潘云鹤．基于状态和变化的统一时空数据模型［J］．软件学

报，Vol. 12（9），1360-1365，2001.

[47] 易善桢，张勇，周立柱．一种平面移动对象的时空数据模型［J］. 软件学报，Vol. 13（8），1658-1665，2002.

[48] Sistla，A. P.，Wolfson，O. Modeling and Querying Moving Objects. ICDE 1997，422-432，1997.

[49] Cai，M. C.，Keshwani，D. et al. Parametric Rectangles：A Model for Querying and Animation of Spatiotemporal Databases，In Proceedingd of the 7th International Conference on Extending Database Technology，430-444，2000.

[50] 王宇君，汪卫，施伯乐．区间约束及其代数查询语言［J］. 计算机学报，VOL. 22（5），550-554，1999.

[51] 蒋捷，陈军，基于事件的土地划拨时空数据库若干思考［J］. 测绘学报，Vol. 29（1），65-71，2000.

[52] 孟令奎，赵春宇，林志勇，黄长青．基于地理事件时变序列的时空数据模型研究与实现［J］. 武汉大学学报（信息科学版），Vol. 28（2），202-207，2003.

[53] 尹章才，李霖，艾自兴．基于图论的时空数据模型研究［J］. 测绘学报，Vol. 32（2），168-172，2003.

[54] 曹志月，刘岳．一种面向对象的时空数据模型［J］. 测绘学报，Vol. 31（1），87-92，2002.

[55] 易宝林，冯玉才，曹忠升．基于对象对象行为的时空拓扑模型［J］. 小型微型计算机系统，Vol. 24（6），1046-1049，2003.

[56] Torp，K.，Jensen，C. S.，and Bohlen，M. H. Layered Implementation of Temporal DBMSs - Concepts and Techniques. In Proceedings of the 5th International Conference On Database Systems For Advanced Applications，Melbourne，Australia，371-380，1997.

[57] Torp，K.，Jensen，C. S.，and Snodgrass，R. T. Stratum Approaches to Temporal DBMS Implementation. In Proceedings of IDEAS，Cardiff，Wales，4-13，1998.

[58] Yang，J.，Cheng，H.，Ying，C.，and Widom，J. TIP：A Temporal Extension to Informix，In Proceedings of the ACM SIGMOD，Dallas，Texas，2000.

[59] Bliujute，R.，Saltenis，S.，Slivinskas，G. and Jensen，C. S. Developing a DataBlade for a New Index，ICDE 1999，314-323，1999.

[60] G. Slivinskas，C. S. Jensen，and R. T. Snodgrass. Adaptable Query Optimization and Evaluation in Temporal Middleware. In Proceedings of ACM SIGMOD，Santa Barbara，CA，127-138，2001.

[61] A. Chervenak，I. Foster，C. Kesselman，C. Salisbury，and S. Tuecke. The data grid：Towards an architecture for the distributed management and analysis of large scientific datasets. Journal of Network and Computer Applications，1999.

[62] Wolfgang Hoschek1，3，Javier Jaen - Martinez1，Asad Samar1，4，Heinz Stockinger1，2，and Kurt Stockinger1，Data Management in an International Data Grid Project，2，2000，http：//www. eu-datagrid. org/.

[63] Jin H. China Grid. Making grid computing a reality. In：Chen ZN，Chen HC，Miao

QH, Fu YX, Edward F, Ee-peng L, eds. Digital Libraries: Int' 1 Collaboration and Cross-Fertilization (ICADL 2004). LNCS 3334, Berlin, Heidelberg: Springe-Verlag, 2004. 13-24.

[64] Smith J, Gounaris A, Watson P. Distributed query processing on the grid. The Int'l Journal of High Performance Computing Applications, 2003, 17 (4): 353-367.

[65] Comito C, Talia D. XML data integration in OGSA grids. In: Pierson JM, ed. Data Management in Grids: 1st VLDB Workshop, DMG 2005. Heidelberg: Springer - Verlag, 2005. 16-29.

[66] Fomkin R, Risch T. Framework for querying distributed objects managed by a grid infrastructure. In: Pieon JM, ed. Drsata Management in Grids: 1st VLDB Workshop, DMG 2005. Heidelberg: Springer-Verlag, 2005. 58-72.

[67] Porto F, Silva VFV, Dutra ML, Schulze B. An adaptive distributed query processing grid service. In: Pierson JM, ed. Data Management in Grids: 1st VLDB Workshop, DMG 2005. Heidelberg: Springer-Verlag, 2005. 45-57.

[68] Geres J. Towards dynamic information integration. In: Pierson JM, ed. Data Management in Grids: 1st VLDB Workshop, DMG 2005. Heidelberg: Springer-Verlag, 2005. 16-29.

[69] Chen XW, Luo XX, Pan ZS, Zhao QP. A CGSP - based grid application for university digital museums. In: Chen GH, Pan Y, Guo MY, Lu J, eds. Proc of the 3rd Int' 1 Symp on Parallel and Distributed Processing and Applications - ISPA 2005 Workshops. LNCS 3759, Berlin, Heidelberg: Springer-Verlag, 2005 286-296.

[70] William H. Bell1, Diana Bosio, Project Spitfire - Towards Grid Web Service Databases, Global Grid Forum 5, Edinburgh, Scotland, July 21-24, 2002.

[71] Jens - S. Vöckler Mike Wilde Ian Foster, The GriPhyN Virtual Data System, Technical Report GriPhyN-2002-02.

[72] C. Baru, R. Moore, A. Rajasekar, and M. Wan. The sdsc storage resource broker. In CASCON' 98, Toronto, Canada, December 1998, http: //www. npaci. edu/SRB.

[73] R. J. Figueiredo, N. H. Kapadia, and J. A. B. Fortes. The punch virtual file system: Seamless access to decentralized storage services in a computational grid. In Proceedings of the Tenth IEEE International Symposium on High Performance Distributed Computing. IEEE Computer Society Press, August 2001.

[74] J. Bester, I. Foster, C. Kesselman, J. Tedesco, and S. Tuecke. GASS: A data movement and access service for wide area computing systems. In Proceedings of the Sixth Workshop on Input/Output in Parallel and Distributed Systems, pages 78-88, Atlanta, GA, May 2003. ACM Press.

[75] STOCKINGER H, SAMAR A, ALLCOCK B, et al. File and Object Replication in Data Grids [J]. Journal of Cluster Computing, 2002, 5 (3): 305-314.

[76] RIPEANU M, FOSTER I. A Decentralized, Adaptive, Replica Location Mechanism [C]. In: Proc of HPDC-11. Edinburgh, Scotland: IEEE Computer Society Press, 2002.

[77] CHEREVENAK A. Giggle: A Framework for Constructing Scalable Replica Location

Services [C]. In: Proc. of SuperComputing 2002 (SC2002). Baltimore, USA: IEEE Computer Society Press, 2002.

[78] LI DONG SHENG. Dynamic Self-adaptive Replica Location Method in Data Grids [C]. Proceedings of the IEEE International Conference on Cluster Computing, 2003. 442-45.

[79] DONG SU NAM, Sangjin Jeong. Tree-based Replica Location Scheme (TRLS) for Data Grids [C]. USA: The 6th Conference on International Advanced Communication Technology, 2004. 960-964.

[80] IAMNITCHI A, RIPEANU M, FOSTER I. Locating Data in Small-World Peer-to-Peer Scientific Collaborations [C], in Proceeding of MultiMedia Computing and NetWorking 2002 (MMVN 02).

[81] The Avaki Data grid: Easy Access, Less Administration, MoreScience, http://www. avaki. com.

[82] Ian Foster, Carl Kesselman and Steven Tuecke, The Anatomy of the Grid: Enabling Scalable Virtual Organizations, IJSA 2001.

[83] Berman, F., Fox, G. and Hey, T. (2003) Grid Computing: Making the Global Infrastructure a Reality. Chichester: John Wiley & Sons.

[84] 陈小武，潘章晟，赵沁平．(2006) 网格环境中模式复用的异构数据库访问和集成方法 [J]. 软件学报．2006, 17 (11): 2224-2233.

[85] 马新娟，李陶深，李卫玲．(2006) 网格环境下数据库事务模型的研究 [J]. 通讯和计算机．

[86] 孙海燕，王晓东，肖侬等．(2005) 数据网格中的数据复制技术研究 [J]. 计算机科学．2005, 32 (7).

[87] U. M. Fayyad, G. Piatetsky-Shaperio, P. Smyth and R. Uthurusamy, Advances in K knowledge Discovery and Data Mining, AAAI/MIT Press, 1996.

[88] Kantardzic M, Data mining concepts, models, methods and algorithms [M]. Louisville: IEEE Press, 2002.

[89] Foster I, Kesselman C, Nick J M, eta1. Grid Services for Distributed System Integration [J]. Cornputer, 2002, 35 (6): 37-46.

[90] Ian Foster. Open Grid: Current Status and Future Directions. 2004. http://www. chinagrid. net/grid/paperppt/wsrf/opengrid. pdf.

[91] Shu-Dong Chen, Xue-Feng Du, Fanyuan Ma, Jianhua Shen. A Grid Resource Management Approach Based on P2P Technology. the 8th International Conference on High-Performance Computing in Asia-Pacific Region, 2005.

[92] Raman, V., Narang, I., Crone, C., Haas, L., Malaika, S., Mukai, T., Wolfson, D. and Baru, C. (2002) Data Access and Management Services on the Grid, TechnicalReport Submission to Global Grid Forum 5, Edinburgh, Scotlan, July 21-26, 2002, http://www. cs. man. ac. uk/grid-db/papers/dams. pdf.

[93] Can Turker, Klaus Haller, Christoph Schuler, etc. Peer-to-Peer Transaction Processing. (2005) http://www-db. cs. wisc. edu/cidr/cidr2005/presentations/16%20Grid%

20Transactions. pdf.

[94] ChinaGrid (China education and scientific research grid) portal (in china). http: //www chinagrid. edu. cn.

[95] Database access and integration services working group (DAIS – WG in GGF). https: //forge. gridforum. org/projects/dais-wg.

[96] UDMGrid (university digital museum grid) portal (in Chinese) http: //www. udmgrid. net.

[97] Distributed Aircraft Maintenance Environment DAME, http: //www. iri. leeds. ac. uk/Projects/IAProjects/Karim1. htm.

[98] Scientific Data Management in the Environmental Molecular Sciences Laboratory, http: //www. computer. org/conferences/mss95/berard/berard. htm.

[99] NPACI Data Intensive Computing Environment Thrust Area, http: //www. npaci. edu/DICE/.

[100] Sequential Data Access Using Metadata, http: //d0db. fnal. gov/sam/.

[102] Jefferson Laboratory Asynchronous Storage Manager, http: //cc. jlab. org/scicomp/JASMine/.

[103] Manager for Distributed Grid-Based Data, http: //atlassw1. phy. bnl. gov/magda/info.

[104] Everquest Multiplayer Gaming Environment, http: //www. everquest. com.

[105] National Virtual (Astronomical) Observatory, http: //www. us-vo. org/.

[106] European Astrophysical Virtual Observatory, http: //www. eso. org/avo/.

[107] Particle Physics Data Grid, http: //www. ppdg. net/.

[108] European Grid of Solar Observations EGSO, http: //www. mssl. ucl. ac. uk/grid/egso/egso-top. html.

参考文献二

[1] A. Gurtov, S. Floyd, Modeling Wireless Links for Transport Protocols, November 2003, *ACM Computing and Communication Review*, April 2004, 34 (2): 85-96.

[2] 周建新，邹玲，石冰心．无线网络 TCP 研究综述．[J]. 计算机研究与发展，Jan 2004, 41 (1): 53-59.

[3] Niculescu D, Americ NL. Communication paradigms for sensor networks. *IEEE Communications Magazine*, 2005, 43 (3): 116-122.

[4] Gevros, P., Crowcroft, J., Kirstein, P., et al. Congestion control mechanisms and the best effort service model [J]. *IEEE Network*, 2001, 15 (3): 16-26.

[5] Ee CT, Bajcsy R. Congestion control and fairness for many-to-one routing in sensor networks. In: Stankovic JA, Arora A, Govindan R, eds. *Proc. of the* 2nd *ACM Conf. on Embedded Networked Sensor Systems* (*SenSys*). Baltimore: ACM Press, 2004. 148-161.

[6] 铁玲，诸鸿文，蒋玲鸽等．一种能处理无线链路拥塞的 TCP/ARQ 改进算法 [J]. 高技术通讯，2002 (8): 17-21.

[7] D Eckhardt, P Steenkiste. Improving wireless LAN performance via adaptive local error control. In: Prof of the 6th International Conf on Network Protocols, Austin: IEEE Computer Society, 1988. 327-338.

[8] A Bakre, B Badrinath. I-TCP: Indirect TCP for Mobile Hosts. In: Proc of the 15th Int'l Conf on Distributed Computing Systems. Vancouver, CA: IEEE Computer Society, 1995.

[9] K Brown, S Singh. M-TCP: TCP for Mobile Cellular Networks. *ACM Computer Communication Review*, 1997, 27 (5): 19-43.

[10] K Ratnam, I Matta. WTCP: An efficient mechanism for improving TCP performance over wireless links. Proc of 3rd IEEE Symposium on Computer and Communications. Athens, Grecce: IEEE Computer Society, 1998.

[11] T Goff, J Moronski et al. Freeze-TCP: A True End-to-End TCP enhancement mechanism for mobile environments. Proc of IEEE INFOCOM'00. Tel-Aiv, Israel: IEEE Computer and Communications Societies, 2000.

[12] 李云，陈前斌，隆克平．无线自组织网络中 TCP 稳定性的分析及改进 [J]. 软件学报，2003, 14 (6): 1178-1186.

[13] Claudio Casetti, Mario Gerla, Saverio Mascolo, et a1, TCP Westwood: End-to-End Congestion Control for Wired/Wireless Networks. In Wireless Networks Journal, August 2002: 467-479.

[14] C. P. Fu, Soung C. Liew. TCPReno: TCP Enhancement for Transmission over Wireless Access Networks. IEEE (JSAC) Journal of Selected Areas in communications, Feb 2003, 21 (2): 216-228.

[15] S. Cen, P. C. Cosman, G. M. Voelker. End-to-end differentiation of congestion and wireless losses. Proc. Multimedia Computing and Networking (MMCN) conf 2002, San Jose, CA, Jan, 2002, 23-25.

[16] H Balakrishnan, V Padmanabhan et al. A Comparison of Mechanisms for Improving TCP Performance over Wireless links. IEEE/ACM Trans on Networking, 1997, 5 (6): 756-769.

[17] Sarma Vangala, Miguel A. Labrador. The TCP SACK-Aware Snoop Protocol for TCP over Wireless Networks. In proceedings of IEEE VTC 2003.

[18] Leandros Tassiulas, Saswati Sarkar, Maxmin fair scheduling in wirelessnetworks, *IEEE infocom*2002 New York June 2002, 23-27.

[19] 纪阳，李迎阳，邓钢等. 一种适用于宽带无线 IP 网络的分组调度算法 [J]. 电子学报，2003，31 (5)：733-746.

[20] S. Kunniyur, R. Srikant. Stable, Scalable, Fair Congestion Control and AQM Schemes that Achieve High Utilization in the Internet. IEEE Transactions on Automatic Control, 2003: 2024-2029.

[21] 马天翼，蒋铃鸽，何晨等一种基于区分服务的无线分组公平调度算法 [J]. 上海交通大学学报，2003，37 (10)：1628-1633.

[22] J. C. R. Bennett, C. Partridge, N. Shectman, Packet Reordering is Not Pathological Network Behavior, IEEE/ACM Transactions on Networking, 1999, 7 (6): 789-798.

[23] S. Shenker, Fundamental Design Issues for the Future Internet, IEEE Journal on Selected Areas in Communications, 1995, 13 (7): 1176-1188.

[24] Postel J B. Transmission Control Protocol. Network Working Group, RFC793, 1981, 9. http://www.rfc.net/rfc793.html.

[25] Floyd S. A report on some recent developments in TCP congestion control. IEEE Communications Magazine, 2001, 39 (4): 84-90.

[26] CNNIC [EB/OL]. http://www.cnnic.net.cn/, 2006-10/2007-03.

[27] CERT/CTT [EB/OL]. http://www.cert.org, 2006-01/2007-03.

[28] KINGSOFT [EB/OL]. http://www.kingsoft.com, 2005-09/2007-03.

[29] 卿斯汉，王超，何建波，等. 即时通信蠕虫研究与发展 [J]. 软件学报，2006，17 (10)：2118-2130.

[30] Avizienis A, Laprie J C, Randell B, et al. Basic concepts and taxonomy of dependable and secure computing [J]. IEEE Transactions on Dependable and Secure Computing, 2004, 1 (1): 11-33.

[31] Gates B. Trustworthy computing [EB/OL]. http://www.wired.com/news/business/0, 1367, 49826, 00.html, 2002-05/2007-03.

[32] 刘拥民，蒋新华. 下一代互联网的可信性 [J]. 信息与控制，2008，35 (3)：6-12.

[33] Recovery oriented computing [EB/OL]. http: //www. stanford. edu, or http: //roc. cs. berkeley. edu. 2002-05/2007-01.

[34] 武延军，梁洪亮，赵琛．一个支持可信主体特权最小化的多级安全模型 [J]. 软件学报，2007，18 (3)：730-738.

[35] 邢栩嘉，林闯，蒋屹新．计算机系统脆弱性评估研究 [J]. 计算机学报，2004，27 (1)：1-11.

[36] Xin-Hua, Jiang, Yong-Min, Liu. A new artificial intelligent information retrieval methods. 2009 International Conference on Electronic Computer Technology (ICECT 2009), Macau, China, February 20-22, 2009. pp: 686-688.

[37] Neumann P G. Principled assuredly trustworthy composable architectures [EB/OL]. http: //www. csl. sri. com/neumann/chats4. html, 2002-05/2006-12.

[38] Saltzer J H, Reed D P, Clark D D. End-to-end argument in system design [A]. Proceedings of International Wire and Cable Symposium [C]. Los Alamitos, CA, USA: IEEE Computer Society, 1981. 509-512.

[39] Clark D. A new vision for network architecture [EB/OL]. http: //www. isi. edu/know-plane/DOCS/DDC_ knowledgePlane_ 3. pdf, 2002-05/2007-02.

[40] International Standards Organization. Information processing systems-OSI/RM [S].

[41] LIU Yong-Min, JIANG Xin-Hua. A Extended DCCP Congestion Control in Wireless Sensor Networks. International Workshop on Intelligent Systems and Applications (ISA 2009). Wuhan, China, April 25-26, 2009.

[42] Kozat U C, Koutsopoulos I, Tassiulas L. A framework for cross-layer design of energy-efficient communication with QoS provisioning in multi-hop wireless networks [A]. Proceedings of the Twenty-third Annual Joint Conference of the IEEE Computer and Communications Societies [C]. Hong Los Alamitos, CA, USA: IEEE Computer Society, 2004. 1446-1456.

[43] Nicol D M, Sanders W H, Trivedi K. S. Model-based evaluation: From dependability to security [J]. IEEE Transactions on Dependable and Secure Computing, 2004, 1 (1): 48-65.

[44] 刘拥民，蒋新华，年晓红，鲁五一，杨胜跃．可能的 WSN 协议分层模型 [J]. 计算机工程与应用，2008，44 (18)：91-93.

[45] Barabasi A L, Albert R. Emergence of scaling in random networks [J]. Science, 1999, 286 (5439): 509-512.

[46] Barabasi A L, Albert R, Jeong H, et al. Power-law distribution of the world wide web [J]. Science, 2000, 287 (5461): 2115.

[47] Corson M S, Macker J P, Cirincione G H. Internet-based mobile ad hoc networking [J]. IEEE Internet Computing, 1999, 3 (4): 63-70.

[48] Akyildiz I F, Su W, Sankarasubramaniam Y, et al. Wireless sensor network: A survey [J]. Computer Networks, 2002, 38 (4): 393-422.

[49] Theodorakopoulos G, Baras J S. Trust evaluation in ad-hoc networks [A].

Proceedings of the 2004 ACM Workshop on Wireless Security [C]. New York, USA: Association for Computing Machinery, 2004. 1-10.

[50] Xio H. Trust management for mobile IPv6 binding update [A]. Proceedings of the International Conference on Security and Management [C]. Bogart, GA, USA: CSREA Press, 2003. 469-474.

[51] Paulson L D. Stopping intruders outside the gates [J]. Computer, 2002, 35 (11): 20-22.

[52] Jacobson V. Congestion avoidance and control. IEEE/ACM Transaction Networking, 1998, 6 (3): 314-329.

[53] S. Floyd, K. Fall. Promoting the Use of End-to-End Congestion Control in the Internet. IEEE/ACM Transactions on Networking. August, 1999, . 458-472.

[54] C. E. Shannon, A mathematical theory of communication, Bell System Technical Journal, vo1. 27, pp. 379-423, July 1948.

[55] Tanenbaum, A. S. Computer Networks. 3rd ed. , Prentice Hall, Inc. , 1996.

[56] 汪小帆，卢俊国等，Internet 业务流的自相似性——建模、分析与控制 [J]. 控制与决策，2002，17 (1)：1-5.

[57] Matsuo T K, Hasegawa G. Comparison of fair service among connections on the Internet [J]. IEEE Computer Society, 2000.

[58] J. Postel, Transmission Control Protocol, RFC 793, 1981.

[59] 刘拥民，蒋新华，年晓红，鲁五一. Internet 端到端拥塞控制研究综述 [J]. 计算机科学，2008，35 (2)：6-12.

[60] Allman M, Paxson V, Stevens W. TCP congestion control. Network Working Group, RFC2581, 1999, 4. http://www.rfc.net/rfc2581.html

[61] J. M. Jaffe, Bottleneck Flow Control, IEEE Transactions on Communication, 1981, 29 (7): 954-962.

[62] F. P. Kelly, A. Maulloo, D. Tan, Rate Control for Communication Networks: Shadow Prices, Proportional Fairness and Stability, Journal of Operations Research Society, 1998, 49 (3): 237-252.

[63] J. Saltzer, D. Reed, D. Clark, End-to-end Arguments in System Design, ACM Transactions on Computer Systems, 1984, 2 (4): 195-206.

[64] 汪小帆，孙金生，王执全. 控制理论在 Internet 拥塞控制中的应用 [J]. 控制与决策. 2002，17 (2)：129-134.

[65] J. Hoe. Improving the Start-up Behavior of a Congestion Control Scheme for TCP. Proceeding of ACM SIGCOMM'96, Stanford, CA, August 1996, pp. 270-280.

[66] Dah-Ming Chiu, R. Jain, Analysis of the Increase and Decrease Algorithms for Congestion Avoidance in Computer Networks, Computer Networks and ISDN Systems, 1989, 17 (1): 1-14.

[67] V. Visweswaraiah, J. Heidemann, Improving Restart of Idle TCP Connections, Technical Report, USC TR 97-661, 1997. http://www.isi.edu/~johnh/papers/.

[68] L. Kalampoukas, Congestion Management in High Speed Networks [Ph. D. Thesis], UCSC, 1997.

[69] Floyd, S. Handley, M., Padhye, J. A comparison of equation-based and AIMD congestion control. 2000. http://www. aciri. org/floyd/papers. htmls.

[70] Wang, H. A., Schwartz, M. Achieving bounded fairness for multicast and TCP traffic in theInternet. In: Black, R., ed. Proceedings of the ACM SIGCOMM. Vancouver: ACM Press, 1998. 81-92.

[71] W. Willinger, M. S. Taqqu, R. Sherman, D. V. Wilson. Self-Similarity Through High Variability: Statistical Analysis of Ethernet LAN Traffic at the Source Level. ACM SIGCOMM 1995: 100-113.

[72] S. Floyd, V. Jacobson, Random Early Detection Gateways for Congestion Avoidance, IEEE/ACM Transactions on Networking, 1993, 1 (4): 397-413.

[73] 王彬, TCP/IP 网络拥塞控制策略研究 [D]. 浙江大学, 2004.

[74] B. Braden, D. Clark, J. Crowcroft, J., et al. Recommendations on Queue Management and Congestion Avoidance in the Internet. *RFC* 2309, 1994.

[75] W. Feng, D. Kandlur, D. Saha, K. Shin, A Self-Configuring RED Gateway, In: Doshi, B. ed. Proceedings of IEEE INFOCOM. New York, USA: IEEE Communications Society, 1999. 1320-1328.

[76] T. J. Ott, T. V. Lakshman, L. H. Wong, SRED: Stabilized RED, In: Doshi, B. ed. Proceedings of IEEE INFOCOM. New York, USA: IEEE Communications Society, 1999. 1346-1355.

[77] LIU Yong-Min, JIANG Xin-Hua. A trustworthy next generation Internet protocol model. International Conference on Networks Security, Wireless Communications and Trusted Computing (NSWCTC 2009). Wuhan, China, April 25-26, 2009. Volume (2) pp: 473-476.

[78] W. Feng, D. Kandlur, D. Saha, K. Shin, K. Blue: A New Class of Active Queue Management Algorithms, Technical Report, U. Michigan CSE-TR-387-99, 1999. http://www. eecs. umich. edu/~wuchang/blue/.

[79] S. Athuraliya, V. H. Li, S. H. Low, Q. Yin, REM: Active Queue Management, IEEE Network, 2001, 15 (3): 48-53.

[80] Kunniyur S., Srikant R. Analysis and Design of an Adaptive Virtual Queue (AVQ) Algorithm for Active Queue Management. ACM Computer Communication Review, 2001, 31 (4): 123-134.

[81] 任丰原, 林闯, 刘卫东. IP 网络中的拥塞控制 [J]. 计算机学报, 2003, 26 (9): 1025-1034.

[82] Wydrowski, B. and Zukerman, M. GREEN: An Active Queue Management Algorithm for a Self Managed Internet, Proceedings of ICC 2002, New York, 2002, 4: 2368-2372

[83] Ao Tang, et al. Understanding CHOKe. Proceedings of IEEE Infocom, San Francisco, CA, April 2003: 82-93

[84] Clark D., Fang, W. Explicit Allocation of Best effort Packet Delivery Service. IEEE/ACM Transactions on Networking, 1998, 6 (3) 362-373.

[85] M. A. Parris. Class-Based Thresholds: Lightweight Active Router Queue Management for Multimedia Networking, Multimedia Computing and networking. SPIE Proceedings Series, Vo1. 3020, San Jose, Ca, Jan 1999.

[86] M. May, C. Diot, B. Lyles and J. Bolot, Influence of active queue parameters on aggregate traffic performance, Technical Report no. 3995, INRIA, Sophia Antipolis, France, http://www.inria.fr/RRRT/RP-3995.html, 2000/2005-11

[87] S. Floyd, R. Gummadi, and S. Shenker. Adaptive RED: robustness of RED's Active an algorithm for increasing the Queue Management. 2001-08/2005-11

[88] Gang Feng, A. K. Agarwal, A. Jayaraman, Chee Kheong Siew, Modified RED gateways under bursty traffic, IEEE Communications Letters, May 2004, 8 (5): 323-325.

[89] Liujia Hu, Ajay D. Kshemkalyani, HRED: a simple and efficient active queue management algorithm, 13th IEEE Internation Conference on Computer and Communication Networks (ICCCN), 2004: 387-393.

[90] Pierre-Francois Quet, Hitay Ozbay, On the design of AQM supporting TCP flows using robust control theory, IEEE Transactions on automatic control, Jun. 2004, 49 (6): 1031-1036.

[91] Andreas Pitsillides, Petros Loannou, Marion Lestas, Loukas Rossides, Adaptive nonlinear congestion controller for a differentiated-services framework, IEEE/ACM Transactions on networking, Feb. 2005, 13 (1): 94-107.

[92] Norio Yamagaki, Hideki Tode, Koso Murakami, DMFQ: Hardware design of flow-based queue management scheme for improving the fairness 1413-1423 IEICE Trans. Commun., 2005, E88-B (4).

[93] Jinsheng Sun, Ko, K. -T., Guanrong Chen, et al., PD-RED: to improve the performance of RED, IEEE Communications Letters, Aug. 2003, 7 (8): 406-408.

[94] 朱瑞军，王俊伟等，神经网络白校正预测拥塞控制算法研究［J］. 系统工程与电子技术，2004，26（6）：792-795.

[95] 朱瑞军，索东海等，ATM 网络预测拥塞控制器设计［J］. 控制与决策，2004，19（1）：61-64.

[96] 黄朝晖，孙济洲，等，基于队列的模糊拥塞控制算法［J］. 软件学报，2005，16（2）：286-294.

[97] LIU Yong-Min, JIANG Xin-Hua, NIAN Xiaohong. Fairness for Extend DCCP Congestion Control in Wireless Sensor Networks. The 2009 Chinese Control and Decision Conference (2009 CCDC). Guilin, China, June 17-19, 2009. pp: 4732-4737.

[98] Ramakrishnan, K. K., Floyd, S., Black, D., The Addition of Explicit Congestion Notification (ECN) to IP. *IETF RFC* 3168. 2001.

[99] 刘拥民，蒋新华，年晓红．无线传感器网络拥塞控制研究［J］. 计算机应用研究，2008，25（2）：565-569.

[100] Braden, B., Clark, D., Crowcroft, J., et al. Recommendations on Queue Management and Congestion Avoidance in the Internet. *RFC* 2309, 1994.

[101] W. Stevens. TCP Slow Start, Congestion Avoidance, Fast Retransmit, and Fast Recovery Algorithms. IETF RFC 2001. 1997.

[102] Mathis, M., Mahdavi, J., Floyd, S., et al. TCP Selective Acknowledgment Options. RFC 2018, 1996.

[103] Lawrence S, Brak M, Larry L. TCP Vegas: End to end congestion avoidance on a global Internet. IEEE Journal on Selected Areas in Communications. Oct. 1995, 13 (8): 1465-1480.

[104] M. Nabeshima, K. Yata, Improving the Convergence Time of HighSpeed TCP, IEEE International Conference on Networks (ICON2004), pp. 19-23, Nov. 2004.

[105] Cheng Jin, David X. Wei, Steven H. Low. FAST TCP: motivation, architecture, algorithms, performance IEEE Infocom, March 2004, Hong Kong. http://netlab. caltech. edu.

[106] H. Balakrishnan, N. Dukkipati, N. McKeown, et, a1. Stability Analysis of Switched Hybrid Time-Delay Systems Analysis of the Rate Control Protocol. Stanford University Department of Aero/Astro Technical Report, June 2004.

[107] Z. Wang, J. Crowcroft. A New Congestion Control Scheme: Slow start and Search (Tri-S). ACM computer Communication Review Jan. 1991.

[108] Mark E. Crovella, Azer Bestavros. Self-Similarity in World Wide Web Traffic: Evidence and Possible Causes. IEEE/ACM Transactions on Networking, 1997, Vo1. 5, No. 6: 835-846.

[109] Sally Floyd Eddie Kohler. Internet research needs better models. ACM SIGCOMM Computer Communication Review, Jan 2003, 33 (1): 29-34.

[110] Samios, C. (Babis), M. K. Vernon. Modeling the Throughput of TCP Vegas. Proc. ACM SIGMETRICS 2003.

[111] UC Berkeley, LBL, USC/ISI. Xerox PARC. The Network Simulator (version2). http://www. isi. edu/nsnam/ns, 2005. 11.

[112] J. Padhye, V. Firoiu, D. Towsley, and J. Krusoe. Modeling TCP throughput: A simple model and its empirical validation. In ACM SIGCOMM '98 conference on Applications, technologies, architectures, and protocols for computer communication, Vancouver, CA, 1998: 303-314.

[113] T. Lakshman and U. Madhow. The Performance of TCP/IP for Networks with High Bandwidth-Delay Products and Random Loss. IEEE/ACM Transactions on Networking, 1997, 5 (3): 336-350.

[114] M. Mitzenmacher, R. Rajaramany. Towards more complete models of TCP latency and throughput. Journal of Supercomputing, 2001, 20 (2): 137-160.

[115] J. Hale S. M. V Lunel. Introduction to functional differential equation. 2nd edition, Spriger Verlag, New York.

[116] Mark Allman. A web server's view of the transport layer. ACM Computer

Communication Review, Oct. 2000. 30 (5).

[117] J. M o, R. J. La, V. Anantharam, J. Walrand. Analysis and Comparison of TCP Reno and Vegas. In Proceedings of INFOCOM. 1999: 1556 - 1563. Avalible at: http: //netlab. caltech. edu/FAST/references/.

[118] S . H. Low, L. Peterson, and L. Wang, Understanding Vegas: A duality model, J. ACM, 2002, 49 (2): 207-235. [Online] Available: http: //nctlab. caltech. edu.

[119] S Low. F Paganini, J C Doyle. Internet Congestion Control. IEEE Control Systems Magazine, 2002, 22 (1): 28-43.

[120] Low S H. A Duality Model of TCP and Queue Management Algorithms. IEEE/ACM Trans. Netw. 2003, 11 (4): 525-536.

[121] J. S . Ahn, P. B . Danzig, Z. Liu, L. Yan. Evaluation of TCP Vegas: emulation and experiment. IEEE Transactionson Communications. 1995, 25 (4): 185-195.

[122] Raghavendra, Aditya M, Kinicki, Robert E. A simulation performance study of TCP Vegas and Random Early Detection. In Proceedings of IEEE International Computing and Communications Conference on Performance. 1999: 169-176.

[123] T. Bonald. Comparison of TCP Reno and TCP Vegas via fluid approximation. Technical Report. INRIA, 1998. Avalible at: http: //netlab. caltech. Edu/FAST/references/

[124] K. Kurata, G. Hasegawa, M. Murata. Fairness comparisons between TCP Reno and TCP Vegas for future deployment of TCP Vegas. Avalible at: http: //www - ana. nal. ics. es. Osaka-u. ac. jp/-murata/papers/.

[125] Yuan-Cheng Lai, Chang-Li Yao. Performance comparison between TCP Reno and TCP Vegas. January 2000. Avalibel at: http: //csdl. computer. Org/comp/proceedingsincpads/2000/0571/00/05710061abs. html.

[126] J. Hale Verlag, S. M. V Lunel. Introduction to functional differential equation. 2n d edition, Spriger New York.

[127] K. N. Srijith, Lillykutty Jacob, A. L. Ananda. TCP Vegas - A: Solving the Fairness and Rerouting Issues of TCP Vegas. Proc. of the 22nd IEEE International Performance, Computing, and Communications Conference Arizona April 2003. Avalibel at: http: //www. srijith. net/pubications.

[128] LIU Yong-Min, JIANG Xin-Hua. A protocol model for wireless sensor network. International Conference on Networks Security, Wireless Communications and Trusted Computing (NSWCTC 2009). Wuhan, China, April 25-26, 2009. Volume (2) pp: 588-591.

[129] Chen J R and Chen Y C. Vegas Plus: Improving the Service Fairness. IEEE Commun. Lett. , vol. 4, No. 5,, May 2000, pp. 176-178.

[130] C. P. Fu and S. C. Liew, A remedy for performance degradation of TCP vegas in asymmetric networks, IEEE Commun. Lett. , vol. 7, pp. 42-44, Jan. 2003.

[131] Y C. Chan, C. T. Chan, and Y C. Chen, An enhanced congestion avoidance mechanism for TCP Vegas, IEEE Commun. Lett. , vol. 7, pp. 343-345, July 2003.

[132] H. Chaskar, T. Lsksbrnan. TCP over wireless with link level error control. Analysis

and design methodology. IEEE/ACM Trans On Networking. 1999, 7 (6): 605-615.

[133] W. T. Chen, J. S. Lee. Some mechanisms to improve TCP/IP performance over wireless and mobile computing environment. Parallel and Distributes Systems, 2000.

[134] H Balakrishnan, V Padmanabhan et al. Improving reliable transport and handoff performance in cellular networks. ACM Wireless Networks, 1995, 1 (4), 469-481.

[135] 刘拥民，蒋新华，年晓红，鲁五一．无线网络拥塞控制最新研究进展 [J]. 计算机工程与应用，2007，43 (24): 24-28.

[136] M. Allman, C. Hayes, H. Kruse, S. Ostermann. TCP performance over satellite links. Proc. Of the 5th International Conference on Telecommnuication Systems, 1997.

[137] G. Xylomenos, G. Polyzos. TCP and UDP performance over a wireless LAN. Proc. of the IEEE INFOCOM 1999.

[138] C. Partridge, T. Shepard. TCP performance over satellite links. IEEE Network, 1999, 11 (5): 44-99.

[139] T. Lakshman, U. Madhow. TCP/IP performance with random loss and bidirectional congestion. IEEE/ACM Trans. On Networking, 2000, 8 (5): 541-555.

[140] N. Deshpande. TCP extensions for wireless networks. 2000 http: //hvww. cis. ohio-state. edu/~deshpand.

[141] K. Thompson, G, Miller, and M. Wilder. Wide-area Internet traffic patterns and characteristics. IEEE Network, 1997, 11 (6): 10-23.

[142] LIU Yong-Min, JIANG Xin-Hua, etc. Improved DCCP Congestion Control for Wireless Sensor Networks. 8th IEEE/ACIS International Conference on Computer and Information Science (ICIS 2009). Shanghai, China, June 1-3, 2009. pp: 194-198.

[143] N. Samaraweera. Non-congestion packet loss detection for TCP error recovering using wireless links. IEE Proceedings-Communications, 1999, 146 (4): 222-230.

[144] M. Zorzi, R. R. Rao. Energy effciency of TCP in a local wireless environment. IEEE/ACM Baltzer Mobile Networks and Applications. 2000.

[145] V. Tsaoussidis, H. Badr, X. Ge, K. Pentikousis. Energy/Throughput of TCP error control strategies. Proc. Of 5th IEEE Symposium on Computers and Communications (ISCC). 2000.

[146] 刘拥民，蒋新华，年晓红，鲁五一．无线传感器网络通信协议 [J]. 微电子学与计算机，2007，24 (10): 71-73.

[147] M. Gerla, K. Tang, and R. Bagrodia. TCP performance in wireless multi-hop networks. In Proceedings of IEEE WMCSA' 99. February 1999.

[148] G. Holland and N. Vaidya. Analysis of TCP performance over mobile ad hoc networks-part II: Simulation details and results. *Technical Report*. Texas A&M University 1999.

[149] B. Bakshi, P. Krishna, etc. Improving performance of TCP over wireless networks. Texas A&U University technical report 96-104, 1996.

[150] A. Chockaligam, M. Zori and V. Traili. Wireless TCP performance with link layer FEC/ARQ. Proc. Of IEEE ICC, 1999.

[151] C. Parsa and J. Garcia-Luna-Aceves. TULIP: A link-level protocol for improving TCP over wireless links. Proc. of WCNC, 1999.

[152] S. J. Seok and S. B. Joo. A-TCP: a mechanism for improving TCP performance in wireless environments. IEEE Broadband Wireless Summit, 2001.

[153] S. Floyd, K. Fall. Router Mechanisms to Support End-to-End Congestion Control. LBL Technical Report, 1997.

[154] B. Braden, D. Clark, etc. Recommendations on Queue Management and Congestion Avoidance in the Internet, *RFC*2309, 1998.

[155] V. Tsaoussidis, H. Badr. TCP-probing: towards an error control schema with energy and throughput performance gains. IEEE ICNP 2000.

[156] C. Zhang, V. Tsaoussidis. TCP real: improving real-time capabilities of TCP over heterogeneous networks. Proc. of the 11th IEEE/ACM NOSSDAV 2001.

[157] V. Tsaoussidis, A. Lahanas and C. Zhang. The wave and probe communication mechanisms. The Journal Of Supercomputing, 2001, 20 (2).

[158] C. Parsa and J. l. Improving TCP Congestion Control Over Internet With Heterogeneous Transmission Media Proc. IEEE ICNP 1999.

[159] R. Yavatkar, N. Bhagawat. Improving End-to-End Performance of TCP over Mobile Internet works. IEEE Journal on Selected Area in Communications, 1995, 13 (5): 850-857.

[160] P. Fei, C. Shiduan. An effective way to improve TCP performance in wireless/mobile networks. IEEE/AFCEA EUROCOMM, 2000.

[161] S. Biaz, N. Vaidya, etc. TCP over wireless networks using multiple Acknowledgement. Texas A&M University technical report 97-001, 1997.

[162] R. Caceres and L. Iftode Improving the performance of reliable transport protocols in mobile computing environments. IEEE Journal On Selected Areas In Communications 1994, 12 (5).

作者发表的相关论文和参与的科研项目

一、攻读博士学位期间发表的论文

1. 刘拥民，蒋新华．下一代互联网的可信性．信息与控制，2008，35（3）：6-12.

2. 刘拥民，蒋新华，年晓红，鲁五一．Internet 端到端拥塞控制研究综述．计算机科学，2008，35（2）：6-12.

3. 刘拥民，蒋新华，年晓红，鲁五一．无线网络拥塞控制最新研究进展．计算机工程与应用 2007，43（24）：24-28.

4. 刘拥民，蒋新华，年晓红．无线传感器网络拥塞控制研究．计算机应用研究，2008，25（2）：565-569.

5. 刘拥民，蒋新华，年晓红，鲁五一，杨胜跃．可能的 WSN 协议分层模型．计算机工程与应用，2008，44（18）：91-93.

6. 刘拥民，蒋新华，年晓红，鲁五一．无线传感器网络通信协议．微电子学与计算机，2007，24（10）：71-73.

7. LIU Yong - Min，JIANG Xin - Hua，NIAN Xiaohong. Fairness for Extend DCCP Congestion Control in Wireless Sensor Networks. The 2009 Chinese Control and Decision Conference（2009 CCDC）. Guilin，China，June 17-19，2009. pp：4732-4737.（EI、ISTP indexed）

8. LIU Yong-Min，JIANG Xin-Hua，etc. Improved DCCP Congestion Control for Wireless Sensor Networks. 8th IEEE/ACIS International Conference on Computer and Information Science（ICIS 2009）. Shanghai，China，June 1-3，2009. pp：194-198.（EI、ISTP indexed）

9. LIU Yong - Min，JIANG Xin - Hua. A protocol model for wireless sensor network. International Conference on Networks Security，Wireless Communications and Trusted Computing（NSWCTC 2009）. Wuhan，China，April 25-26，2009. Volume（2）pp：588-591.（EI、ISTP indexed）

10. Xin-Hua，Jiang，Yong-Min，Liu. A new artificial intelligent information retrieval methods. 2009 International Conference on Electronic Computer Technology（ICECT 2009），Macau，China，February 20-22，2009. pp：686-688.（EI、ISTP indexed）

11. LIU Yong - Min，JIANG Xin - Hua. A trustworthy next generation Internet protocol

model. International Conference on Networks Security, Wireless Communications and Trusted Computing (NSWCTC 2009). Wuhan, China, April 25-26, 2009. Volume (2) pp: 473-476. (EI、ISTP indexed)

12. LIU Yong-Min, JIANG Xin-Hua. A Extended DCCP Congestion Control in Wireless Sensor Networks. International Workshop on Intelligent Systems and Applications (ISA 2009). Wuhan, China, April 25-26, 2009. (EI indexed、ISTP indexed)

二、攻读博士学位期间参加的科研项目

1. 基于微分对策理论的多体合作与对抗控制问题研究。参加国家自然科学基金项目(60474029), 2005 年 1 月—2007 年 12 月。

2. 基于下一代无线宽带互联网的城市综合监控信息采集、处理与服务关键技术研究。参加福建省科技重点研究项目［闽科计〔2005〕24 号］。

3. 基于无线宽带网与下一代互联网的移动 IP 技术应用开发。参加福建省重大产业技术开发专项项目［闽发改投资〔2005〕531 号］。

4. 对 TCP/IP 拥塞控制 SACK 算法公平性的研究。主持中南林业科技大学青年科学基金项目 (101-0582), 2005 年 10 月—2007 年 12 月。

5. 对《操作系统》课程 CAI 教学新模式的研究与实践。主持中南林业科技大学教学研究基金资助项目 (2004-28-67), 2005 年 1 月—2006 年 12 月。